高等学校计算机基础教育教材

# C语言程序设计

王英明 主编

张露露 蒋林 吴志坚 副主编

清华大学出版社

北京

## 内 容 简 介

本书是一本理论与实践相结合、实用性很强的 C 语言程序设计教材,内容组织注重基础,突出应用,兼顾提高,强化主干知识,弱化细枝末节,注重培养学生分析问题和解决问题的能力。本书共 12 章,内容包括 C 语言概述、C 语言基础知识、顺序结构程序设计、选择结构程序设计、循环结构程序设计、编译预处理、数组、函数、指针、用户自定义数据类型、位运算和文件。本书配有教学课件、例题及习题程序源代码等教学资源。

本书适合作为高等院校理工类专业"程序设计"课程的教材,也可作为程序设计从业人员与爱好者以及参加计算机等级考试人员的自学参考书。

**图书在版编目(CIP)数据**

C 语言程序设计/王英明主编. —北京:清华大学出版社,2021.10(2024.12重印)
高等学校计算机基础教育教材
ISBN 978-7-302-59107-8

Ⅰ.①C… Ⅱ.①王… Ⅲ.①C语言－程序设计－高等学校－教材 Ⅳ.①TP312.8

中国版本图书馆 CIP 数据核字(2021)第 182117 号

责任编辑:袁勤勇
封面设计:常雪影
责任校对:胡伟民
责任印制:曹婉颖

出版发行:清华大学出版社
    网  址:https://www.tup.com.cn,https://www.wqxuetang.com
    地  址:北京清华大学学研大厦 A 座    邮  编:100084
    社 总 机:010-83470000    邮  购:010-62786544
    投稿与读者服务:010-62776969,c-service@tup.tsinghua.edu.cn
    质量反馈:010-62772015,zhiliang@tup.tsinghua.edu.cn
    课件下载:https://www.tup.com.cn,010-83470236
印 装 者:三河市龙大印装有限公司
经  销:全国新华书店
开  本:185mm×260mm    印  张:21.75    字  数:545 千字
版  次:2021 年 10 月第 1 版    印  次:2024 年 12 月第 6 次印刷
定  价:59.90 元

产品编号:085301-01

# 前　言

　　C 语言是现代最流行的通用程序设计语言之一。它既具有高级程序设计语言的优点，又具有低级程序设计语言的特点；既可以用来编写系统程序，又可以用来编写应用程序。

　　本书以培养学生的逻辑思维能力和实践应用能力为出发点，从大量实例入手，采用通俗易懂的语言由浅入深地对 C 语言程序设计的内容进行全面讲述，包括 C 语言的基础知识、结构化程序设计的三种结构、数组、函数、指针、用户自定义数据类型、位运算、文件等。

　　全书在内容组织上具有以下特色：

- 融入二十大精神，增加课程思政内容。全书结合二十大精神，设置了 16 个课程思政内容教学点，包括工匠精神、修身立德、科技、团结、创新等，引导学生树立正确的三观，努力学习，为社会主义建设添砖加瓦。

- 结构新颖。每节先通过"学一学"介绍知识点，然后引入案例"试一试"巩固知识点，最后借助"练一练"验证知识点掌握情况。通过这种结构，让读者更容易掌握章节内容并进行熟练应用。

- 思路清晰。针对"试一试"部分精选的例题，先分析问题，讲解解题思路，然后再编写程序，最后对程序中的关键内容、注意事项进行注解，让读者在潜移默化中掌握解题技巧和编程方法。

- 案例丰富。主要章最后精选了大量有普遍性和代表性的案例，并且详细介绍了每个案例程序的分析和设计过程。通过对这些案例程序的讲解，读者能够综合运用所学知识解决实际问题，不断提高分析问题和解决问题的能力。

　　本书例题都是经过编者精心筛选的，所有例题程序都已在 Visual C++ 2010 环境下运行通过。另外，本书配有电子教案并提供例题源程序及课后习题参考答案，以方便读者自学。

　　本书由马鞍山学院王英明担任主编并统稿，张露露、蒋林、吴志坚担任副主编。在本书编写的过程中，得到了学院同事、家人的支持与理解，以及清华大学出版社的帮助，在此对他们表示衷心的感谢！

　　由于编者水平有限，本书难免存在疏漏和不妥之处，敬请读者批评指正。

编　者<br>2023 年 7 月

# 目　录

# 第1章

# C 语言概述

## 1.1　程序与程序设计语言

程序是一段特定的指令序列,通常用某种程序设计语言编写,它告诉计算机要做什么以及怎么做。

### 1.1.1　程序

📖 **学一学**

程序是为求解某个特定问题而设计的指令序列,每条指令规定机器完成一组操作。

### 1.1.2　程序设计语言

📖 **学一学**

程序设计语言可分为三类。

(1) 机器语言

机器语言由二进制 0、1 代码指令构成,具有难编写、难修改、难维护的特点,需要用户直接对存储空间进行分配,编程效率极低。

(2) 汇编语言

汇编语言指令是机器指令的符号化,与机器指令有着直接的对应关系,它与自然语言习惯不同,初学者上手慢。但是汇编语言可直接控制硬件,充分发挥硬件功能;汇编语言程序代码质量高,执行速度快。

(3) 高级语言

高级语言是接近自然语言和数学表达式的计算机程序设计语言,但是用高级语言编写的程序计算机不能直接识别和执行,需要将其翻译成机器指令才行。

高级语言不是特指某一种具体的语言,而是包括了很多编程语言,如 C、C++、Java 等,这些语言的语法和命令格式都不完全相同。

# 1.2　C 语言简介

C 语言是一种被广泛应用的、面向过程的高级语言,也是国际上公认的最重要的几种通用程序设计语言之一。C 语言既可用于系统软件开发,又可用于应用软件开发。

## 1.2.1　C 语言的产生与发展

### 📖 学一学

C 语言是美国贝尔实验室的 Dennis M. Ritchie 于 1972 年设计实现的。C 语言以 B 语言为基础发展而来,B 语言是一种解释性语言,功能上不够强。为了很好地适应系统程序设计的要求,Ritchie 把 B 语言发展成称为 C 的语言(取 BCPL 的第二个字母)。C 语言既保持了 B 语言精练、接近硬件的优点,又克服了 B 语言过于简单、数据无类型等的缺点。1973 年 K. Thompson 和 D. M. Ritchie 用 C 语言改写了 UNIX 代码并在 PDP-11 计算机上加以实现,即 UNIX 版本 5。这一版本奠定了 UNIX 系统的基础,使 UNIX 逐渐成为最重要的操作系统之一。

## 1.2.2　C 语言的特点

### 📖 学一学

(1)语言简洁

C 语言包含的各种控制语句仅有 9 种,关键字也只有 32 个。程序的编写要求不太严格且以小写字母为主,对许多不必要的部分进行了精简。

(2)结构化的控制语句

C 语言是一种结构化的语言,提供的控制语句具有结构化特征,如 for 语句、if-else 语句和 switch 语句等。它可以用于实现函数的逻辑控制,便于进行面向过程的程序设计。

(3)丰富的数据类型

C 语言包含的数据类型广泛,不仅有传统的字符型、整型、浮点型、数组类型等,还具有其他编程语言所不具备的数据类型,其中以指针类型数据使用最为灵活,可以通过编程对各种数据结构进行计算。

(4)丰富的运算符

C 语言包含 34 个运算符,它将赋值、括号、逗号等都作为运算符来操作,使 C 语言程序的表达式类型和运算符类型均非常丰富。

(5)可对物理地址进行直接操作

C 语言允许对硬件内存地址进行直接读写,以此可以实现汇编语言的主要功能并可直接操作硬件。

(6)代码具有较好的可移植性

C语言是面向过程的编程语言,用户只需要关注所被解决问题的本身,而不需要花费过多的精力了解相关硬件。针对不同的硬件环境,用 C 语言实现相同功能时的代码基本一致,不需要或仅需要进行少量改动便可完成移植。

（7）可生成高质量、目标代码执行效率高的程序

与其他高级语言相比,C 语言可以生成高质量和高效率的目标代码,故通常用于对代码质量和执行效率要求较高的嵌入式系统程序的编写。

# 1.3　C 语言程序的结构

用 C 语言编写的程序被称为 C 语言源程序,简称 C 程序。

## 1.3.1　最简单的C语言程序举例

### 试一试

**例 1-1**　输出字符串"The first computer program！"。

```
# include "stdio.h"
void main()
{
    printf("The first computer program! \n");      /* 格式化输出函数 */
}
```

### 程序注解

在上面的程序中,main 是主函数名。C 程序总是从 main 函数开始执行,也就是说一个程序必须有一个 main 函数。大括号{}括起来的语句被称为函数体。

上面程序中只有一条语句 printf("The first computer program! \n");,其功能是将双引号""中的内容输出。printf 格式化输出函数,是 C 语言中的库函数,它来自计算机厂家提供的输入输出库,可以直接调用。双引号中的内容是调用 printf 时提供的参数,表示为一个字符串。字符串中的字符'\n'是 C 语言中的换行符,在输出时,它将终端的光标移动到下一行的开始。如果不使用'\n',输出时就会发现光标停在输出字符串的后面。printf 不提供自动换行的功能,每当在程序中需要执行换行操作时,都必须加上字符'\n'。

## 1.3.2　C语言程序的基本结构

### 学一学

从以上示例可以看出 C 语言程序的基本结构。

① C 语言程序是由函数构成的,函数是 C 程序的基本单位。

② 一个函数由两部分组成。

· 函数头:函数的第 1 行,包括函数返回值的类型、函数名、函数的参数及类型。

· 函数体:函数头下面用大括号{}括起来的部分。

③ 函数体由声明部分和执行部分组成,C 语言中的语句必须以分号结束。

④ 一个 C 程序可以由一个或多个函数组成,但必须有一个且只能有一个 main()函数,即主函数。一个 C 程序总是从 main 函数开始执行,而不管 main 函数在整个程序中的处于什么位置。

⑤ 通常每行写一条语句。有些短语句可以一行写多条;长语句也可以一条写成多行。

⑥ 在程序中尽量使用注释信息,增强程序的可读性。注释信息是用注释符标识的,注释符开头用/*,结束用*/,中间的字符为注释信息。

# 1.4　C 语言编程环境

## 1.4.1　运行 C 程序的步骤

📖 学一学

运行 C 程序需要经过四个步骤。

① 编辑:编写 C 语言源程序,扩展名是.c。

② 编译:先用 C 编译系统提供的预处理器对程序中的预处理指令进行编译处理。由预处理得到的信息与程序其他部分一起,组成一个完整的可以用来进行正式编译的源程序,然后由编译系统对源程序进行编译。源程序经过编译后得到二进制目标文件,扩展名是.obj。例如,对于♯include<stdio.h>将 stdio.h 头文件的内容读进来,取代♯include<stdio.h>。

③ 连接:目标文件不能供计算机直接执行。一个程序可以有好几个.c 文件,而编译是以单个.c 文件为对象的,一次编译只能得到与一个.c 文件相对应的目标文件(目标模块),它只是整个程序的一部分。必须把所有编译后得到的目标模块连接装配起来,再与函数库连接成整体,生成一个可供计算机执行的程序(称为可执行文件,扩展名是.exe)。

④ 运行可执行文件,得到运行结果。

以上过程如图 1-1 所示,其中实线表示操作流程,虚线表示文件的输入输出。

为了编译、连接和运行 C 程序,必须要有相应的编译系统。目前使用的很多 C 编译系统都是集成开发环境,比较常用的集成开发环境有 Visual C++ 6.0、Visual C++ 2010 Express。

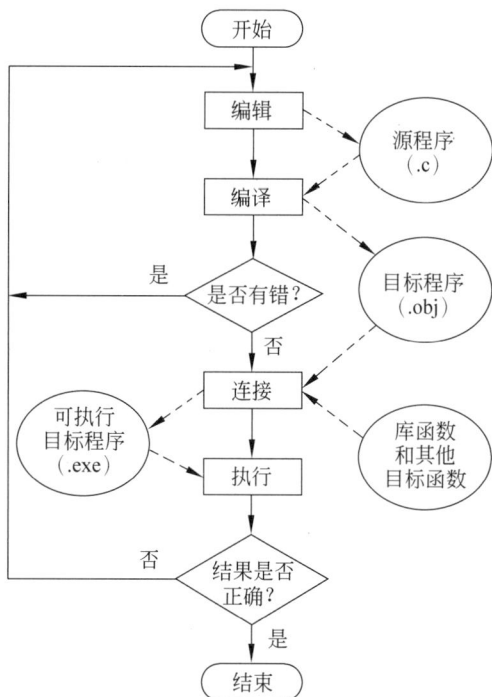

图 1-1  运行 C 程序的操作流程

## 1.4.2  Visual C++6.0 集成开发环境介绍

📖 **学一学**

Visual C++ 6.0 是微软公司推出的一款优秀的集成开发环境,由于其良好的界面和可操作性而被广泛应用。在该集成开发环境中编写程序的常见操作步骤为以下 4 步。

### 1. 建立新工程

选择"文件"→"新建"菜单,启动新建向导,如图 1-2 所示。

在"工程"选项卡中选择 Win32 Console Application,在"工程名称"栏中输入项目名称 First,"位置"栏中选择项目在硬盘上的存储位置 D:\First。输入完毕,单击"确定"按钮,进入选择控制台程序类型界面,如图 1-3 所示。

在图 1-3 所示界面中选择"一个空工程"选项,然后单击"完成"按钮,系统显示当前创建的工程信息,如图 1-4 所示。

在图 1-4 中单击"确定"按钮,系统完成项目的创建并保存项目相关的信息。新工程创建完成后如图 1-5 所示。

工作区'First'是最顶层节点。一个工作区下面可以有多个工程,目前只有一个工程。First files 是工程节点,下面有 Source files、Header Files 和 Resource Files 三个文件夹。

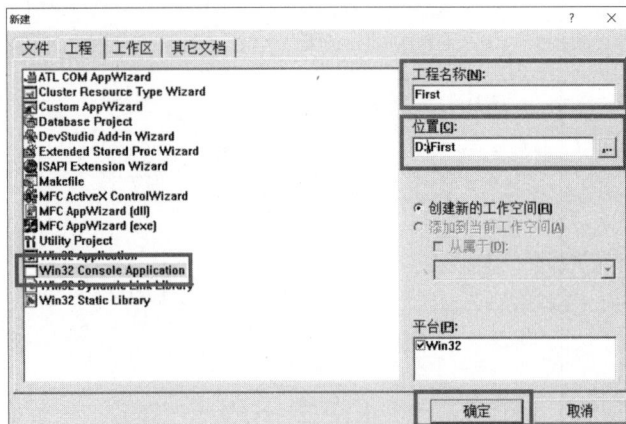

图 1-2 新建向导

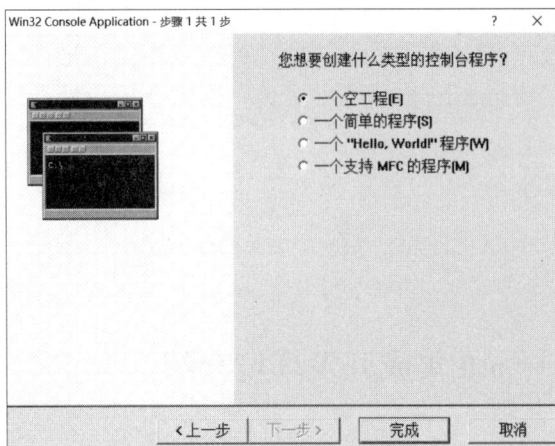

图 1-3 选择控制台程序类型

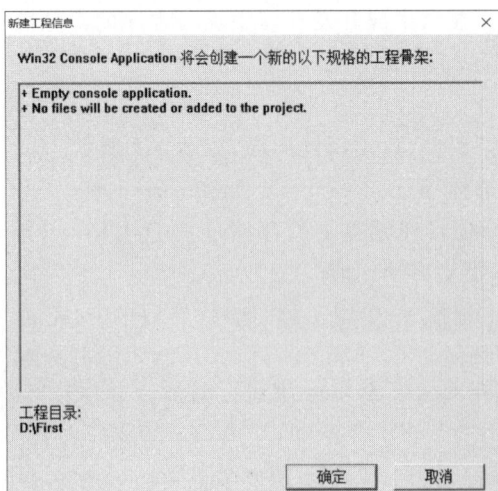

图 1-4 工程信息

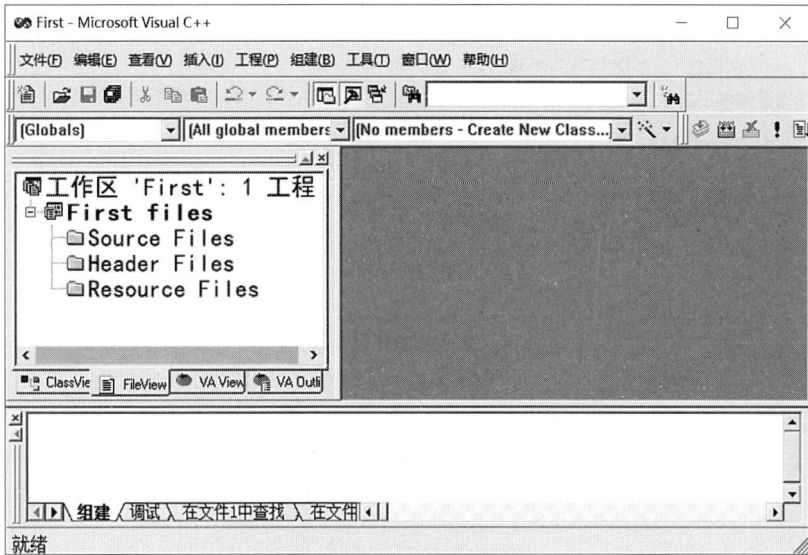

图 1-5　工程结构图

## 2. 建立文件

选择"文件"→"新建"菜单,启动新建向导。单击"文件"选项卡,选择 C++ Source File,勾选"添加到工程"并选择刚刚建好的那个工程 First。在"文件名"栏中输入文件的名称,注意文件名要包含后缀名.c,默认后缀名为.cpp,在"位置"栏可选择将新建的文件放到哪个目录下,如图 1-6 所示。

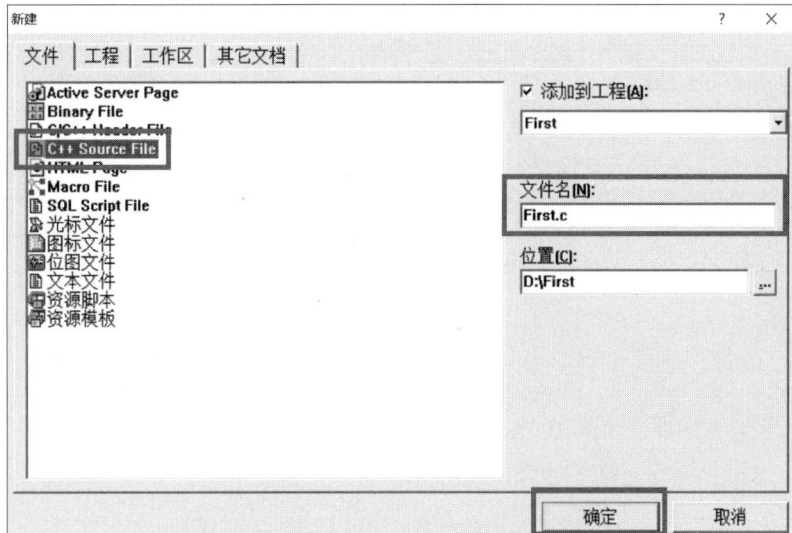

图 1-6　文件新建向导

输入完毕,单击"确定"按钮,在源文件中输入如图 1-7 所示的代码。

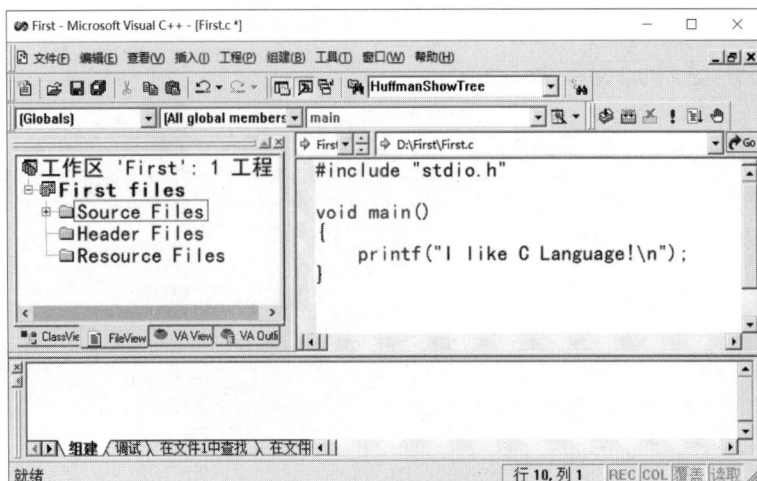

图 1-7　第一个 C 程序

单击"文件"菜单并选择"保存工作空间"菜单项保存工程;在保存工程时,需要保存相关的源文件,可单击"文件"菜单并选择"保存"菜单项保存修改后的源文件。

### 3. 编译和连接

编译按钮![编译]只编译,不连接,不运行。"编译＋连接"按钮![编译连接]的作用是,如果程序没有错误将生成可执行程序,但是不运行。"编译＋连接＋运行"按钮![运行]包括了前两个按钮的功能。

程序在编译和连接时,Visual C++ 6.0 会动态地输出编译和连接过程中的状态报告,如图 1-8 所示。

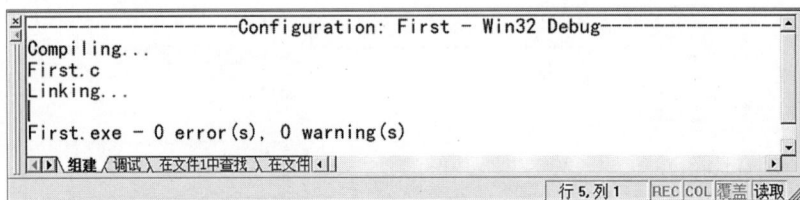

图 1-8　编译连接信息

### 4. 运行程序

运行程序结果如图 1-9 所示。

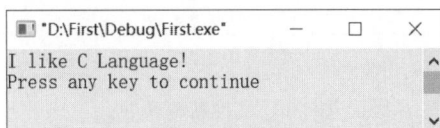

图 1-9　程序运行结果

思政材料

## 1.4.3  Visual C++ 2010 Express 集成开发环境介绍

📖 **学一学**

Visual C++ 2010 Express 属于 Visual Studio 2010 的一个组件,是微软公司的 C++ 开发工具,是集成开发环境,用于编辑 C、C++ 等编程语言。下载和安装 Visual C++ 2010 Express 后,在"开始"菜单中选择 Microsoft Visual C++ 2010 Express 即可启动它,如图 1-10 所示。

图 1-10   选择 Microsoft Visual C++ 2010 Express

进入 Microsoft Visual C++ 2010 Express 主界面,如图 1-11 所示。在该集成开发环境下开发程序的常见步骤有以下 5 步。

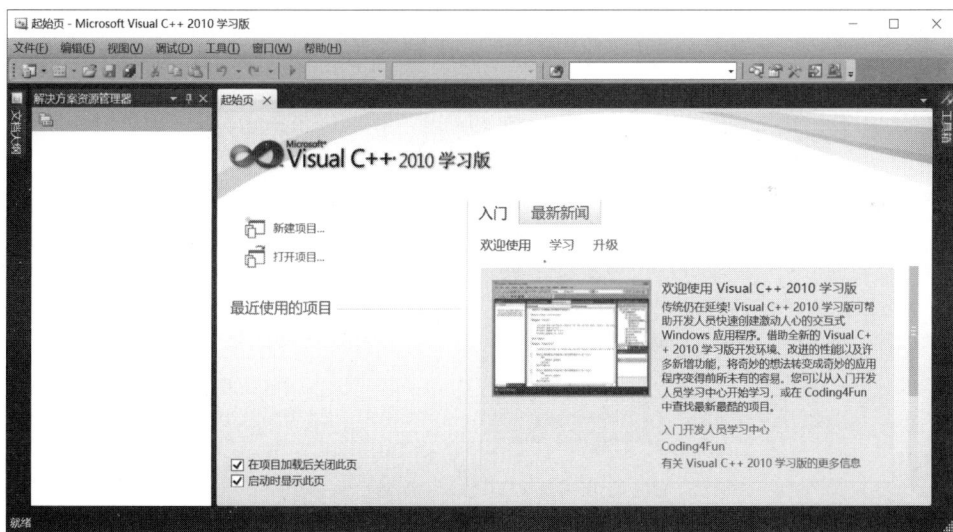

图 1-11   Visual C++ 2010 Express 主界面

### 1. 创建项目

选择"文件"→"新建"→"项目"菜单。或者单击图 1-11 中的"新建项目"按钮,弹出"新建项目"对话框,如图 1-12 所示。

在"新建项目"对话框中选择"Win32 控制台应用程序",在"名称"栏中输入项目名称

图 1-12 "新建项目"对话框

（如 project），在"位置"栏中通过"浏览"按钮选择或直接输入一个路径（如 D:\Projects）。然后，选中右下角的"为解决方案创建目录"选项，最后单击"确定"按钮，进入创建页面。

在 Win32 应用程序向导的第一个页面中，单击"下一步"按钮，在如图 1-13 所示的"附件选项"组中选择"空项目"。单击"完成"按钮，空的项目创建完成，如图 1-14 所示。

图 1-13 Win32 应用程序向导

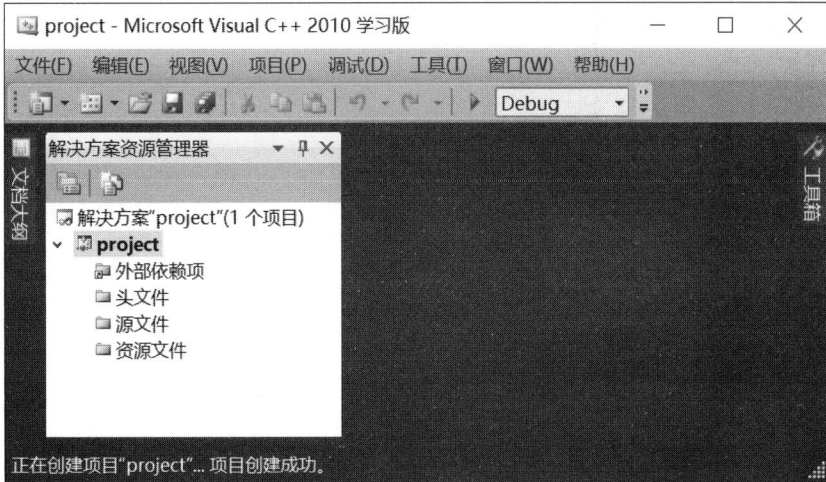

图 1-14　新项目 project 创建完成

可以看到解决方案 project，显示项目名 project，接下来为项目 project 添加源程序文件 demo.c。

### 2. 建立文件

在 project 项目中建立新的文件。选择 project 下的"源文件"，右击它，再选择"添加"→"新建项"选项，打开"添加新项"窗口，如图 1-15 所示。

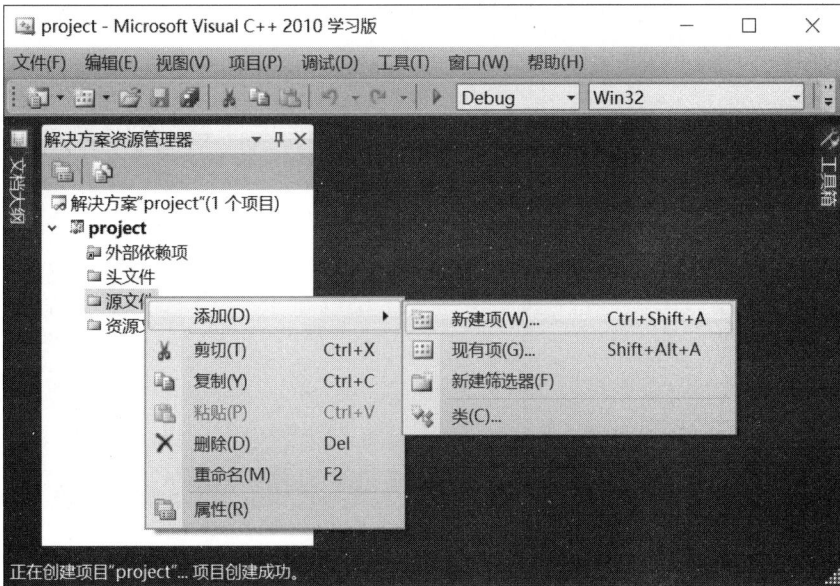

图 1-15　选择"源文件"选项

在"添加新项"窗口左侧选择 Visual C++，然后选择"C++ 文件"。在窗口的"名称"栏
中输入文件名，如 demo.c，如图 1-16 所示。

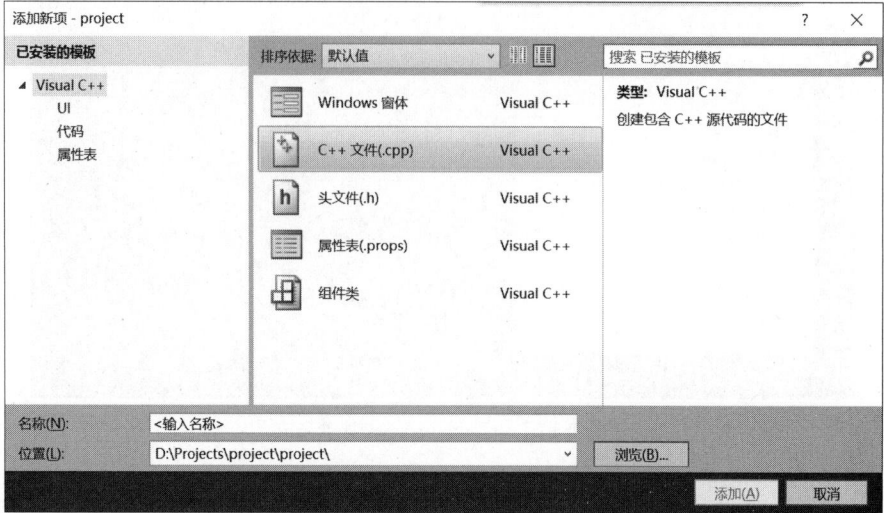

图 1-16　添加源文件

在图 1-16 中单击"添加"按钮，返回项目主界面，如图 1-17 所示。此时可以看到编辑
窗口光标在闪烁，在窗口的左侧可以看到项目 project 的源文件 demo.c。

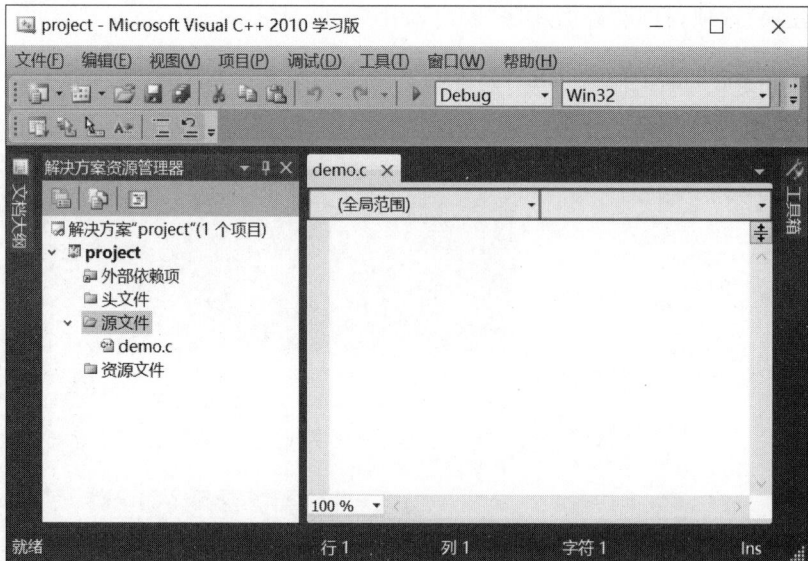

图 1-17　源文件 demo.c

在图 1-17 所示的窗口中输入程序，如图 1-18 所示。编辑完源文件后，选择"文件"→
"保存"选项。

图 1-18　编写 demo.c

## 3. 编译

选择"调试"→"生成解决方案"菜单,程序开始编译,编译后需要注意输出框中的信息,如图 1-19 所示。

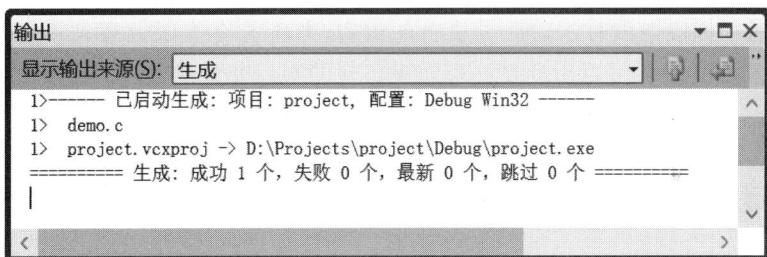

图 1-19　demo.c 编译后的信息

## 4. 运行程序

选择"调试"→"启动调试"菜单或者单击调试按钮 ▶ ,运行程序,弹出控制台信息,如图 1-20 所示。

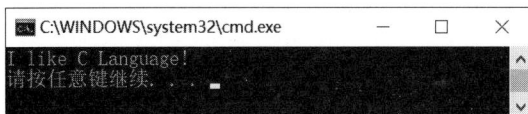

图 1-20　运行结果

控制台若一闪就消失了,可以通过快捷键 Ctrl+F5 运行程序。

### 5. 打开项目中已有的文件

选择"文件"→"打开"→"项目/解决方案"选项,根据已知路径找到你所要找的目录 project(解决方案),再找到子目录 project(项目),然后选择其中的解决方案文件 project (其后缀为.sln),单击"打开"按钮。在"源文件"下面有文件名 demo.c,双击此文件名,打开 demo.c 文件,显示源程序。

# 1.5 算 法

## 1.5.1 什么是算法

📖 学一学

算法是利用计算机解决问题的处理步骤;简而言之,算法就是解决问题的方法和步骤。算法必须具备两个重要条件。

- 有效性:算法必须为给定的任务给出正确的结果,即有满足条件的输入值时,算法一定要保证正常工作(返回正确的输出值)。表明算法有效性的方法之一是断点。断点可设置在算法的任意位置上,判断此位置是否满足给出的条件,即程序是否正确运行。
- 终止性:算法中没有永远反复执行的语句,即不能有无限循环且不返回结果的情况。算法终止性可以用反复处理结束条件的判断变量或经过有限次的反复一定能到达结束条件等方法证明。

## 1.5.2 算法的特征

📖 学一学

一个算法应该具有以下五个重要的特征。

- 有穷性:算法的有穷性是指算法必须能在执行有限步骤后终止。
- 确切性:算法的每一步骤必须有确切的定义。
- 输入项:一个算法有 0 个或多个输入,以刻画运算对象的初始情况,所谓 0 个输入是指算法本身设定了初始条件。
- 输出项:一个算法必须有一个或多个输出,以反映对输入数据加工后的结果,没有输出的算法是毫无意义的。
- 可行性:算法中的每一条指令必须是切实可执行的,即原则上可以通过已经实现的基本运算执行有限次来实现。

## 1.5.3　算法的描述方法

算法描述是指对设计出的算法用一种方式进行详细的描述,可以使用自然语言、伪代码,也可使用程序流程图,但描述的结果必须满足算法的五个特征。

### 1. 用自然语言描述算法

自然语言就是人们日常使用的语言,用自然语言表达算法通俗易懂,但文字冗长,容易产生歧义。而且用自然语言描述包含分支和循环的算法,很不方便。因此,除了那些很简单的问题外,一般不用自然语言描述算法。

**试一试**

例 1-2　输入两个数,输出它们的乘积。

自然语言描述算法如下。

步骤 1:输入两个数 $a$、$b$。

步骤 2:计算 $s1 = a \times b$。

步骤 3:输出 $s1$,结束。

### 2. 用流程图描述算法

**学一学**

用流程图描述算法,就是用图形符号描述算法,这样描述算法直观形象、易于理解。常用的图形符号如图 1-21 所示。

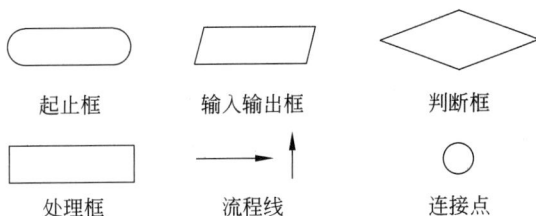

图 1-21　流程图常用符号及其含义

以下对流程图的各个符号进行说明。

① 起止框:用于表示一个算法的开始和结束。

② 输入输出框:算法里用到输入数据和输出数据时,用此符号框表示。

③ 判断框:算法里遇到判断而面临选择时,用此符号框表示。根据给定的条件是否成立来决定执行其后的操作,它有一个入口,两个出口。

④ 处理框:此框表示一条或一段顺序执行的语句。

⑤ 流程线:表明算法流程的走向。

⑥ 连接点:连接点用于将画在不同地方的流程线连接在一起。

**例 1-3**  输入两个数,输出它们的乘积,算法流程图如图 1-22 所示。

**例 1-4**  输入两个数,按从小到大的次序输出它们,算法流程图如图 1-23 所示。

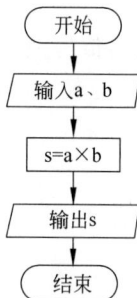

图 1-22  例 1-3 的算法流程图

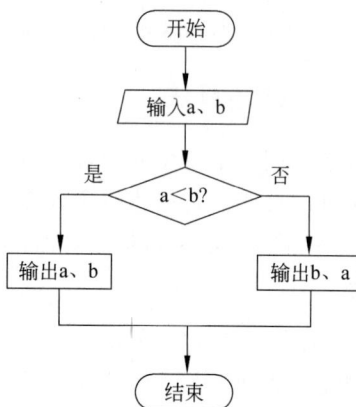

图 1-23  例 1-4 的算法流程图

思政材料

**例 1-5**  判断 2000—2500 年中的每一年是否是闰年,闰年是指能被 4 整除但不能被 100 整除,或者既能被 100 整除又能被 400 整除的年份,算法流程图如图 1-24 所示。

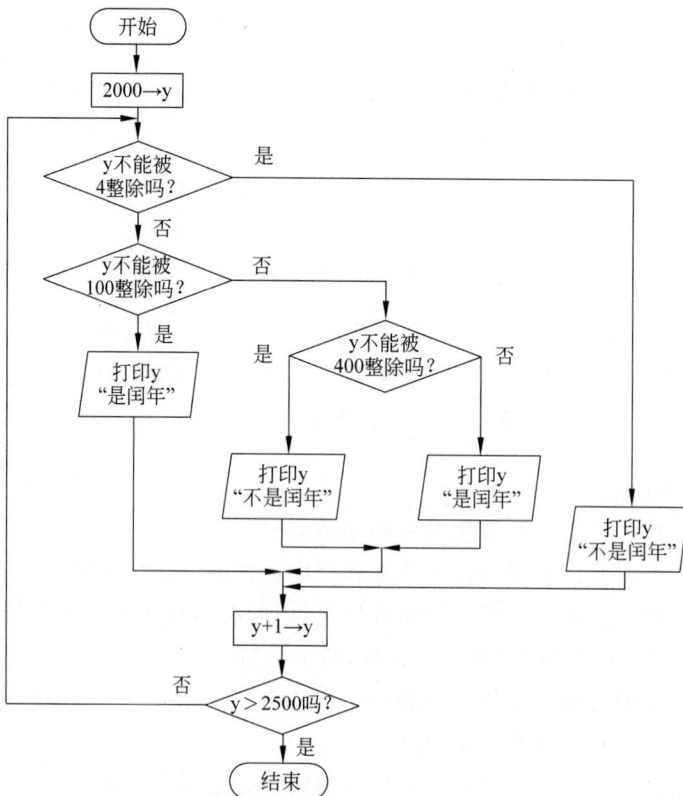

图 1-24  例 1-5 的算法流程图

**例 1-6** 计算 5!,算法流程图如图 1-25 所示。

```
        ┌──────┐
        │ 开始 │
        └──┬───┘
           ↓
      ┌─────────┐
      │ 1→s     │
      │ 2→i     │
      └────┬────┘
           ↓
      ┌─────────┐
  ┌──→│ s*i→s   │
  │   │ i+1→i   │
  │   └────┬────┘
  │        ↓
  │  是  ◇────────◇
  └─────│  i≤5?  │
        ◇────────◇
           │ 否
           ↓
      ╱──────────╲
      │  打印s    │
      ╲──────────╱
           ↓
        ┌──────┐
        │ 结束 │
        └──────┘
```

图 1-25  例 1-6 的算法流程图

### 3. 用伪代码描述算法

📖 **学一学**

伪代码是用介于自然语言和计算机语言之间的文字和符号来描述算法。用伪代码描述算法,可以将编程语言和自然语言巧妙地结合起来。

📖 **试一试**

**例 1-7** 输入自变量 $x$,输出函数值 $y$。

$$y = \begin{cases} -1, & (x < 0) \\ 0, & (x = 0) \\ 1, & (x > 0) \end{cases}$$

伪代码描述算法如下。

```
输入 x
if(x<0) then y=-1
else if(x=0) then y=0
else y=1
输出 y
```

# 1.6  典 型 题 解

**例 1-8** C 语言程序的执行总是起始于(　　)。

A. 程序中的第一条可执行语句　　　　　　B. 程序中的第一个函数

C. main()函数　　　　　　　　　　　　　D. 包含文件中的第一个函数

**分析**：在一个 C 语言源程序中，无论 main()函数书写在程序的前部还是后部，程序的执行总是从 main()函数开始，并且在 main()函数中结束。本题正确答案为 C。

**例 1-9** 下列说法中正确的是（　　）。

A. C 程序书写时，不区分大小写字母

B. C 程序书写时，一行只能写一条语句

C. C 程序书写时，一条语句可分成几行书写

D. C 程序书写时，每行必须有行号

**分析**：C 语言严格区分大小写字母，如 A1 和 a1 被认为是两个不同的标识符；C 程序的书写非常灵活，既可以一行多句，又可以一句多行，且每行不加行号。本题正确答案为 C。

# 1.7　本章小结

本章主要介绍了 C 语言的产生与发展、C 语言特点、C 语言程序的结构、C 语言的两种编程环境，以及算法的概念。

# 习　题　1

## 一、选择题

1. C 语言程序的基本单位是（　　）。

　A. 程序行　　　　　B. 语句　　　　　C. 函数　　　　　D. 字符

2. C 语言中规定：在一个源程序中 main()函数的位置（　　）。

　A. 必须在最开始　　　　　　　　B. 必须在系统调用的库函数的后面

　C. 可以任意　　　　　　　　　　D. 必须在最后

3. 以下叙述正确的是（　　）。

　A. 在 C 程序中，main()函数可有可无

　B. C 程序的每行中只能写一条语句

　C. C 语言本身没有输入输出语句

　D. 在对一个 C 程序进行编译的过程中，可发现注释中的拼写错误

4. 能将高级语言编写的源程序转换为目标程序的是（　　）。

　A. 链接程序　　　　　　　　　　B. 网络程序

　C. 编译程序　　　　　　　　　　D. Word 字处理程序

5. 下面对 C 语言特点，不正确描述的是（　　）。

A. C 语言兼有高级语言和低级语言的双重特点,执行效率高

B. C 语言既可以用来编写应用程序,又可以用来编写系统软件

C. C 语言的可移植性较差

D. C 语言是一种结构式模块化程序设计语言

6. 计算机内部运算使用的数是(　　)。

    A. 十进制数　　　　　B. 十六进制数　　　　C. 二进制数　　　　　D. 八进制数

7. 一个 C 语言程序是由(　　)组成。

    A. 一个主程序和若干个子程序　　　　　B. 函数

    C. 若干过程　　　　　　　　　　　　　D. 若干子程序

8. C 语言具有低级语言的能力,主要指的是(　　)。

    A. 程序的可移植性

    B. 具有控制流语句

    C. 能直接访问物理地址,可进行位操作

    D. 具有现代化语言的各种数据结构

9. (　　)是不正确的编程风格。

    A. 大小写字母用在不同场合,一般除了符号名和常量名用大写字母外,其他一律用小写字母

    B. 使用有意义的标志符

    C. 程序中的注释可有可无

    D. 使用括号来改善表达式的清晰度

10. 不正确的 C 程序描述是(　　)。

    A. 每个语句和数据定义的最后必须有个分号

    B. 一个 C 程序的书写格式要求严格,一行只能写一个语句

    C. C 语言的本身没有输入输出语句

    D. 一个 C 程序总是从 main() 函数开始执行

## 二、填空题

1. C 语言具有_____语言的优点和_____语言的特点。

2. C 程序是由一个或多个_____组成的,必须包含_____。

3. 在一个 C 源程序中,注释部分两侧的分界符分别为_____和_____。

4. 在 C 语言中,输入操作是由库函数_____完成的,输出操作是由库函数_____完成的。

5. 一个 C 语言程序总是从_____开始执行。

6. C 语言源程序文件的后缀是_____,经过编译后,生成文件的后缀是_____,经过连接后,生成文件的后缀是_____。

## 三、编程题

试编写一 C 程序,运行时输出"Welcome!"。

# 第2章

# C 语言基础知识

　　数据是程序处理的对象,也是程序处理的结果。C 语言提供了丰富的数据类型来描述数据的特性,也提供了功能强大的运算符描述数据的操作。运算符和运算对象按照一定的规则组合成表达式,使数据的处理变得方便和灵活。本章主要介绍 C 语言的基本数据类型、运算符和表达式。

　　在 C 语言中,数据类型可分为基本数据类型、构造数据类型、指针类型、空类型四大类,如图 2-1 所示。

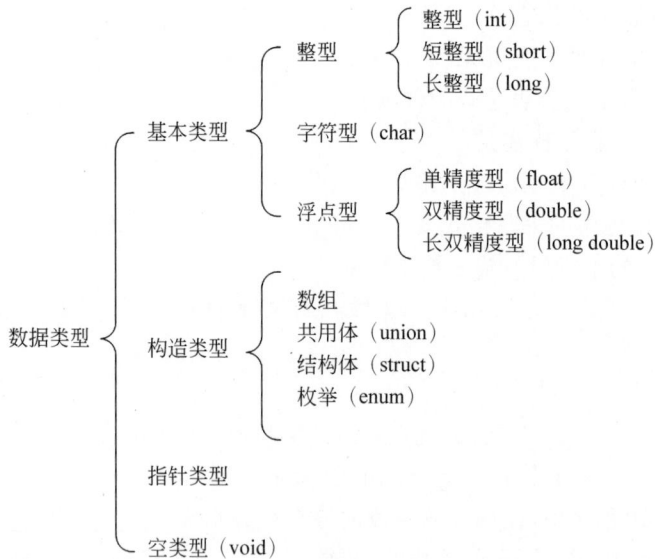

```
                                        ┌─ 整型 (int)
                          ┌─ 整型 ──────┤  短整型 (short)
                          │              └─ 长整型 (long)
              ┌─ 基本类型 ─┤ 字符型 (char)
              │           │              ┌─ 单精度型 (float)
              │           └─ 浮点型 ─────┤  双精度型 (double)
              │                          └─ 长双精度型 (long double)
              │
              │              ┌─ 数组
  数据类型 ───┤  构造类型 ───┤  共用体 (union)
              │              │  结构体 (struct)
              │              └─ 枚举 (enum)
              │
              ├─ 指针类型
              │
              └─ 空类型 (void)
```

图 2-1　C 语言的数据类型

# 2.1　数　据　类　型

## 2.1.1　整型数据

整型可分为整型(int)、短整型(short)、长整型(long)三大类。其中每一类又分为无符号(unsigned)和有符号(signed)两种情况,有符号的书写时可以省略。

### 1.整型数据的存储形式

📖 **学一学**

在计算机中,整型数据一般采用二进制补码形式存储。对于有符号数据,最高位为符号位,0 表示正数,1 表示负数;对于无符号数据,最高位用来表示数值位。

一个正整数的原码、反码和补码均用原码表示。例如,十进制数 14 的二进制补码就是其原码,在内存中的存储形式为 00000000 00000000 00000000 00001110。

一个负整数的原码、反码和补码的计算方法如下。

- 原码:该数的二进制形式,符号位为 1。
- 反码:最高位的符号位不变,其他位按位取反。
- 补码:最高位的符号位不变,其他位按位取反,然后加 1,即在反码基础上加 1。

📖 **试一试**

**例 2-1**－14 在内存中的存储形式。

(1)－14 的二进制原码为[－14]$_原$＝10000000 00000000 00000000 00001110。

(2)－14 的二进制反码为[－14]$_反$＝11111111 11111111 11111111 11110001。

(3)－14 的二进制补码为[－14]$_补$＝11111111 11111111 11111111 11110010。

### 2.整型数据的长度及其表示范围

📖 **学一学**

整型数据的长度及取值范围如表 2-1 所示。

表 2-1　整型数据的长度及取值范围

| 类型关键字 | 含　义 | 字节数 | 表示范围 |
|---|---|---|---|
| [signed] short [int] | 短整型 | 2 | －32768～32767,即－$2^{15}$～$2^{15}$－1 |
| unsigned short [int] | 无符号短整型 | 2 | 0～65535,即 0～$2^{16}$－1 |
| [singed] int | 基本整型 | 4 | －2147483648～2147483647,即－$2^{31}$～$2^{31}$－1 |
| unsigned int | 无符号整型 | 4 | 0～4294967295,即 0～$2^{32}$－1 |
| long [int] | 长整型 | 4 | －2147483648～2147483647,即－$2^{31}$～$2^{31}$－1 |
| unsigned long [int] | 无符号长整型 | 4 | 0～4294967295,即 0～$2^{32}$－1 |

**说明**

① 表 2-1 给出的取值范围不是 C 标准强制的,C 语言没有统一规定各种数据类型占用内存单元的字节数,各类型数据的取值范围随编译系统的不同而不同。

② []中的关键字在书写时可以省略,例如 short int 可以写为 short。signed 在书写时也可以省略,默认为带符号整型。

③ 对于整型数据进行运算时要注意溢出问题。由于整型数据能够表示的整型是有限的,如果运算结果超出了系统能够表示的整数范围,则运算会得到错误的结果,这种错误现象被称为溢出。

## 2.1.2 字符型数据

### 1. 字符型数据的存储形式

用单引号括起来的单个字符(如'A'、'a'、'0'、'@'等)被称为字符型数据。在 C 语言中,字符型数据的类型标识符为 char。字符型数据是按其所对应的 ASCII 值存储的,字符的 ASCII 表参见附录 D,一个字符占一字节。例如:字符'A'的 ASCII 值为 65,字符'a'的 ASCII 值为 97。

将一个字符常量(如字符'a')存放到一个字符型变量中时,并不是将字符本身'a'存放到存储单元中,而是将字符'a'的 ASCII 码值 97 的二进制码存放到存储单元中,如图 2-2 所示。

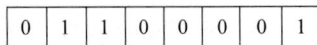

| 0 | 1 | 1 | 0 | 0 | 0 | 0 | 1 |

图 2-2 字符'a'的存储形式

### 2. 字符型数据的长度及其表示范围

**学一学**

字符型数据的长度及取值范围如表 2-2 所示。

表 2-2 字符型数据的长度及取值范围

| 类型关键字 | 含义 | 字节数 | 表示范围 |
|---|---|---|---|
| char | 字符型 | 1 | 0~255 |

**说明**

在 C 语言中,由于字符是以 ASCII 码值存储的,字符型数据可以作为整型数据进行运算,因此字符型数据与整型数据可以相互运算。

## 2.1.3 浮点型数据

在 C 语言中,实数可以用浮点型数据表示。浮点数的小数点位置是不固定的,可以浮动。C 语言提供了 3 种不同的浮点数。

- float：单精度浮点数。
- double：双精度浮点数。
- long double：长双精度浮点数。

float、double、long double 这 3 种类型表示的浮点数精度依次增高。

## 1. 浮点型数据的存储形式

### 📖 学一学

浮点型数据与整型数据的存储方式不同，它是按照指数形式存储的。例如浮点数 58.625 的指数形式为 $5.8625 \times 10^1$。其中，5.8625 称为尾数，10 的幂次 1 称为指数。

计算机在存储浮点数时，要将其转换为二进制数来表示，转换方法是将整数部分和小数部分分别转换为二进制数。

浮点数的存储结构如图 2-3 所示，分为 3 个部分：符号位、指数位和尾数位。符号位表示数值的正负；指数位用于表示阶码，代表 2 的幂次；尾数位为有效小数的位数。尾数位部分占的位数越多，浮点数的有效位越多；指数位部分占的位数越多，表示数的范围越大。

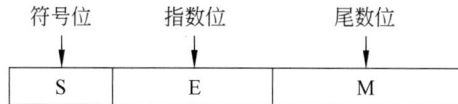

图 2-3　浮点数的存储形式

## 2. 浮点型数据的长度与取值范围

### 📖 学一学

单精度浮点数和双精度浮点数由于指数和尾数的位数不同，它们的取值范围也有所不同。浮点型数据的长度及取值范围如表 2-3 所示。

表 2-3　浮点型数据的长度及取值范围

| 类型关键字 | 含　　义 | 字节数 | 有效位数 | 表 示 范 围 |
|---|---|---|---|---|
| float | 单精度浮点型 | 4 | 6～7 | $-3.4 \times 10^{-38} \sim 3.4 \times 10^{38}$ |
| double | 双精度浮点型 | 8 | 15～16 | $-1.7 \times 10^{-308} \sim 1.7 \times 10^{308}$ |
| long double | 长双精度浮点型 | 16 | 18～19 | $-1.2 \times 10^{-4932} \sim 1.2 \times 10^{4932}$ |

**例 2-2**　C 语言的浮点数精度示例。

```
#include "stdio.h"
int main ()
{
    float x;                      /* x 为单精度类型变量 */
    double y;                     /* y 为双精度类型变量 */

    x=123456789.123456;          /* 赋予 x 值 */
    y=123456789.123456;          /* 赋予 y 值 */
    printf("x=%8f\n", x);        /* 输出 x 的值 */
```

```
    printf("y=%8f\n",y);              /* 输出 y 的值 */
    return 0;
}
```

程序运行结果如下。

```
x=123456792.000000
y=123456789.123456
```

从程序的运行结果看,x 显示的结果并不等于赋予它的值,而 y 显示的结果等于赋予它的值,说明 float(单精度类型)数据只能保证前 7 位是精确的,double(双精度类型)数据的精度可以为 15~16 位。

# 2.2　常量和变量

在 C 语言程序中,数据通常以常量或变量形式出现。在程序执行过程中,其值不发生改变的量称为常量,其值可变的量称为变量。在程序中,常量是可以不经过说明直接引用的,而变量则必须先定义后使用。

## 2.2.1　常量

常量可分为不同类型,常用的有整型常量、实型常量、字符常量、字符串常量和符号常量。

### 1. 整型常量

📖 **学一学**

整型常量由一个或多个数字组成,可以有正、负号。在 C 语言程序中,整型常量有以下 3 种表示方法。

(1) 十进制常量

没有前缀,所含数字为 0~9,例如 123、-345、0。

(2) 八进制常量

用前缀 0 表示,所含数字为 0~7。例如:

0571　正确,在常量前面加上 0 进行修饰。

0591　错误,含有非八进制数字 9。

(3) 十六进制常量

用前缀 0x 或 0X 表示,所含数字为 0~9、A~F 或 a~f。例如:

0x59af　正确,在常量前面加上 0x 进行修饰。

0x59ak　错误,含有非十六进制数的字母 k。

🎓 **说明**

① 整型常量只要其数值范围在 int 型常量的范围内,则其默认类型是 int 型。例如,

常量 234 是 int 型常量。

② 在整型常量的后面加上符号 L(或 l)进行修饰,表示该常量是长整型,而后缀 U (或 u)表示该常量是无符号整型。例如:

```
long num=2000L;                    //L 表示长整型
unsigned int num=300U;             //U 表示无符号整型
```

### 2. 实型(浮点型)常量

📖 **学一学**

实型常量也称为实数或浮点数。在 C 语言程序中,实数只采用十进制表示,有以下两种表示形式。

(1) 十进制小数形式

十进制小数形式由正负号、整数部分、小数点和小数部分组成。例如,123.9、−20.234、0.1234、0.0 等都是正确的书写形式。

(2) 指数形式

指数形式也称为科学计数法,由正负号、整数部分、小数点、小数部分、字母 E 或 e 及后面带正负号的整数组成。例如,−1.234e+2、3.45e−02、.89E3、456e−002 等都是正确的指数表示形式;1.234E+3 表示 $1.234 \times 10^3$。

🎓 **说明**

① 字母 e(或 E)之前必须有数字,同时 e(或 E)后面的指数部分必须是整数。例如,e−3、E5、1.2e2.5 都是不合法的。

② 默认情况下,C 编译系统将浮点型常量按双精度类型存储,若要表示该常量是单精度类型,可以在实型常量后加后缀 F 或 f。在实型常量后加后缀 L 或 l 表示该常量是长双精度类型。例如:

```
float num=3.2F;                    //单精度类型 float
long double num=3.456e-1L;         //长双精度类型 long double
double num=3.4;                    //双精度类型 double
```

### 3. 字符常量

📖 **学一学**

字符常量是指单个字符,在 C 语言程序中用一对单引号括起来表示。例如,'a'、'b'、'l'、'$'、'A'、'♯'等都是字符常量。

🎓 **说明**

① 一个字符常量的值是该字符对应的 ASCII 码值。例如,字符常量'a'~'z'对应的 ASCII 码值是 97~122;字符常量'0'~'9'对应的 ASCII 码值是 48~57。显然'0'与数字 0 是不同的。

② C 语言中还允许一种特殊形式的字符常量,即以反斜线\开头的字符序列,称为转义字符。例如,printf()函数中的'\n'代表换行,而不是字符'n'。采用转义字符可以表示

ASCII 字符集中不可打印或不便输入的控制字符和其他特定功能的字符。常用的转义字符如表 2-4 所示。

表 2-4　常用的转义字符

| 字符 | 含　　义 | 字符 | 含　　义 |
|---|---|---|---|
| '\n' | 换行,将光标从当前位置移到下一行开头 | '\"' | 一个双引号 |
| '\r' | 回车,将光标从当前位置移到本行开头 | '\'' | 一个单引号 |
| '\0' | 空字符,通常用作字符串结束标记 | '\\' | 一个反斜杠\ |
| '\t' | 横向跳格,光标移到下一个水平制表位 | '\?' | 一个问号 |
| '\v' | 纵向跳格,光标移动下一个垂直制表位 | '\ddd' | 1～3 位八进制数,代表字符的 ASCII 码值 |
| '\b' | 退格,光标向前移动一个字符 | '\xhh' | 1～2 位十六进制数,代表字符的 ASCII 码值 |

**例 2-3**　C 语言的字符型数据示例：大小写字母转换。

-------- 解题思路 --------

**分析**：大写字母和小写字母的 ASCII 值相差 32,可以通过加、减 32 互相转换。

-------- 程序代码 --------

```c
#include "stdio.h"
int main()
{
    char c1='A', c2='a';

    c1=c1+32;
    c2=c2-32;
    printf("c1=%c, c2=%c\n",c1, c2);
}
```

程序运行结果如下。

```
c1=a, c2=A
```

### 4. 字符串常量

**学一学**

字符串常量指的是字符序列,在 C 语言程序中,用双引号对括起来表示。例如,"CHINA"、""、"12345.456"、"a"等都是字符串常量。

字符串常量一般用一个字符数组(参见第 7 章)存储,每个字符占 1 字节,存放其对应的 ASCII 码。字符串常量在内存中存储时,系统自动加上字符串结束标志'\0',因此,字符串常量在内存中占用的存储单元数目应为该字符串长度(字符个数)加 1。

**说明**

① 字符串常量"a"与字符常量'a'是不同的。字符常量'a'在内存中占用 1 字节,而字符

串"a"在内存中占用 2 字节。

② 字符常量可以进行加减运算,例如'a'+'d'是 a 的 ASCII 码与 d 的 ASCII 码相加;而字符串常量则不能进行加减运算,只能进行连接、复制等操作。

### 5. 符号常量

📖 **学一学**

用一个特定的符号代替一个常量或一个较为复杂的字符串,这个符号称为符号常量。为便于阅读和理解常量的含义,通常由预处理命令♯define 来定义符号常量。用♯define 定义符号常量的一般形式为

```
#define 符号常量标识符    字符序列
```

符号常量一般用大写字母表示,以便与其他标识符区别。例如:

```
#define NULL 0              //定义符号常量 NULL 代表 0
#define PI 3.14159          //定义符号常量 PI 代表 3.14159
```

## 2.2.2　变量

### 1. 变量的概念

📖 **学一学**

变量是指在程序运行过程中其值可以改变的量。在程序定义变量后,系统会为它分配存储单元。对变量的基本操作有两个:向变量中存入数据值,这个操作称为给变量"赋值";取变量当前值,以便在程序运行过程中使用,这个操作称为"取值"。程序中的变量具有如下属性。

（1）变量名

程序是通过变量名来使用变量的,因此程序中使用的每个变量都要有一个变量名。变量的命名应符合标识符的命名规则,在选择变量名时,应注意做到"见名知义"。例如:

```
length, area, x1, x2
```

（2）变量的类型

每个变量都应当有确定的类型,C 语言通过定义变量时指定的数据类型来确定变量所占存储空间的大小、取值范围,以及对变量采取的操作。例如,定义变量 i 为整型,则系统在内存中为 i 分配 4 字节存储空间,如图 2-4 所示。

（3）变量的地址

存放变量的第一个存储单元的地址就是该变量的地址,例如图 2-4 中 0x008FFCCC 为变量 x 的地址。在 C 语言中,可以通过变量名访问内存中的数据,也可以通过变量地址访问内存中的数据(参见第 9 章)。

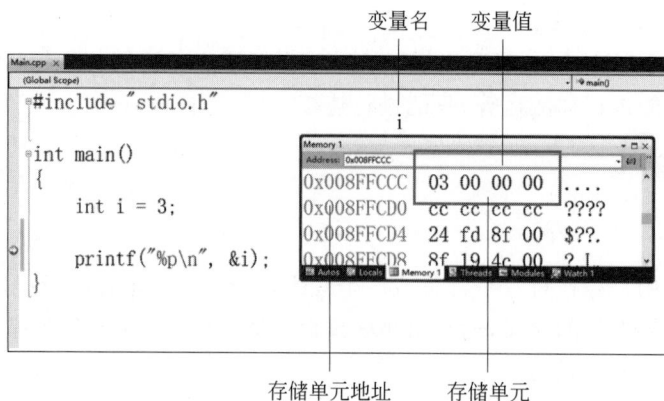

图 2-4　变量及其属性

（4）变量的值

变量的值是指变量所表示的数据，是该变量占据存储空间的内容，例如图 2-4 中 3 为变量 x 的值。在程序中，变量的值按名存取即可。在程序运行过程中，变量的值是可以改变的，通常用赋值运算实现。

### 2. 关键字和标识符

📖 **学一学**

关键字又称保留字，是 C 语言规定的具有特定意义的标识符。它们在程序中都代表固定的含义，不能另作他用。C 语言中共有 32 个关键字（见附录 B），分为以下四类。

① 标识数据类型的关键字（14 个）：int、long、short、char、float、double、signed、unsigned、struct、union、enum、void、volatile、const。

② 标识存储类型的关键字（5 个）：auto、static、register、extem、typedef。

③ 标识流程控制的关键字（12 个）：goto、return、break、continue、if、else、while、do、for、switch、case、default。

④ 标识运算符的关键字（1 个）：sizeof。

用户定义标识符是程序员根据自己的需要定义的用于标识变量、函数、数组等的一类标识符。用户在定义标识符时应遵守 C 语言中标识符的命名规则。C 语言规定标识符只能由英文字母、数字、下画线组成，且第一个字符必须是字母或下画线，一般不超过 8 个字符；标识符中大小写字母的含义不同；不能使用 C 语言中的关键字作为标识符；应当尽量遵循"简洁明了"和"见名知义"的原则。

例如，a、abc、x1、price、student32、Mouse、_sun、Football、FOOTBALL 是合法的；32student、Foot-ball、s.com、a&.b、for 是非法的。

### 3. 变量的定义和初始化

📖 **学一学**

（1）变量的定义

变量在使用之前必须先定义，声明其数据类型和存储类型。变量定义的一般形式为

数据类型 变量名 1, 变量名 2, ..., 变量名 n;

例如:

```
int sum,length,x,y;            //定义 4 个整型变量 sum、length、x、y
char ch;                       //定义 1 个字符型变量 ch
float sum, width;              //定义 2 个单精度实型变量 sum、width
double u, v;                   //定义 2 个双精度实型变量 u、v
```

（2）变量的初始化

C 语言允许在定义变量的同时使变量初始化。例如：

```
int a=2;                       //定义 a 为整型变量,初始值为 2
char b='A';                    //定义 b 为字符型变量,初始值为'A'
float x=2.1234F;               //定义 x 为单精度实型变量,初始值为 2.1234F
```

也可对被定义的部分变量进行初始化。例如：

```
int u, v=10,w;                 //定义 u、v、w 为整型变量,v 的初始值为 10
```

🎓 **说明**

① 变量必须先定义后使用,否则编译系统将给出以下错误信息 error C2065：undeclared identifier。

② 定义变量时,若给几个变量赋予同一个初值,应写成

```
int a=3, b=3, c=3;
```

不能写成

```
int a=b=c=3;
```

③ 在赋值之前,变量的值是一个不确定值,如果引用未赋值的变量,会引发程序的逻辑错误。

④ 每个变量某一时刻只能存储一个值,当给一个变量赋予新的值时,原来的值被覆盖,变量中保存的总是最近一次赋的值。

# 2.3　运算符和表达式

运算符是构建表达式的基本单位,C 语言提供了丰富的运算符(见附录 A),它们的运算功能强大且使用灵活方便。由运算符和运算对象组成的式子称为表达式,其中运算对象可以是常量、变量、函数调用等形式。

## 2.3.1　C 运算符

C 语言提供了以下运算符。

- 算术运算符：+、-、*、/、%、++、--。
- 关系运算符：<、>、>=、<=、!=、==。
- 逻辑运算符：!、&&、‖。
- 强制类型转换运算符：(类型标识符)。
- 赋值运算符：=。
- 条件运算符：?:。
- 逗号运算符：,。
- 指针运算符：*、&。
- 求字节数运算符：sizeof。
- 位运算符：<<、>>、~、|、^、&。
- 分量运算符：.、->。
- 下标运算符：[]。
- 圆括号运算符：()。

## 2.3.2 赋值运算符

赋值是将一个数据存储到某个变量对应的内存存储空间的过程。赋值运算符有两种类型：基本赋值运算符和复合赋值运算符。

### 1. 基本赋值运算符

#### 📖 学一学

在 C 语言中,运算符"="称为赋值运算符,作用是将赋值运算符右边的数据(常量或表达式值)赋给左边的变量。其一般形式为

变量名=表达式

例如：

```
a=3;                    //将右边数值 3 赋给左边的变量 a
c=d+5;                  //将右边表达式(d+5)的值 8 赋给左边的变量 c
a+c=3;                  //错误,赋值运算符左边必须是变量
```

#### 🎓 说明

① 赋值运算符的结合性是自右向左。例如 a=b=c,先是将 c 赋值给 b,然后将 b 赋值给 a。

② 赋值运算符的优先级较低,仅高于逗号运算符。

### 2. 复合赋值运算符

#### 📖 学一学

C 语言提供了两类共 10 种复合赋值运算符,即+=、-=、*=、/=、%=、<<=、>>=、&=、

|=、^=。其中,前 5 种是算术运算的复合赋值运算符,后 5 种是位运算的复合赋值运算符。

假设 var 和 exp 为参与复合赋值运算的两个操作数,op 为一个二目运算符,则复合赋值运算符的运算规则如下。

```
var op=exp
```

等价于

```
var=var op exp
```

例如:

```
x * =y;              //相当于 x=x * y;
x%=5;                //相当于 x=x%5;
```

### 🎓 说明

① 在书写复合赋值运算符时,两个运算符(op 与=)之间不能有空格,否则会出现语法错误。

② exp 若是包含若干项的表达式(逗号表达式除外),由于赋值运算符优先级较低(仅高于逗号运算符),则 exp 相当于有括号。例如,x * =y+8 等价于 x * =(y+8)。

## 3. 赋值表达式

### 📖 学一学

由赋值运算符将一个变量和一个表达式连接起来构成的式子称为赋值表达式。"="左边是变量,右边的操作数可以是常量、变量、表达式等。其一般形式为

```
变量=表达式
```

功能:将赋值运算符右边表达式的值赋给左边的变量。

例如,a=2 是一个赋值表达式。对赋值表达式求解的过程是将赋值运算符右侧的"表达式"的值赋给左侧的变量,而赋值表达式的值就是被赋值变量的值。例如 a=2 这个赋值表达式的值就是变量 a 的值。

### 🎓 说明

① 赋值表达式除了完成赋值功能外,它本身还可以作为一个普通的表达式参与运算。例如:

```
b=(a=2);              //b=2,b 的值就是赋值表达式 a=2 的值,也就是变量 a 的值
a=12; a+=a-=a * a;    //a=-264 等价于 a=a+(a=a-(a * a))
```

② 赋值运算符"="不是数学中的等号,并不表示其两侧的内容相等,而是把"="右边的计算结果存放到左边变量的存储单元中。例如,x=x+1 是将 x 的值加 1 再赋给变量 x。

### 4. 赋值运算符的优先级和结合方向

赋值运算符的优先级较低,仅高于逗号运算符;结合方向是自右至左。因此,b=a=2 按右结合性 b=(a=2)执行。

## 2.3.3 算术运算符

C 语言的算术运算符包括基本算术运算符和自增、自减运算符,这类运算符可以执行加法、减法、乘法和除法等运算。

### 1. 基本算术运算符

📖 **学一学**

基本算术运算符有+(加)、-(减)、*(乘)、/(除)、%(求余)。

🎓 **说明**

① C 语言允许双目运算符+、-、*、/的两个操作数类型不一致。当不同数据类型的操作数混合运算时,按照数据类型转换规则进行转换,具体参照 2.4 节内容。例如,int 型操作数与 double 型操作数混合运算时,结果是 double 型的。

② 两个整数相除为整除运算,运算结果为整数(舍去小数部分)。例如,5/2 的值是 2,而不是 2.5。但是,如果相除的两个数中有一个是浮点型数,则为自然除法运算,运行结果为小数。例如,若要表示 1/2,C 语言表达式可以写为 1.0/2。

③ 模运算%也称为求余运算符,要求%两侧的数据均为整型数据,其运算结果是两整数相除的余数。例如,5%10 的结果是 5,如果两个操作数不是整数,程序将无法编译通过。

④ 当除法运算符/和求余运算符%的操作数有一个为负数或者两个都是负数时,运算结果不确定,大多数 C 编译系统(C99 标准)除法采用"向零取整",即-7/2 的值是-3,但有的系统是-4;i%j 的值与 i 的符号相同,-7%2 的值是-1,也有的系统结果不同。应避免编写因编译器不同而相异的代码。

**例 2-4** 输入一个三位数,计算这个三位数各位数字之和。

---------------------------------- 💡 解题思路 ----------------------------------

**分析**:对于一个三位数 $n$,个位数字可以通过 $n\%10$ 计算,百位数字可以通过 $n/100$ 计算,十位数字可以通过 $n\%100/10$ 计算,也可通过 $n/10\%10$ 计算。

---------------------------------- 🖳 程序代码 ----------------------------------

```
#include "stdio.h"
int main ()
{
    int n;
```

```
    scanf("%d", &n);
    printf("个位：%d，十位=%d，百位=%d\n", n%10, n/10%10, n/100);
}
```

程序运行结果如下。

```
345
个位：5，十位=4，百位=3
```

## 2. 自增、自减运算符

📖 **学一学**

自增（＋＋）、自减（－－）运算符是单目运算符，其功能是使变量的值增1或减1，运算结果仍存回该变量。参加运算的对象必须是变量。例如：i＋＋等价于 i＝i＋1,i－－等价于 i＝i－1。

根据自增、自减运算符与运算对象的位置不同，可分为前置和后置自增、自减运算。前置自增、自减运算符先完成自增或自减运算，然后再参加表达式计算。例如：

```
int k,j=0; k=++j;     //j=1,k=1,j 先自增,然后将 j 增1之后的值赋值给 k
```

后置自增、自减运算符先根据原有变量的值参加表达式的计算，然后再完成自增或自减运算。例如：

```
int k,j=0;k=j++;     //j=1,k=0,k 得到 j 增1之前的值,然后 j 自增
```

🎓 **说明**

① 自增（＋＋）或自减（－－）运算符只能运用于简单变量，不能用于常量或表达式。
② ＋＋x 与 x＋＋的区别：如果自增或自减运算本身单独构成一条语句，那么 x＋＋与＋＋x 效果是相同的；若将它们作为表达式一部分参加混合运算，则其结果就不同。例如：

```
int a=3, b;
b=++a * 3;              //等价于 a=a+1; b=a * 3;,因此 a 的值是 4,b 的值是 12
b= (a++) * 3;           //等价于 b=a * 3; a=a+1;,因此 a 的值是 4,b 的值是 9
```

## 3. 算术表达式

用算术运算符和括号将运算对象连接起来的符合 C 语法规则的式子称为算术表达式。例如，3＋5、－5＊(18％4＋6)都是合法的算术表达式。

表达式中的运算对象可以是函数调用，被调用的函数既可以是系统定义的各类函数库中的函数，也可以是用户自定义的函数。以数学函数的调用为例，C 语言把数学计算中常用的计算公式抽象定义为不同的函数，这些函数的集合构成了 C 语言的数学函数库，在程序计算时直接调用相应的函数并在源文件开头加上一条编译预处理命令＃include ＜math.h＞即可。例如计算 $\sin x ＋\cos y$，通过调用 C 语言数学函数库中的 sin 和 cos 函数，可直接写出算术表达式为

$$\sin(x) + \cos(y)$$

常用数学函数的功能及使用方法参见附录 C。

**例 2.5**　将下列表达式写成符合 C 语言规则的表达式。

① $\dfrac{-b + \sqrt{b^2 - 4ac}}{2a}$　　② $|a^x + e^y|$

式①的 C 语言表达式应写为

```
(-b+sqrt(b*b-4*a*c))/(2*a)
```

式②的 C 语言表达式应写为

```
fabs(pow(a, x)+exp(y))
```

其中，sqrt()、fabs()、pow()、exp()都是数学函数的调用，函数的参数必须写在圆括号内。

### 4. 算术运算符的优先级和结合方向

C 语言规定了算术运算符的优先级和结合方向，在表达式求值时，先按算术运算符优先级从高到低进行运算，运算符优先级相同时，再按结合方向结合。

基本算术运算符的结合方向自左向右(左结合性)；自增、自减运算符的优先级别相同，均高于基本算术运算符，结合方向是自右至左(右结合性)。

## 2.3.4　关系运算符

### 📖 学一学

#### 1. 关系运算符

在程序设计中，判断数据大小关系的运算称为关系运算。C 语言中表示关系运算的关系运算符及优先级如表 2-5 所示。

表 2-5　关系运算符及其优先级

| 运算符 | 含义 | 对应的数学运算符 | 优先级 |
|---|---|---|---|
| > | 大于 | > | 相同(高) |
| < | 小于 | < | |
| >= | 大于等于 | ≥ | |
| <= | 小于等于 | ≤ | |
| == | 等于 | = | 相同(低) |
| != | 不等于 | ≠ | |

#### 2. 关系表达式

关系运算符将两个表达式连接起来就构成了关系表达式，其中表达式可以是算术表达式、关系表达式、逻辑表达式和赋值表达式。

关系表达式的结果为真或假。在 C 语言中,真用 1 表示,假用 0 表示。可以将关系表达式的结果赋给一个整型或字符型变量。例如:

```
int x=3, y=2, z=1;
f=x!=y;          //f 的值为 1
f=x==y;          //f 的值为 0
f=x>y>z;         //f 的值为 0。先执行 x>y,其值为 1,再执行关系运算 1>z,其值为 0
```

### 3. 关系运算符的优先级和结合方向

在 6 种关系运算符中,＞、＞＝、＜、＜＝的优先级相同,＝＝、!＝的优先级相同,前四种关系运算符的优先级高于后两种。

关系运算符都是双目运算符,其结合性是从左到右。关系运算符的优先级低于算术运算符,高于赋值运算符。例如,c＞a＋b 等价于 c＞(a＋b)。

#### 📖 说明

① 判断相等要使用双等号(＝＝),不要写成赋值运算符中的单个等号(＝)。

② C 语言在表示和判断一个值是"真"或"假"时有些不同,表 2-6 给出了 C 语言中表示和判断一个值是"真"或"假"的依据。

表 2-6　表示和判断一个值真假的方法

| 表示一个"真"值 | 1 | 判断一个"真"值 | 非 0 |
|---|---|---|---|
| 表示一个"假"值 | 0 | 判断一个"假"值 | 0 |

## 2.3.5　逻辑运算符

有时需要判断多个条件是否同时满足或者只需要满足其中一个,例如给定字符是否为字母的判断、给定年份是否为闰年的判断、三角形构成条件的判断等。这时,就需要用到逻辑运算符。

### 1. 逻辑运算符

#### 📖 学一学

逻辑运算符有 &&(逻辑与)、||(逻辑或)、!(逻辑非)3 种,表 2-7 给出了 3 种逻辑运算符的优先级和结合性。

与关系运算相似,逻辑运算的结果也是一个逻辑值,即"真"或"假"。参与逻辑运算的每个操作数的真假弄清楚之后,逻辑运算表达式的结果是"真"还是"假"呢?这由逻辑运算的规则决定。表 2-8 给出了逻辑运算的规则。

简言之,对于 &&,只有当两边同时为真时,结果才为真;而对于 ||,只要有一方为真,结果即为真。

表 2-7　逻辑运算符及其含义

| 运算符 | 含义 | 类型 | 优先级 | 结合性 |
|---|---|---|---|---|
| ! | 逻辑非(取反) | 单目 | 高 | 从右向左 |
| && | 逻辑与(并且) | 双目 | ↓ | 从左向右 |
| \|\| | 逻辑或(或者) | 双目 | 低 | 从左向右 |

表 2-8　逻辑运算的规则

| A 的取值 | B 的取值 | ! A | A&&B | A\|\|B |
|---|---|---|---|---|
| 非 0(真) | 非 0(真) | 0(假) | 1(真) | 1(真) |
| 非 0(真) | 0(假) | 0(假) | 0(假) | 1(真) |
| 0(假) | 非 0(真) | 1(真) | 0(假) | 1(真) |
| 0(假) | 0(假) | 1(真) | 0(假) | 0(假) |

## 2. 逻辑表达式

逻辑表达式由逻辑运算符和运算对象组成,例如(a>b)&&(c>d)、!(a>b)。逻辑运算符的运算对象可以是常量、变量或表达式,按逻辑值对待,0 代表假,非 0 代表真。逻辑表达式的运算结果有两个,即真(值为 1) 和假(值为 0) 。

### 🎓 说明

① 逻辑运算的结果还可进行算术运算。

② 注意区分数学表达式与 C 语言表达式的含义。例如,变量 x 的取值范围为 0<x<20,数学表达式可以表示为 0<x<20,但是 C 语言要表示为 0<x&&x<20。因为关系表达式 0<x<20 的运算过程是按照优先级先求出 0<x 的结果,再将结果 1 或 0 作小于 20 的判断,这样一来无论 x 取何值,最后表达式的结果都为 1,这显然与要表示的含义不符。

③ 在逻辑表达式的求解中,并不是所有的逻辑运算符都会被执行,只是在必须执行下一个逻辑运算符才能求出表达式的解时执行该运算符。

对于 && 运算符,只要左边操作数的值为假,无论右边操作数的值为何值,最终表达式的结果都为假,因此右边的操作数不会进行运算;对于 \|\| 运算符,只要左边操作数的值为真,无论右边操作数的值为何值,最终表达式的结果都为真,因此右边的操作数不会进行运算。例如:

```
int x=10, y=20, z;
z=(x<y)||(--y);
printf("z=%d\n", z);
```

因为表达式(x<y)的结果为真,因而无论后面的表达式为何值,表达式(x<y)||(--y)的结果都为真,此时系统不会计算表达式(--y),y 的值也不会减少,程序运行后的

结果为 z＝1、y＝20。

又如：

```
int x=10, y=20, z;
z=(x>y) && (--y);
printf("z=%d\n", z);
```

因为表达式(x＞y)的结果为假,因而无论后面的表达式为何值,表达式(x＞y)＆＆(－－y)的结果都为假,此时系统不会计算表达式(－－y),y 的值也不会减少,程序运行后的结果为 z＝0、y＝20。

### 3. 逻辑运算符的优先级和结合方向

在一个表达式中可以含有多个逻辑运算符,其优先级是! 最高,＆＆ 次之,‖最低;逻辑运算符、关系运算符、赋值运算符和算术运算符的优先级关系如图 2-5 所示。＆＆ 与‖具有左结合性,! 具有右结合性。

熟练掌握 C 语言的关系运算符和逻辑运算符后,可以用一个逻辑表达式来表示一个复杂的条件。例如,判断年份 year 是否为闰年,可以写出下列逻辑表达式：

```
! （非）          ↑高
算术运算符
关系运算符
逻辑运算符
&&、‖          低
```

图 2-5  运算符的优先级

```
(year%400==0 || (year%4==0 && year%100!=0))
```

又如,判断字符 c 是否为字母,可以写出下列逻辑表达式：

```
(c>='A' && c<='Z' || c>='a' && c<='z')
```

📖 试一试

**例 2-6** 将小写字母转换成大写字母。

⋯⋯⋯⋯⋯⋯⋯⋯💡 解题思路⋯⋯⋯⋯⋯⋯⋯⋯

**分析**：判断一个字母是否为小写字母可以通过逻辑表达式 c＞='a' ＆＆ c＜='z'判断,解题步骤如下。

① 变量定义：定义一个字符变量 c 来接收用户从键盘输入的数据。

② 输入：从键盘输入一个字符存入 c。

③ 处理：如果 c＞='a' ＆＆ c＜='z',则进行转换,转换通过 c＝c－32 实现,否则输出提示信息。

⋯⋯⋯⋯⋯⋯⋯⋯📑 程序代码⋯⋯⋯⋯⋯⋯⋯⋯

```
#include "stdio.h"
int main()
{
    char c;                          /*c用于接收用户输入的字符*/
    printf("请输入一个字符: \n");      /*提示用户输入*/
    scanf("%c",&c);                  /*从键盘输入一个字符*/
    if(c>='a' && c<='z')             /*若是小写字母,则转换并输出*/
```

```
    {
        c=c-32;
        printf("转换后为：%c\n",c);
    }
    else
        printf("用户输入的不是小写字母\n");       /* 否则,输出提示信息 */
    return 0;
}
```

程序运行结果如下。

请输入一个字符：
a
转换后为：A

📖 **练一练**

从键盘输入三角形的三条边长,判断是否能构成三角形。

## 2.3.6  逗号运算符

逗号运算符是 C 语言提供的比较特殊的一个运算符。由逗号运算符","将两个或多个表达式连接起来就构成一个逗号表达式。

📖 **学一学**

逗号表达式的一般形式为

表达式 1, 表达式 2, ..., 表达式 $n$;

逗号表达式的求解过程为先计算"表达式 1",再计算"表达式 2"……直至计算"表达式 $n$",整个表达式的结果就是最后一个表达式"表达式 $n$"的值。因此逗号表达式又被称为"顺序求值表达式"。

逗号表达式的运算优先级是最低的,结合方向是"自左向右"。

📖 **试一试**

**例 2-7**  逗号表达式示例。

```
#include "stdio.h"
int main ()
{
    int x, y;

    y=(x=3 * 5, x * 3, x+12);
    printf("y=%d\n", y);
}
```

程序运行结果如下。

```
y=27
```

## 2.3.7  条件运算符

### 📖 学一学

条件运算符是 C 语言中唯一的三目运算符。由条件运算符和运算对象构成的表达式称为条件表达式,条件运算符由"?"和":"组成,其结合方向是"自右向左",一般形式为

表达式 1 ? 表达式 2 : 表达式 3;

条件表达式的运算过程为先计算"表达式 1"的值,如果"表达式 1"的值为真(非 0),则"表达式 2"被求值,此时"表达式 2"的值就是整个条件表达式的值;如果"表达式 1"的值为假(0),则"表达式 3"被求值,此时"表达式 3"的值就是整个条件表达式的值。

### 📖 试一试

**例 2-8**  条件表达式示例。

```
#include "stdio.h"
int main ()
{
    int a=12,b=24,c;

    c=a>b ? a+b : a-b;
    printf("c=%d\n",c);
}
```

程序运行结果如下。

```
c=-12
```

条件表达式是可以嵌套使用的,当多个条件表达式嵌套使用时,每个后续的":"总是与前面最近且没有配对的"?"相联系。例如:

a>b ? a: c>d ? c:d

相当于

a>b ? a : (c>d ? c:d)

如果 a=6、b=8、c=12、d=24,则条件表达式的值为 24。

# 2.4  类 型 转 换

在 C 语言中,不同类型的数据可以进行混合运算。在进行混合运算时,如果运算对象的数据类型不同,则先转换为同一类型,然后再进行运算。不同类型的数据的转换有两种方式:自动类型转换(隐式转换)和强制类型转换(显式转换)。

## 2.4.1 自动类型转换

### 1. 表达式中的自动类型转换

📖 **学一学**

算术运算符、关系运算符、逻辑运算符、位运算符和赋值运算符等二元运算符在进行混合运算时,要求两个操作数的类型一致,如果参与运算的操作数类型不一致,那么编译系统会自动对数据进行转换(隐式转换)。转换规则是:首先将不同类型的数据由低向高转换成同一类型,然后进行运算。各种类型由低至高的转换顺序如图 2-6 所示。

图 2-6　数据类型由低至高的转换顺序

🎓 **说明**

转换规则可以划分为两种情况,编译器按如下顺序进行转换。

① 任一操作数的类型是浮点类型的情况。

- 如果有一个操作数的类型是 long double,则将另一个操作数转换为 long double 类型。
- 当上述条件不成立时,如果有一个操作数的类型是 double,则将另一个操作数转换为 double 类型。
- 当上述条件不成立时,如果有一个操作数的类型是 float,则将另一个操作数转换为 float 类型。

② 两个操作数的类型都不是浮点类型的情况。

首先对两个操作数进行整型提升(一个 char 型或 short 型先转换为 int 型),然后把级别较低的操作数类型转换为另一个级别较高的操作数类型。如果 long int 类型和 unsigned int 类型长度(32 位)相同,当有一个操作数是 long int 类型,另一个操作数是 unsigned int 类型时,将两个操作数都转换为 unsigned long int 类型。

由上述隐式转换的规则可知,在转换过程中数据的精度没有损失,因此这种转换是安全的。

📖 **试一试**

**例 2.9** 设有如下变量声明语句:

```
int i;
float f;
double d;
long e;
```

执行表达式 10+'a'+i＊f−d/e 的数据类型转换过程如下。

① 进行 10+'a'的运算,'a'被提升为 int 型整数 97,运算结果为 107。

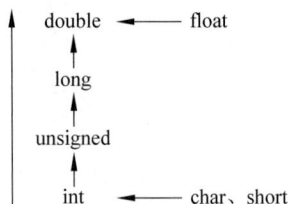

② 进行 i＊f 的运算,i 被转换成 float 型,运算结果为 float 型。

③ 进行 d/e 的运算,e 被转换为 double 型,运算结果为 double 型。

④ 整数 107 与 i＊f 的结果相加,运算结果为 float 型。

⑤ 10＋'a'＋i＊f 的结果与 d/e 的结果相减,结果为 double 型。

总之,在自动类型转换时,总是按照精度不降低的原则从低向高进行转换(一般字节数少的精度低,字节数多的精度高)。

### 2. 赋值中的自动类型转换

📖 **学一学**

赋值运算要求赋值运算符两侧的类型相同,若类型不同,编译系统则会自动进行类型转换,转换规则是将赋值运算符右侧表达式值的类型转换成为左侧变量的类型。转换过程中要注意以下几点。

- 浮点型与整型:在将浮点型数据(单、双精度)赋值给整型变量时,先对浮点型数据取整,即舍弃浮点型数据的小数部分,只保留整数部分,然后将整数部分赋值给整型变量。将整型数据赋给浮点型变量,数值不变,但以浮点数形式存储到浮点型变量中。
- 单、双精度浮点型:float 型数据在尾部加 0 延长为 double 型数据,然后直接赋值。当 double 型数据转换为 float 型时,通过截断尾数来实现,截断前要进行四舍五入操作。
- 在将字符型数据赋给整型变量时,将字符的 ASCII 码赋给整型变量。
- 在将一个占字节多的整型数据赋给一个占字节少的整型变量或字符变量时,只将低字节原封不动地送到被赋值的变量中,即发生"截断"。
- 在将存储空间长度相同的无符号和有符号数据相互赋值时,数据原样赋值,即符号位与数值位一起赋值。

不同类型数据之间赋值时,常常会出现数据失真,而且这不属于语法错误,编译系统并不提示出错。以上类型转换规则比较复杂,涉及数据在计算机内的表示方法,初学者不必细究。

## 2.4.2　强制类型转换

在 C 语言中,可以利用强制类型转换运算符将一个变量或表达式转换成所需类型。

📖 **学一学**

强制类型转换的一般形式为

(类型说明符)表达式

其功能是把表达式强制转换为指定的类型。例如:

(int) (a)或(int) a　　　　　　//将 a 强制转换成整型

```
(double)x/y              //将 x 强制转换成 double 型,再进行运算
(float)(45%8)            //将 45%8 的值强制转换成 float 型
```

### 说明

无论是自动类型转换还是强制类型转换,都只是为了执行本次运算而对数据的类型进行临时性的转换,不会改变被转换数据本身的类型和值,转换得到的结果将存储在临时的存储单元中。

# 2.5 典型题解

### 试一试

例 2.10    如图 2-7 所示为一平面圆,圆心是 $(2,1)$,半径为 1。

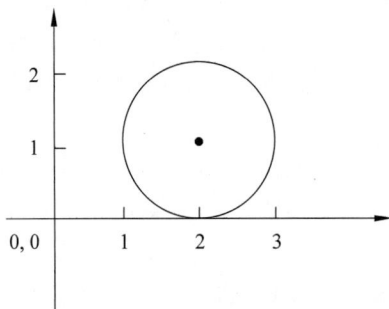

图 2-7    圆

写出判断平面点 $(x,y)$ 位于圆内时为真的表达式。

········································· 解题思路 ·········································

分析:根据题意,要想平面点 $(x,y)$ 位于圆内,那么平面点 $(x,y)$ 到圆心 $(2,1)$ 的距离应该小于半径 1,根据距离计算公式可得 $\sqrt{(x-2)^2+(y-1)^2}<1$。两边平方,可知有 $(x-2)*(x-2)+(y-1)*(y-1)<1$。

# 2.6 本章小结

本章是 C 语言程序设计实现运算的基础,内容涉及编程使用的常量与变量、整型数据类型、实型数据类型、字符型数据类型、运算符和运算表达式,运算符的优先级和结合性以及不同类型数据之间的转换与运算等。本章的知识点在于掌握 C 语言程序设计中与运算相关的内容,只有很好地掌握 C 语言的数据类型、表达式运算等,才能有效地使用。

# 习 题 2

## 一、选择题

1. C 语言程序中,运算对象必须是整型数的运算符是( )。

  A. &&     B. /     C. %     D. *

2. 以下选项中合法的 C 语言赋值语句是( )。

  A. ++i;    B. a=b=34   C. a=3,b=9  D. k=int(a+b);

3. 若在程序中变量均已定义成 int 类型,且已赋大于 1 的值,则下列选项中能正确表示代数式 $\frac{1}{abc}$ 的表达式是( )。

  A. 1.0/a/b/c       B. 1/(a*b*c)

  C. 1.0/a*b*c      D. 1/a/b/(double)c

4. 设 a、b、c 是整型变量,且已正确赋初值,以下选项中错误的赋值语句是( )。

  A. a=1%(b=c=2);     B. a=(b=3)*c;

  C. a=b=c/10;       D. a=2=(b=9)=1;

5. 若有定义语句 int x=10;,则表达式 x−=x+x 的值为( )。

  A. 10     B. −20     C. 0     D. −10

6. 设有定义 int x=11,y=12,z=0;,则以下表达式值不等于 12 的是( )。

  A. z=(x==y)  B. (z=x,y)   C. z=(x,y)   D. (z,x,y)

7. 平面坐标系下有一圆,半径为 $r$,圆心为 $(x_0,y_0)$,以下表达式中可以判定点 $(x,y)$ 在圆内的表达式为( )。

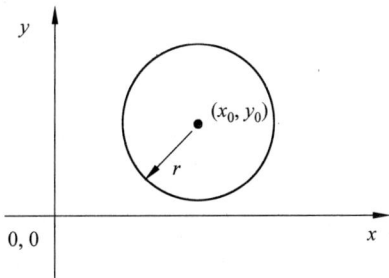

  A. $(x−x_0)^2+(y−y_0)^2<r^2$    B. $(x−x_0)^2+(y−y_0)^2==r^2$

  C. $(x−x_0)^2+(y−y_0)^2>r^2$    D. 以上都不正确

8. 以下选项中,当 x 为大于 1 的奇数时,值为 0 的表达式是( )。

  A. x/2     B. x%2==0   C. x%2!=0   D. x%2==1

9. 以下选项中,值为 1 的表达式是( )。

  A. 1−'0'    B. 1−'\0'    C. '1'−0   D. '\0'−'0'

10. 设有定义 double x=5.16894;,则语句 printf("%lf\n",(int)(x*1000+0.5)/

1000);的输出结果是(　　　)。

  A. 5.16900

  B. 5.16800

  C. 0.00000

  D. 输出格式说明符与输出项不匹配,产生错误信息

11. 若要判断 char 型变量 c 中存放的是否为小写字母,以下正确的表达式是(　　　)。

  A. 'a'<=c<='z'      B. (c>='a') && (c<='z')

  C. (c>='a') || (c<='z')    D. ('a'<=c) AND ('z'>=c)

12. 以下与数学表达式"0<x<5 且 x≠2"不等价的 C 语言逻辑表达式是(　　　)。

  A. (0<x<5) && (x!=2)

  B. 0<x && x<5 && x!=2

  C. x>0 && x<5 && x!=2.

  D. (x>0 && x<2)||(x>2 && x<5)

13. 以下选项中,当且仅当 x 的绝对值在 1~6 时表达式值为"True"的是(　　　)。

  A. (x>=-6) && (x<=-1)||(x>=1) & (x<=6)

  B. (x>=1)&&(x<=6)&&(x>=-6)&&(x<=-1)

  C. (x>=-6)||(x<=-1)||(x>=1)||(x<=6)

  D. (x>=1)&&(x<=6)||(x>=-1)&&(x<=-6)

14. 表示关系式 x≤y≤z 的 C 语言表达式的是(　　　)。

  A. (x<=y) && (y<=z)    B. (x<=y) || (y<=x)

  C. (x<=y<=z)      D. (x<=y) !(y<=x)

15.以下关于逻辑运算符两侧运算对象的叙述中正确的是(　　　)。

  A. 只能是整数 0 或 1    B. 只能是整数 0 或非 0 整数

  C. 可以是结构体类型的数据  D. 可以是任意合法的表达式

## 二、填空题

1. 表达式 3.6 - 5/2+1.2+5%2 的值是_____。

2. 若 a 是 int 型变量,则执行表达式 a=25/3%3 后 a 的值为_____。

3. 数学式 $b^2-4ac$ 写成 C 语言表达式是_____,数学式 $\dfrac{a+b}{ab}$ 写成 C 语言表达式是_____。

4. 表达式(a=4*5,a*2),a+1 的值为_____。

5. 若有定义 int a=1,b=2,c=3,d=4,m=2,n=2;,则执行(m=a>b) && (n=c>d)后 n 的值是_____。

6. 设有 int a=4,b=5,c=6,d;,则执行 d=(a>b? a+c : b-c);后 d 的值为_____。

7. 已知 char c1='5',c2='9';,则语句 printf("%d,%d",c2-c1,c2-'0');的输出结果是_____。

8. 定义 int x＝6，y＝4;，执行 y＋＝x; 后,变量 y 的值为_____。

9. 表示条件 $n$ 能被 4 整除,但不能被 100 整除的 C 语言表达式为_____。

10. 转义字符'\n'的含义是_____。

## 三、阅读程序写结果

1. 下列程序的运行结果是_____。

```c
#include "stdio.h"
void main()
{
    int a=2,b=3,c=4;
    a *=16+(b++)-(++c);
    printf("%d\n", a);
}
```

2. 下列程序的运行结果是_____。

```c
#include "stdio.h"
void main()
{
    int x=010, y=10;
    printf("%d,%d\n", ++x, y--);
}
```

3. 下列程序的运行结果是_____。

```c
#include "stdio.h"
void main()
{
    int a;
    a=(int)(-1.53*3);
    printf("%d\n", a);
}
```

4. 下列程序的运行结果是_____。

```c
#include "stdio.h"
#include "math.h"
void main()
{
    int a=1, b=4, c=2;
    double x=10.5, y=4.0, z;
    z=(a+b)/c+sqrt(y)*1.2/c+x;
    printf("%.2f\n", z);
}
```

5. 下列程序的运行结果是_____。

```
#include<stdio.h>
void main()
{
    float a=2.5,b=3.4;
    int c,d;
    c=(a>b);
    d=(c==0);
    printf("%d %d \n",c,d);
}
```

6. 下列程序的运行结果是＿＿＿＿＿。

```
#include<stdio.h>
void main()
{
    int a=0, b=0, c=0, d=0;
    (a++&& b++)? c++: d++;
    printf("%d,%d,%d,%d\n",a,b,c,d);
}
```

## 四、编写程序题

1. 编写程序,利用变量 $t$ ,将两个变量 $m$ 和 $n$ 的值进行交换。

2. 编写程序,输入一个三位整数 $n$ ,输出 $n$ 的三位数码之和。

3. 编写程序,输出一个英文字符,分别输出它的十进制、八进制、十六进制的 ASCII 码值。

4. 编写程序,输入一个英文小写字符,输出它的大写字符。

5. 编写程序,输入两个整数,输出它们的平方和及平方差。

6. 编写程序,输出两个实数,输出它们的平均值,保留 2 位小数。

# 第3章

# 顺序结构程序设计

C 语句是 C 语言程序的重要组成元素。C 语言的程序是由一条条语句组成的,程序执行时按照一定的顺序逐条完成其中的语句,直到程序结束。本章将学习以下内容。

- C 语句以及分类
- 格式化输入/输出函数
- 字符型数据输入/输出函数
- 顺序结构程序设计

## 3.1 C 语句概述

📖 **学一学**

C 语言的语句可以分为以下 5 类。

(1) 表达式语句

表达式语句指由一个表达式加上一个分号构成的语句,例如:

```
x=5;                    //赋值语句
i++;                    //自增 1 语句,i 值加 1,等价于 i=i+1;
a+b;                    //加法运算语句,但计算结果未保留,无实际意义
```

执行表达式语句就是计算表达式的值。

(2) 函数调用语句

函数调用语句指由一次函数调用加上一个分号构成的语句,例如:

```
printf("Hello World!\n");    //调用 printf 函数输出字符串
m=max(x, y);                 //调用 max 函数计算 x 和 y 的较大值,并赋值给 m
```

(3) 空语句

空语句指只由一个分号构成的语句。

```
;
```

空语句什么都不做,一般用作循环语句中的循环体。

（4）控制语句

控制语句用于控制程序的流程。C 语言有 9 种控制语句,可以分为 3 类。

- 条件判断语句：if 语句、switch 语句。
- 循环执行语句：do while 语句、while 语句、for 语句。
- 转向语句：break 语句、goto 语句、continue 语句、return 语句。

这些控制语句的具体用法将在后续章节中进行详细介绍。

（5）复合语句

用括号{}括起来的多个语句组成的语句块被称为复合语句。在程序中把复合语句看成一个整体,例如：

```
{
    scanf("%d", &n);              //输入一个整数 n
    s=s+n;                        //累加至 s 中
}
```

复合语句可以出现在任何单个语句出现的位置,在单个语句位置需要放置由多个语句才能表达的功能时,需要使用复合语句。复合语句广泛用于选择结构语句与循环结构语句中。

# 3.2　格式化输入输出函数

本节主要介绍格式化输出函数 printf 和格式化输入函数 scanf。

## 3.2.1　格式化输出函数 printf

printf 函数为格式化输出函数,其功能是按用户指定的格式把指定的数据输出到显示器屏幕上。

### 1. 函数调用的形式

📖 学一学

函数调用的一般格式为

```
printf(格式控制字符串, 输出表列);
```

其中,格式控制字符串用于指定输出格式,通常是双引号括起来的字符串常量。格式控制字符串可由格式字符串和非格式字符串两部分组成。格式字符串是以％开头的字符串,在％后面跟有各种格式字符,以说明输出数据的类型、宽度、小数位数等。非格式字符串在输出时原样输出,只起提示作用。输出表列列出了各个输出项,要求格式字符串和各输出项在数量和类型上一一对应。

📖 **试一试**

**例 3-1** 输出两个整型变量的值。

```
#include "stdio.h"
void main()
{
    int a=65, b=97;

    printf("整型格式输出：a=%d,b=%d\n", a, b);
}
```

程序运行结果如下。

整型格式输出：a=65,b=97

## 2. 格式控制字符串

📖 **学一学**

格式字符串的一般形式为

%[标志][输出最小宽度][.精度][长度]类型

其中,方括号中的项为可选项。各项具体含义如下。

（1）类型

类型字符用于表示输出数据的类型,类型格式符和含义见表 3-1。

表 3-1  格式字符串中的类型及其含义

| 数据类型 | 类型格式符 | 含　　义 |
|---|---|---|
| 整型数据 | %d | 以十进制形式输出带符号整数 |
| | %o | 以八进制形式输出带符号整数 |
| | %x、%X | 以十六进制形式输出带符号整数 |
| | %u | 以十进制形式输出无符号整数 |
| 实型数据 | %f | 以十进制小数形式输出单、双精度实数 |
| | %e、%E | 以指数形式输出单、双精度实数 |
| | %g、%G | 选 %f、%e 中较短的格式输出单、双精度实数 |
| 字符型数据 | %c | 输出单个字符 |
| | %s | 输出字符串 |

🎓 **说明**

一个整数如果在 0～127 中,也可以用 %c 按字符形式输出,在输出前,系统会将该整数作为 ASCII 码转换成相应的字符,如 printf("%c"，65);将输出字符 A。%f 用来以十进制小数形式输出单、双精度实数,默认整数部分全部输出,小数部分输出 6 位。输出的数字并非全部是有效数字,单精度实数的有效位数一般为 7 位,双精度实数的有效位数一般为 16 位。%e 用来以指数形式输出单、双精度实数,默认数值按标准化指数形式输出,即小数点前必须有且只有一个非零数字,保留 6 位小数,指数部分占 5 列(如 1.234568e+002,其中 e 占 1 列,指数符号+或-占 1 列,指数占 3 列)。例如:

```
int i=65;
float f=12.3456789;
printf("%d %c %o %x", i, i, i, i);
printf("%c\n", 65);
printf("%f\n", f);
printf("%%e\n", f);
```

将输出:

```
65 A 101 41          (ACSII 码值等于 65 的字符为 A)
12.345679            (默认输出 6 位小数,7 位有效数字为 12.34567)
1.234568e+001        (默认输出 6 位小数,最后一位四舍五入)
```

(2)输出最小宽度(m)

用十进制整数来表示数据输出的最小位数(包括正负号、小数点)。若实际位数多于定义的宽度,则按实际位数输出;若实际位数少于指定的宽度,则补以空格。例如:

```
printf("%5f\n", 12.3456789);     //指定宽度 5,实际宽度 9(6 位小数+小数点+2 位整数)
printf("%15f\n", 12.3456789);    //指定宽度 15,实际宽度 9(6 位小数+小数点+2 位整数)
printf("%8s\n", "Congratulation");        //指定宽度 8,实际宽度 14
printf("%18s\n", "Congratulation");       //指定宽度 18,实际宽度 14
```

将输出:

```
12.345679
       12.345679      (前补 6 个空格)
Congratulation
    Congratulation    (前补 4 个空格)
```

(3).精度(n)

精度格式符以“.”开头,后跟十进制整数表示精度。如果输出数值,则表示小数的位数;如果输出的是字符,则表示输出字符的个数;若实际位数大于所定义的精度数,则截取超过的部分(对小数位数四舍五入截去)。例如:

```
printf("%.2f\n", 12.3456);                //指定输出小数位数 2,实际小数位数 4
printf("%.6f\n", 12.3456);                //指定输出小数位数 6,实际小数位数 4
printf("%.5s\n", "Congratulation");       //指定输出字符数 5,实际字符个数 14
printf("%.15s\n", "Congratulation");      //指定输出字符数 15,实际字符个数 14
```

将输出:

```
12.35
```

12.345678

Congr

Congratulation

（4）标志

标志字符为－、＋、♯、空格，其含义见表 3-2。

表 3-2　格式字符串中的标志及其含义

| 标志符 | 含　　义 |
| --- | --- |
| － | 结果左对齐,右边填空格,默认右对齐,左边填空格 |
| ＋ | 输出符号(正号或负号) |
| ♯ | 对 o 类,在输出时加前缀 0;对 x 类,在输出时加前缀 0x;对 e、f、g 类,当结果有小数时才给出小数点;对 c、s、d、u 类无影响 |
| 空格 | 输出值为正时冠以空格,为负时冠以负号 |

例如：

```
int i=65, n=-65;
float f=123.456;
printf("%8.2f\n", f);
printf("%-8.2f\n", f);
printf("%+d %+d\n", i, n);
printf("%d %o %x %#o %#x\n", i, i, i, i, i);
printf("%d\n", i);          //d 前有 1 空格
printf("%d\n", n);          //d 前有 1 空格
```

将输出：

```
  123.46          (前补 2 个空格)
123.46            (后补 2 个空格)
+65 -65
65 101 41 0101 0x41
 65               (前冠 1 个空格)
-65
```

（5）长度

长度格式符为 h、l 两种。其中 h 表示按短整型输出,l 表示按长整型输出,l 在 e、f、g 前,指定输出精度为 double。

## 3.2.2　格式化输入函数 scanf

scanf 函数为格式化输入函数,是按照用户指定的格式从键盘上把数据输入(接收)到指定的变量中。

## 1. 函数调用的形式

### 📖 学一学

函数调用的一般格式为

scanf(格式控制字符串, 地址列表);

其中,格式控制字符串的作用与 printf 函数相同;地址列表中给出变量的地址,多个地址以逗号","隔开,地址一般由地址运算符 & 后跟变量名组成。

### 📖 试一试

例 3-2 利用 scanf 函数输入两个整数,然后输出它们之和。

```c
#include "stdio.h"
void main()
{
    int a, b;

    printf("请输入两个整数: \n");
    scanf("%d%d", &a, &b);
    printf("%d+%d=%d\n", a, b, a+b);
}
```

程序运行结果如下。

请输入两个整数:
2 3
2+3=5

### 🎓 说明

在 scanf 语句的格式串中由于没有非格式字符在"%d%d"之间作输入时的间隔,因此在输入时要用一个以上的空格或回车键作为每两个输入数据之间的间隔。

## 2. 格式字符串

### 📖 学一学

格式字符串的一般形式为

%[*][输入数据宽度][长度]类型

其中,有方括号的项为可选项,各项的含义如下。

(1) 类型

类型字符用于表示输入数据的类型,类型格式符和含义见表 3-3。

(2) "*"符号

该符号用于表示输入项读入后不赋予相应的变量,即跳过该输入值。例如 scanf("%d%*d%d", &a, &b);,当输入为 1 2 3 时,把 1 赋予 a,2 被跳过,3 赋予 b。

表 3-3　格式字符串中类型格式符及其含义

| 数据类型 | 类型格式符 | 含义 |
|---|---|---|
| 整型数据 | %d | 输入十进制整数 |
| | %o | 输入八进制整数 |
| | %x | 输入十六进制整数 |
| | %u | 输入无符号十进制整数 |
| 实型数据 | %f 或 %e | 输入实型数(用小数形式或指数形式) |
| 字符型数据 | %c | 输入单个字符 |
| | %s | 输入字符串 |

（3）输入数据宽度

用十进制整数指定输入数据的宽度（即字符数）。例如 scanf("%5d", &a);,若输入 12345678,则只把 12345 赋予变量 a,其余部分被截去。

（4）长度

长度格式符为 h、l 两种。其中 h 表示输入短整型数据,l 表示输入长整型数据(%ld) 或双精度浮点数(%lf)。

🎓 **说明**

① scanf 函数没有精度控制,如 scanf("%5.2f", &a);是不合法的。

② scanf 中要求给出变量地址,若给出非地址变量名,则会出错。

③ 在输入多个数值数据时,若格式控制串中没有非格式字符作为输入数据之间的间隔,则可用空格、Tab 键或回车键作间隔。输入数据时,遇到以下情况认为该数据输入已结束:空格、回车键、Tab 键等;满宽度(如%3d,满 3 位数字);非法字符输入。

④ 在输入字符数据时,若格式控制串中没有非格式字符,则认为输入的所有字符均为有效字符。例如 scanf("%c%c%c", &a, &b, &c);,若输入 d e f,则把'd'赋予 a,' '赋予 b,'e'赋予 c。只有当输入为 def 时,才能把'd'赋予 a,'e'赋予 b,'f'赋予 c。

⑤ 如果在格式控制字符串中加入空格作为间隔,如 scanf("%c %c %c", &a, &b, &c);则输入时各数据之间可加空格。

⑥ 如果格式控制串中有非格式字符,则输入时也要原样输入该非格式字符。例如 scanf("%d,%d,%d", &a, &b, &c);。其中,用非格式符","作间隔符,故输入时应输入 5,6,7。

⑦ 输入字符串时,遇到空格即认为数据接收结束,详见 7.3 节。

📖 **试一试**

**例 3-3** scanf 函数输入数据举例。

⬡ 程序代码

```
#include "stdio.h"
void main()
```

```
{
    int i1,i2,i3,i4;
    char a, b, c;
    float f;
    double d;

    printf("输入数值:");
    scanf("%d%o%x%u%f%lf", &i1, &i2, &i3, &i4, &f, &d);
    getchar();                    //接收回车键
    printf("输出:");
    printf("%d,%d,%d,%d,%f,%lf\n",i1,i2,i3,i4,f,d);
    printf("再输入数值:");
    scanf("%d,%o,%x,%u,%f,%lf", &i1, &i2, &i3, &i4, &f, &d);
    getchar();                    //接收回车键
    printf("输出:");
    printf("%d,%d,%d,%d,%f,%lf\n",i1,i2,i3,i4,f,d);
    printf("输入字符:");
    scanf("%c%c%c", &a, &b, &c);
    getchar();                    //接收回车键
    printf("输出:");
    printf("%c,%c,%c\n",a,b,c);
    printf("再输入字符:");
    scanf("%c%c%c", &a, &b, &c);
    getchar();                    //接收回车键
    printf("输出:");
    printf("%c,%c,%c\n",a,b,c);
}
```

程序运行结果如下。

```
输入数值:65 101 41 65 1.23 4.56
输出:65,65,65,65,1.230000,4.560000
再输入数值:65,101,41,54,1.23,4.56
输出:65,65,65,54,1.230000,4.560000
输入字符:abc
输出:a,b,c
再输入字符:a b c
输出:a, ,b
```

# 3.3 字符数据的输入输出

本节主要介绍字符数据的输入函数 getchar 与输出函数 putchar。

C 语言程序设计

## 3.3.1 putchar 函数

putchar 函数的作用是向终端(屏幕)输出一个字符,其一般形式为

putchar(字符变量、字符常量或整型值);

**例 3-4** 输出单个字符。

⬡ 程序代码

```
#include "stdio.h"
void main()
{
    char c='A';
    int n=66;
    putchar(c);
    putchar(n);
    putchar('C');
}
```

程序运行结果如下。

ABC

## 3.3.2 getchar 函数

getchar 函数的作用是从键盘输入一个字符,该函数没有参数,返回值就是从输入设备得到的字符,其一般形式为

getchar();

**例 3-5** 输入单个字符然后输出。

⬡ 程序代码

```
#include "stdio.h"
void main()
{
    char c;
    c=getchar();
```

```
    putchar(c);
}
```

程序运行结果如下。

```
A
A
```

![说明图标] **说明**

getchar 函数只能接收一个字符,该函数得到的字符可以赋给一个字符变量或整型变量,也可以不赋给任何变量而作为表达式的一部分,如上例中字符'A'的输入输出可以用下面一行代码实现。

```
putchar(getchar());
```

# 3.4　顺序结构程序设计

顺序结构是最简单的一种程序结构,语句按程序书写的顺序执行。C 语言程序一般由变量定义、数据输入、计算处理、结果输出四个部分组成。

下面介绍几个顺序结构程序设计的例子。

![试一试图标] **试一试**

例 3-6　输入三角形的三边长,求三角形的面积。

-------------------- ☀·**解题思路** --------------------

**分析**:三角形的面积计算公式为

$$\text{area} = \sqrt{s(s-a)(s-b)(s-c)}$$

其中,$s=(a+b+c)/2$,具体解题步骤如下。

① 变量定义:定义变量 area、s、a、b、c。

② 数据输入:调用 scanf 函数输入三角形的三边长 a、b、c。

③ 计算处理:计算 s 值并代入面积计算公式计算 aera。

④ 结果输出:调用 printf 函数输出计算结果。

-------------------- ⑤**程序代码** --------------------

```c
#include "stdio.h"
#include "math.h"
void main()
{
    float a,b,c,s,area;

    printf("请输入三角形的三个边的边长:\n");
    scanf("%f%f%f",&a,&b,&c);
```

```
    s=(float)(a+b+c) / 2;
    area=(float)sqrt(s * (s-a) * (s-b) * (s-c));
    printf("三角形的面积为%5.2f\n",area);
}
```

程序运行结果如下。

请输入三角形的三个边的边长:

3 4 5

三角形的面积为 6.00

### 程序注解

由于要调用数学函数库中的函数,因此必须用♯include 将数学函数库的头文件 math.h 包含进程序。

**例 3-7**  求一元二次方程 $ax^2+bx+c=0$ 的根, $a$、$b$、$c$ 由键盘输入,设 $b^2-4ac>0$。

────── 解题思路 ──────

**分析:** $b^2-4ac>0$ 时,一元二次方程有两个不相等的实根,分别为

$$x_1=\frac{-b+\sqrt{b^2-4ac}}{2a}, \quad x_2=\frac{-b-\sqrt{b^2-4ac}}{2a}$$

具体解题步骤如下。

① 变量定义:定义变量 a、b、c、disc、x1、x2。

② 数据输入:调用 scanf 函数输入三个系数 a、b、c。

③ 计算处理:计算 disc 值并代入实根计算公式计算 x1 和 x2。

④ 结果输出:调用 printf 函数输出计算结果。

────── 程序代码 ──────

```
#include "stdio.h"
#include "math.h"
void main()
{
    float a,b,c,disc,x1,x2;

    printf("请输入求一元二次方程的系数: \n");
    scanf("%f%f%f",&a, &b, &c);
    disc=b * b-4 * a * c;
    x1=(float)(-b+sqrt(disc))/(2 * a);
    x2=(float)(-b-sqrt(disc))/(2 * a);
    printf("方程的根为: x1=%.2f, x2=%.2f\n",x1,x2);
}
```

程序运行结果如下。

请输入求一元二次方程的系数:

2 3 1

方程的根为: x1=-0.50, x2=-1.00

## 3.5 典型题解

📖 试一试

**例 3-8** 整数的拆分。从键盘输入任意一个三位正整数 $x$，输出这个数的百位、十位和个位数字。

───── 💡解题思路 ─────

**分析**：个位数字通过 $x \% 10$ 获得，$x/10$ 为截掉个位数字后变成的两位数，为此，原整数的十位数字等于 $x/10\%10$（也可通过 $x\%100/10$ 获得），百位数字通过 $x/100$ 获得。

───── ⚙程序代码 ─────

```c
#include "stdio.h"
void main()
{
    int x, g, s, b;
    printf(请输入一个三位整数: ");
    scanf("%d",&x);
    g=x%10;
    s=x/10%10; //或 s=x%100/10
    b=x/100;
    printf("%d 的个位数字为%d,十位数字为%d,百位数字为%d\n",x,g,s,b);
}
```

程序运行结果如下。

请输入一个三位整数：
123
123 的个位数字为 3,十位数字为 2,百位数字为 1

## 3.6 本 章 小 结

本章主要介绍了数据的格式化输入与输出、字符型数据的输入与输出，以及顺序结构程序设计的一般步骤。

# 习 题 3

## 一、选择题

1. 若有定义 char c；double d;，程序运行时输入 1 2＜回车＞，则能把字符 1 输入给变量 c、数值 2 输入给变量 d 的输入语句是(　　　)。

    A. scanf("%d%lf", &c, &d);　　　　　B. scanf("%c%lf", &c, &d);

    C. scanf("%c%f", &c, &d);　　　　　　D. scanf("%d%f", &c, &d);

2. 若有程序段

```
char c;
double d;
scanf("%lf%c", &d, &c);
```

如果想把 2.3 输入给变量 d,字符'e'输入给变量 c,则程序运行时正确的输入是(　　　)。

    A. 2.3 e　　　　　B. 2.3e　　　　　C. 2.3'e'　　　　　D. 2.3 'e'

3. 以下叙述中正确的是(　　　)。

    A. 在 scanf 函数中的格式控制字符串是为了输入数据用的,不会输出到屏幕上

    B. 在使用 scanf 函数输入整数或实数时,输入数据之间只能用空格来分隔

    C. 在 printf 函数中,各个输出项只能是变量

    D. 使用 printf 函数无法输出百分号%

4. 设有定义 double x=2.12;,以下不能完整输出变量 x 值的语句是(　　　)。

    A. printf(" x=%5.0f\n", x);　　　　　B. printf(" x=%f\n", x);

    C. printf(" x=%1f\n", x);　　　　　　D. printf(" x=%0.5f\n", x);

5. 设有语句 printf("%2d\n", 2010);,则以下叙述正确的是(　　　)。

    A. 程序运行时输出 2010　　　　　　B. 程序运行时输出 20

    C. 程序运行时输出 10　　　　　　　D. 指定的输出宽度不够,编译出错

6. 若有定义 int a=1234, b=−5678;,用语句 printf("%+−6d%+−6d", a, b);
输出,则以下正确的输出结果是(　　　)。

    A. +1234 −5678(中间有 1 个空格,最后有 1 个空格)

    B. 　+1234 −5678(最前面有 1 个空格,中间有 1 个空格)

    C. +−1234+−5678(最前面和最后均无空格)

    D. 1234 　−5678(中间有 2 个空格,最后有 1 个空格)

7. 有以下程序:

```
#include "stdio.h"
void main()
{
    char a, b, c, d;
    scanf("%c%c", &a, &b);
    c=getchar();
    d=getchar();
    printf("%c%c%c%c\n", a, b, c, d);
}
```

当执行程序时,按下列方式输入数据(从第 1 列开始,<CR>代表回车,注意:回车也是一个字符):

12\<CR>

34\<CR>

则输出结果是(　　)。

  A. 12       B. 12       C. 1234       D. 12

   34                                 3

8. 以下不能输出小写字母 a 的选项是(　　)。

  A. printf("%c\n", "a");         B. printf("%c\n", 'A'+32);

  C. putchar(97);            D. putchar('a');

9. 设有定义语句 double x=123.456;,则语句 printf("%6.2f,%3.0f\n", x, x);的输出结果是(　　)。

  A. 123.46,123    B. 123.45,123    C. 123.46,123.0    D. 123.45,123.

10. 若有定义 double a; char d; float b;,若想把 1.2 输入给变量 a,字符'k'输入给变量 d,3.4 输入给变量 b,程序运行时键盘输入:

1.2　k　3.4\<回车>

则以下正确的读入语句是(　　)。

  A. scanf("%1f%c%f", &a, &d, &b);

  B. scanf("%lf　%c　%f", &a, &d, &b);

  C. scanf("%f　%c　%f", &a, &d, &b);

  D. scanf("%f%c%f", &a, &d, &b);

11. 语句 printf("%s\n", "\'\101\x42\\");的输出结果是(　　)。

  A. 'AB\      B. \'ab      C. \'\101\x42\\     D. 'ab\

## 二、填空题

1. 以下程序借助变量 t,把 a、b 的值进行交换,请填空。

```
#include "stdio.h"
void main()
{
    int a, b, t;
    scanf("%d%d",_____);
    t=a;_____; b=t;
    printf("a=%d, b=%d\n", a, b);
}
```

2. 以下语句的输出结果为_____。

```
float x=1234.5678;  double y=1234.5678;
printf("x=%5.3f, y=%7.5e\n", x, y);
```

3. 若想通过下面的输入语句使 a=5.0,b=4,c=3,则输入数据的形式是_____。

```
int b, c; float a;
scanf("%f,%d,c=%d", &a, &b, &c);
```

# 三、阅读程序写结果

1.下列程序的运行结果是_____。

```
#include "stdio.h"
void main()
{
    int k=33;
    printf("%d,%o,%x\n", k, k, k);
}
```

2. 有以下程序

```
#include "stdio.h"
void main()
{
    int x, y;
    scanf("%3d%*3c%3d", &x, &y);
    printf("%d %d\n", x, y);
}
```

当程序运行时,如果输入 11222333＜回车＞,则输出结果是_____。

3. 下列程序的运行结果是_____。

```
#include "stdio.h"
void main()
{
    double x=3.14159;
    printf("%f\n", (int)(x*1000+0.5)/(double)1000);
}
```

4. 下列程序的运行结果是_____。

```
#include "stdio.h"
void main()
{
    int a=1, b=2;
    float c=1.0;
    printf("%0.2f,%0.2f\n", a/b, c/b);
}
```

# 四、编写程序题

1. 编写程序,从键盘输入梯形的上下底边长度和高,计算梯形的面积。
2. 输入一个华氏温度,要求输出摄氏温度。公式为

$$c = \frac{5}{9}(F - 32)$$

输出要有文字说明,取 2 位小数。

3. 某项自行车比赛以秒计时(只保留整数)。试编写一个程序,从键盘输入一个选手的比赛成绩,然后转化成"x 分 x 秒"的表示形式。

4. 编写一个程序,根据本金 $a$、存款年数 $n$ 和年利率 $p$ 计算到期利息 $i$。利息的计算公式为 $i = a \times (1 + p)^n - a$。

# 第 **4** 章

# 选择结构程序设计

通常,计算机按程序中语句的书写顺序执行,然而在许多情况下,语句执行的顺序依赖于对输入数据或中间运算结果等条件的判断,然后选择执行相应的语句。这种根据条件的真假来控制程序流程的结构被称为选择结构。

C 语言提供两种控制语句来实现选择结构,分别为 if 语句和 switch 语句。本章将介绍这两种语句的用法以及选择结构程序设计的基本方法,具体内容如下。

- if 语句,包括简单 if 语句、双分支 if 语句、多分支 if 语句以及 if 语句的嵌套。
- switch 语句,用于实现多分支结构。

## 4.1　if　语　句

C 语言提供了简单 if 语句、if…else…语句、if…else if…else…语句,分别用来实现单分支、双分支和多分支结构。

### 4.1.1　简单 if 语句

📖 **学一学**

简单 if 语句又称单分支语句,其语法格式为

```
if(表达式)
{
    语句体;
}
```

其中的"表达式"用于表示"语句体"执行的条件。简单 if 语句的流程图如图 4-1 所示,其执行过程为:先对表示条件的"表达式"求值,若其值为真(条件成立,值为非 0),则执行语句体,否则直接执行语句体后语句。

表示条件的"表达式"一般为关系表达式或逻辑表达

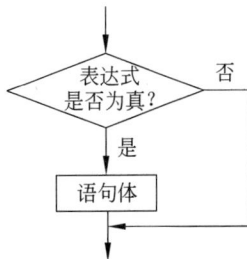

图 4-1　简单 if 语句的流程图

式,也可以是算术表达式。表达式的值为 0 表示不成立,不为 0 就表示成立。此处的"语句体"可以是简单语句(大括号可以省略),也可以是复合语句(大括号不能省略)。

当某个程序段需要在满足特定条件的情况下执行一系列语句时,就可以使用简单 if 语句。如果条件不满足,构成 if 语句的语句体将被跳过。

### 试一试

**例 4-1**　从键盘输入一个整数,输出其绝对值。

-------------------------------- 解题思路 --------------------------------

**分析**:本例当输入的整数为负数时,加上负号,变为其绝对值,然后输出,可以使用简单 if 语句,解题步骤如下。

① 变量定义:定义两个整型变量 x 和 y,其中 x 用来接收用户从键盘输入的数据,y 用来存放 x 的绝对值。

② 数据输入:从键盘输入一个整数存入 x。

③ 数据处理:先把 x 的值放入 y 中(此时假定 $x \geqslant 0$);如果 $x < 0$,则修改 y 的值,即 $y = -x$。

④ 数据输出:输出 x 和 y 的值。

-------------------------------- 程序代码 --------------------------------

```c
#include "stdio.h"
void main()
{
    int x, y;
    printf("请输入一个整数:\n");
    scanf("%d", &x);
    y=x;
    if(x<0)
        y=-x;
    printf("|%d|=%d\n", x, y);
}
```

程序运行结果如下。

```
请输入一个整数:
5
|5|=5
```

### 程序注解

① if 后面的表示条件的表达式一定要有圆括号,且圆括号后没有";",否则空语句";"将作为 if 语句的语句体。

② if 语句的语句体多于一条语句时,必须加上大括号构成复合语句。

### 练一练

输入一个整数 num,若是正数,则输出它。

## 4.1.2 双分支 if 语句

### 📖 学一学

双分支语句是 C 语言用得最多的分支语句,其语法格式为

```
if(表达式)
{
    语句体 1;
}
else
{
    语句体 2;
}
```

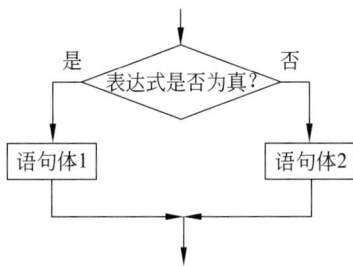

图 4-2 双分支 if 语句的流程图

双分支 if 语句的流程图如图 4-2 所示,其执行过程为:先对表示条件的"表达式"求值,若其值为真(值为非 0),则执行语句体 1,否则执行语句体 2。当程序必须根据测试条件在两组独立的操作中选择其一时,就可以使用双分支 if 语句。

### 📖 试一试

**例 4-2** 从键盘输入一个整数,当 $x$ 为偶数时输出"偶数",当 $x$ 为奇数时输出"奇数"。

---------- 💡 解题思路 ----------

**分析**:判断一个整数 $x$ 的奇偶性可以通过对 $x$ 除 2 取余,看结果是否为 0 来判断,具体解题步骤如下:

① 变量定义:定义一个整型变量 x,用来接收用户从键盘输入的数据。

② 输入:从键盘输入一个整数存入 x。

③ 处理:如果 x%2==0,则输出"偶数",否则输出"奇数"。

---------- ⚙ 程序代码 ----------

```
#include "stdio.h"
void main()
```

```
{
    int x;
    printf("请输入一个整数：\n");
    scanf("%d", &x);
    if(x%2==0)
        printf("%d 为偶数",x);
    else
        printf("%d 为奇数",x);
}
```

程序运行结果如下。

请输入一个整数：
15
15 为奇数

### 程序注解

① if 和 else 同属于一个 if 语句，else 不能作为语句单独使用，它只是 if 语句的一部分，与 if 配对使用。

② 一些情况下，可以使用条件表达式简化简单 if 语句和双分支 if 语句，例如实现"当 x 大于 0 时，x 的值加 1，否则 x 的值不变"的语句为

```
x=x>0 ? x++: x;
```

本题关键代码也可使用条件表达式来实现，具体如下。

```
printf("%d是%s\n", x, x%2==0 ? "偶数" : "奇数");
```

### 练一练

编写程序，输入一个字符，当该字符是小写字母时，则将它转换为大写字母并输出，否则直接输出该字符。

## 4.1.3 多分支 if 语句

### 学一学

多分支 if 语句的语法格式为

```
if(表达式 1)       语句体 1
else  if(表达式 2) 语句体 2
…
else  if(表达式 n) 语句体 n
else               语句体 n+1
```

多分支 if 语句的执行流程图如图 4-3 所示，其执行流程为：先计算表达式 1，若表达式 1 为真（值为非 0），则执行语句体 1，整个 if 语句执行结束；否则计算表达式 2，若表达

式 2 为真（值为非 0），则执行语句体 2，整个 if 语句执行结束；否则计算表达式 3，……；最后的 else 处理的是当表达式 1、表达式 2、……、表达式 $n$ 都为假（值为 0）时，执行语句体 $n+1$。

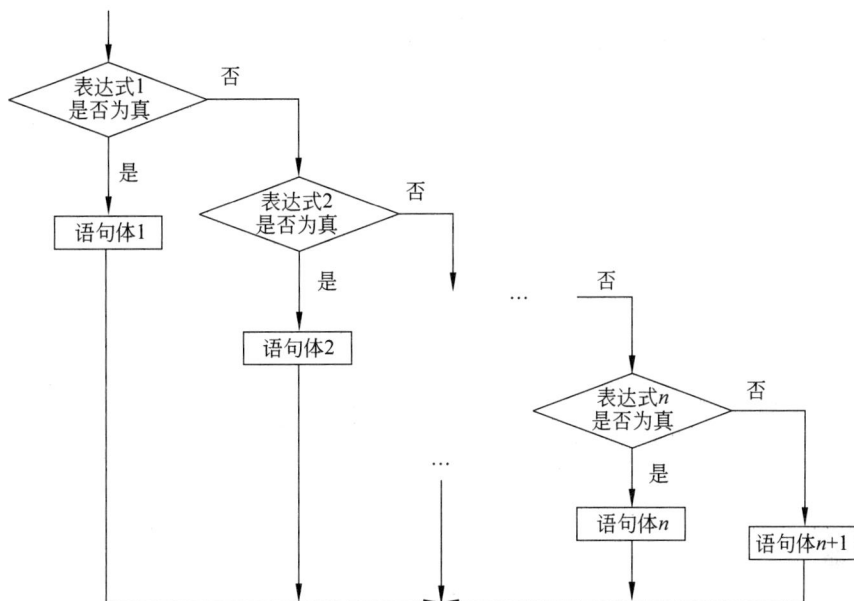

图 4-3　多分支 if 语句的流程图

📖 **试一试**

**例 4-3**　编写程序将成绩的百分制转换为等级制。百分制与等级制的对应关系如下：90～100 分对应 A 级、80～89 分对应 B 级、70～79 分对应 C 级、60～69 分对应 D 级、0～59 分对应 E 级。

······················ 💡 解题思路 ······················

**分析**：本例在百分制转换为等级制时存在多种情况，可以使用多分支语句，具体解题步骤如下。

　① 变量定义：定义 float 类型变量 score，用来存放成绩。

　② 输入：从键盘输入一个成绩值存入 score。

　③ 处理：根据 score 的值使用多分支 if 语句输出相应的等级。

······················ 🔧 程序代码 ······················

```
#include "stdio.h"
void main()
{
    float score;

    printf("请输入一个成绩:\n");
    scanf("%f", &score);
```

```
    if(score>=90 && score<=100)
        printf("您的等级是 A!");
    else if(score>=80)
        printf("您的等级是 B!");
    else if(score>=70)
        printf("您的等级是 C!");
    else if(score>=60)
        printf("您的等级是 D!");
    else if(score>=0)
        printf("您的等级是 E!");
    else
        printf("无效输入!");
}
```

程序运行结果如下。

请输入一个成绩：
89
您的等级是 B!

📑 **练一练**

从键盘输入一个字符，当该字符是＋、－、＊或/时，显示其对应的英文单词：plus、minus、multiplication 或 division。若输入其他字符，则显示"出错"。

## 4.1.4　if 语句的嵌套

📖 **学一学**

if 语句的语句体和 else 语句的语句体可以是任意语句，当然也可以是 if 语句。这种情况称为 if 语句的嵌套，常见的嵌套 if 语句的语法结构为

```
if(表达式 1)
    if(表达式 2) 语句体 1
        else    语句体 2
else
    if(表达式 3) 语句体 3
    else    语句体 4
```

此结构语句的执行流程图如图 4-4 所示。

📖 **试一试**

**例 4-4**　编写程序,输入平面直角坐标系象限中的一点$(x,y)$(非原点),判断该点是在哪个象限中或在哪个坐标轴上。

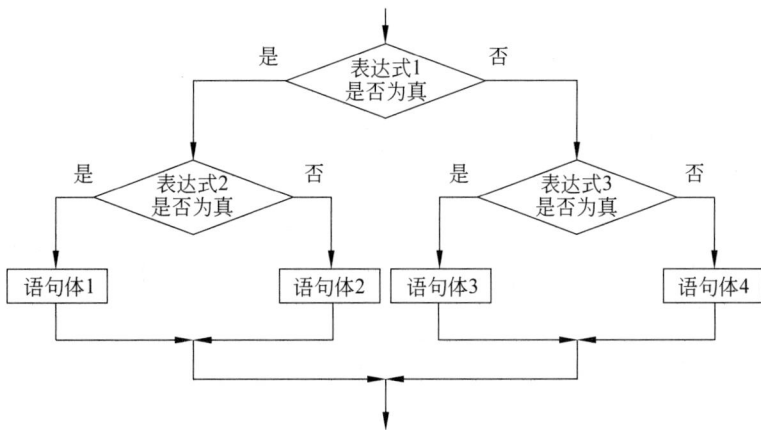

图 4-4 嵌套 if 语句的流程图

💡 解题思路

**分析**：本例当 $x>0$ 时，根据 $y$ 取值可分布在一、四象限；当 $x<0$ 时，根据 $y$ 取值可分布在二、三象限，因此可以使用嵌套 if 语句实现，具体解题步骤如下。

① 变量定义：定义两个 float 类型变量 x 和 y，用来接收点坐标。

② 输入：从键盘输入两个 float 类型数据存入 x 和 y。

③ 处理：如果 x*y＝0，则点 $(x,y)$ 处在坐标轴上，继续判断在哪个坐标轴上；否则点 $(x,y)$ 处在象限中，继续判断落在哪个象限。

📖 程序代码

```c
#include "stdio.h"
void main()
{
    float x, y;

    printf("请输入点(x, y):\n");
    scanf("%f%f", &x, &y);
    if(x*y==0)                //点(x, y)处在坐标轴上
    {
        if(x==0)
            printf("点(%.2f,%.2f)处在纵坐标轴上\n", x, y);
        else
            printf("点(%.2f,%.2f)处在坐横标轴上\n", x, y);
    }
    else
    {
        if(x>0)               //点(x, y)在一、四象限
            if(y>0)
                printf("点(%.2f,%.2f)处在第一象限\n", x, y);
```

```
        else
            printf("点(%.2f,%.2f)处在第四象限\n", x, y);
    else                              //点(x, y)在二、三象限
        if(y>0)
            printf("点(%.2f,%.2f)处在第二象限\n", x, y);
        else
            printf("点(%.2f,%.2f)处在第三象限\n", x, y);
    }
}
```

程序运行结果如下。

请输入点(x, y):
-2 3
点(-2.00,3.00)处在第二象限

### 📖 程序注解

① 在嵌套的 if 语句中,可能存在有些 if 语句有 else 语句而有些没有 else 语句,这时便很难判断某个 else 语句是属于哪个 if 语句的。例如:

```
if(x<5)
if(x<0)
    x++;
else if(x<3)
    x--;
else
    x=6;
```

这个语句中有 3 个 if,但只有两个 else。这两个 else 到底是哪个 if 的呢?

当遇到这个问题时,C 语言编译器采取一个简单的规则,即每个 else 语句总是与在它之前最近的一个尚未与 else 配对的 if 语句配对。按照这个规则,上述语句中的第二个 else 对应第三个 if,第一个 else 对应第二个 if,最外层的 if 语句没有 else 语句。

② 在编写程序时,应将处于同一层的 if 和其对应的 else 缩进对齐以增强程序的可读性。

③ 本例也可以使用多分支 if 语句来实现,请读者自己实现。

### 📖 练一练

从键盘上输入三个整数,输出最大的那个数。

# 4.2　switch 语句

### 📖 学一学

switch 语句是 C 语言中又一种实现多分支选择结构的语句,其语法格式为

```
switch(控制表达式)
{
    case 常量表达式 1：语句块 1；[break;]
    case 常量表达式 2：语句块 2；[break;]
    ...
    case 常量表达式 n：语句块 n；[break;]
    [default：语句块 n+1]
}
```

其中，switch 后面括号中的表达式类型只能是整型、字符型或枚举类型；每个 case 后面的"常量表达式"的值各不相同，它们代表着不同的选择分支。switch 语句的流程图如图 4-5 所示，其执行过程为：先计算控制表达式的值，然后依次与每一个 case 中的常量表达式的值进行比较，若有相等的，则从该 case 开始依次往下执行，若没有相等的，则从 default 开始往下执行。执行过程中遇到 break 语句就跳出该 switch 语句，否则一直按顺序继续执行下去，也就是会执行其他 case 后面的语句，直到遇到"}"符号才停止。

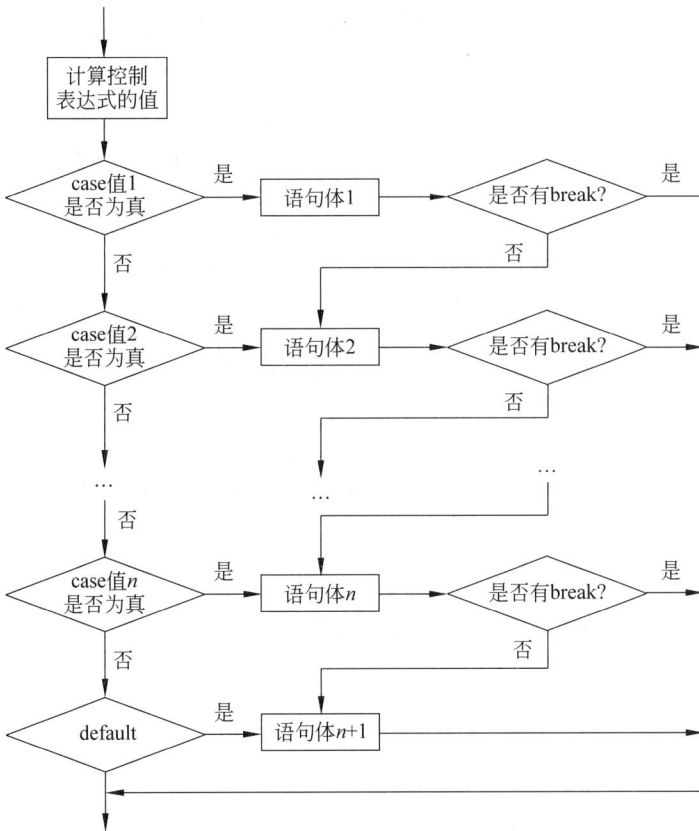

图 4-5  switch 语句的流程图

default 语句可以省略。当 default 语句被省略时，如果控制表达式找不到任何可匹配的 case 语句，则直接退出 switch 语句。

**例 4-5**　编写程序将成绩的百分制转换为等级制。百分制与等级制的对应关系如下：

90～100 分对应 A 级、80～89 分对应 B 级、70～79 分对应 C 级、60～69 分对应 D 级、0～59 分对应 E 级。

------------------------------ 🔍 解题思路 ------------------------------

**分析**：本例是典型的多分支结构，具体解题步骤如下。

① 定义 float 类型变量 score 来存放成绩值。

② 定义 int 类型变量 temp 作为 switch 语句的测试条件。

③ 输出提示信息。

④ 从键盘输入一个成绩值存入变量 score。

⑤ 如果 score 合法，则 temp＝score/10 并根据 temp 的值输出相应的等级及信息。

⑥ 如果 score 不合法，输出提示信息，结束。

------------------------------ ⚙ 程序代码 ------------------------------

```c
#include "stdio.h"
void main()
{
    float score;                 //step 1：定义 float 变量 score
    int temp;                    //step 2：定义 int 变量 temp

    printf("请输入一个成绩:\n");   //step 3：输出提示信息
    scanf("%f", &score);         //step 4：输入一个成绩值存入变量 score
    if(score>=0 && score<=100)   //step 5：如果 score 合法
    {
        temp=score/10;           //step5.1：缩小范围
        switch (temp)            //step5.2：根据 temp 的值输出相应的等级及信息
        {
            case 9:
            case 10:
                printf("A\n");
                break;
            case 8:
              printf("B\n");
              break;
            case 7:
                printf("C\n");
                break;
            case 6:
                printf("D\n");
                break;
```

```
        default:
            printf("E\n");
    }
}
else                            //step 6：如果 score 不合法
    printf("无效输入!\n");
}
```

程序运行结果如下。

请输入一个成绩：
88
B

### 🎓 程序注解

① 为了缩小 switch 语句中表达式的取值范围,需要对原始数据进行转换,具体是将某一区间段数据定位到一个点上。一般将原始数据除以某一常数,然后取整(强制类型转换)或赋值为某一整型变量,如上例将 score 除以 10,将取值 0～100 的浮点型数据缩小到0～10 的整型数据。

② switch 语句中所有 case 后面的常量表达式取值必须互不相同,而多个 case 的后面可以共用一组语句,如上例

```
case 9:
case 10:
    printf("A\n");
    break;
```

表示当 temp＝9 或 temp＝10 时都执行 printf("A\n");和 break;。

③ switch 语句中的 case 和 default 出现的次序是任意的,即 default 也可位于 case 之前。

④ case 后的语句体可以是一条语句,也可以是多条语句,此时多条语句不必用大括号括起来。

⑤ switch 语句可以嵌套使用,其执行过程与简单 switch 语句类似。值得注意的是,嵌套 switch 语句中的 break 语句仅对当前的 switch 语句起作用,并不会跳出外层switch。

### 📖 练一练

运输公司运费计算。路程(s)越远,每千米运费折扣越大。具体标准如下。

| | |
|---|---|
| s＜500km 没 | 有折扣 |
| 500km≤s＜1000km | 2％折扣 |
| 1000km≤s＜2000km | 5％折扣 |
| 2000km≤s＜3000km | 8％折扣 |
| 3000km≤s | 12％折扣 |

设每千米每吨货物的基本运费为 p,货物重为 w,折扣为 d,则总运费 f 的计算公式为 f＝p＊w＊s＊(1－d)。请编写程序,输入基本运费 p,货物重量 w,路程 s,计算并输出总运费。

# 4.3 典型题解

📖 试一试

**例 4-6** 编写程序,输入一个圆的半径和二维平面上的一个点$(x,y)$,判断点$(x,y)$是否落在以原点为圆心、$r$ 为半径的圆内。

-------- 💡 解题思路 --------

**分析**：以原点为圆心、$r$ 为半径的圆的方程为 $x^2+y^2=r^2$。点$(x,y)$是否落在以原点为圆心、$r$ 为半径的圆内可以通过点$(x,y)$与原点的距离是否小于半径 $r$ 来判断,若小于等于 $r$,则在圆内,否则在圆外。

本题中为计算点与原点的距离使用了数学函数 sqrt 来开平方,为此需要包含头文件 math.h。

-------- ⚙ 程序代码 --------

```c
#include "stdio.h"
#include "math.h"
void main()
{
    float x, y;
    float r;

    printf("请输入圆的半径\n");
    scanf("%f", &r);
    printf("请输入二维平面上的一个点(x,y)\n");
    scanf("%f%f", &x, &y);
    if(sqrt(x*x+y*y)<=r)    //也可使用 x*x+y*y<=r*r 来判断
        printf("点(%.2f,%.2f)落在圆内\n", x, y);
    else
        printf("点(%.2f,%.2f)落在圆外\n", x, y);
}
```

程序运行结果如下。

请输入圆的半径
1
请输入二维平面上的一个点(x,y)
0.5 0.7
点(0.50,0.70)落在圆内

**例 4-7** 求一元二次方程 $ax^2+bx+c=0$ 的根，$a$、$b$、$c$ 由键盘输入（$a\neq0$）。

☼ 解题思路

**分析**：方程的解有以下几种可能。

① $a=0$，不是二次方程。

② $b^2-4ac=0$，有两个相等实根。

③ $b^2-4ac>0$，有两个不相等实根。

④ $b^2-4ac<0$，有两个共轭复根。

程序中需要判断 $b^2-4ac$ 是否等于 0。由于 $b^2-4ac$ 是浮点型数据，而浮点型数据在计算和存储时会有一些误差，因此不能直接进行 $(b*b-4*a*c)==0$ 的判断。因为这样可能会出现本来是 0 的数据由于上述误差被判别为不等于 0 而导致结果错误，所以一般采用判断其绝对值是否小于一个很小的数（例如 $10^{-6}$）的方法，如果小于此数，就认为它等于 0。本题可以使用 if(fabs(b*b-4*a*c)<1e-6) 的方法来判断 $b^2-4ac$ 的值是否为 0。

⬡ 程序代码

```c
#include "stdio.h"
#include "math.h"
void main()
{
    float a,b,c,disc,x1,x2,real,imag;
    scanf("%f%f%f", &a, &b, &c);
    if(fabs(a)<1e-6)
    {
        printf("该方程不是二次方程!\n");
        return;
    }
    disc=b*b-4*a*c;
    if(fabs(disc)<=1e-6)
        printf("该方程有两个相等的实根: %.4f .\n",-b/(2*a));
    if(disc>1e-6)
    {
        x1=(-b+sqrt(disc))/(2*a);
        x2=(-b-sqrt(disc))/(2*a);
        printf("该方程有两个不相等的实根: %.4f , %.4f.\n",x1,x2);
    }
    if(disc<-1e-6)
    {
        real=-b/(2*a);
        imag=sqrt(-disc)/(2*a);
        printf("该方程有两个共轭复根: \n");
        printf("%.4f+%.4fi\n",real,imag);
```

```
        printf("%.4f-%.4fi\n",real,imag);
    }
}
```

程序运行结果如图 4-6 所示。

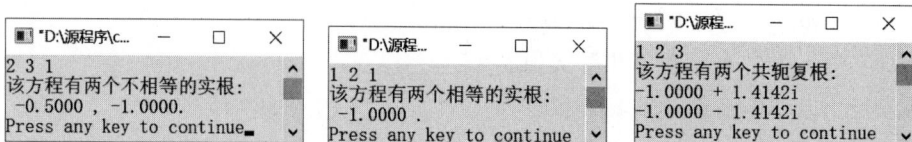

图 4-6　例 4-7 的执行结果

**例 4-8**　从键盘输入年份和月份,试计算该年该月共有几天。

☀ 解题思路

**分析**：由于不同月份的天数不同,因此该题是典型的多分支选择的情况,可以使用多分支 if 语句或 switch 语句来实现,其中 2 月的天数又与闰年有关,因而对于 2 月还需要考虑闰年问题。

判断某一年 year 是否闰年的条件是：year 能被 4 整除但不能被 100 整除,或者能被 400 整除。

✺ 程序代码

```
#include "stdio.h"
void main()
{
    int year,month,day;
    day=0;
    printf("请输入年份和月份\n");
    scanf("%d%d",&year,&month);
    switch (month)
    {
        case 1:
        case 3:
        case 5:
        case 7:
        case 8:
        case 10:
        case 12: day=31;  break;
        case 4:
        case 6:
        case 9:
        case 11: day=30;  break;
        case 2:
            if(year%4==0 && year%100!=0 ||year%400==0)
```

```
            day=29;
        else
            day=28;
        break;
    default:
        printf("月份错误!");
        break;
    }
    printf("day=%d\n",day);
}
```

程序运行结果如下。

请输入年份和月份
2021 2
day=28

# 4.4　本章小结

本章主要介绍了结构化程序中的选择结构。这种结构的特点是根据条件有选择地执行程序中的某一部分语句。在这种选择结构下,程序中形成了若干个分支。因此,选择结构也称为分支结构。在 C 语言中,主要使用关系表达式和逻辑表达式构成选择结构的条件。

# 习　题　4

## 一、选择题

1. 有以下程序
```
#include<stdio.h>
void main()
{
    int a=10, b=50, c=30;
    if(a>b) a=b, b=c; c=a;
    printf ("a=%d b=%d c=%d\n", a, b, c);
}
```

程序的输出结果是(　　)。

    A. a＝10 b＝50 c＝10 　　　　　　　 B. a＝10 b＝50 c＝30

    C. a＝10 b＝30 c＝10 　　　　　　　 D. a＝50 b＝30 c＝50

2. 以下选项中,与表达式 flag? a＊＝2:a/＝3 等价的是(　　)。

    A. flag!＝0? a＋＝a:a/＝3　　　　　　B. flag＝＝0? a＊＝2:a/＝3

    C. flag!＝1? a＊＝2:a/＝3　　　　　　D. flag＝＝1? a＊＝2:a/＝3

3. 有以下程序

```
#include<stdio.h>
void main()
{
    if('\0'==0)
        printf("1");
    if('\0' !='0')
        printf("2");
}
```

程序执行后的输出结果是(　　)。

  A. 2　　　　　　　　B. 12　　　　　　　　C. 1　　　　　　　　D. 屏幕没有输出

4. 有以下程序

```
#include<stdio.h>
void main()
{
    int x=0x13;
    if(x=0x18)
        printf("T");
    printf("F");
}
```

程序执行后的输出结果是(　　)。

  A. TF　　　　　　　B. T　　　　　　　　C. F　　　　　　　　D. TFT

5. 有下列程序

```
#include<stdio.h>
voidmain()
{
    int a=0, b=0, c=0;
    if(a++|| b++&& ++c)
        printf("%d,%d,%d\n", a, b, c);
    else
        printf("%d,%d,%d\n", a, c, b);
}
```

程序执行后的输出结果是(　　)。

  A. 1.1,1,0　　　　　B. 1,1,1　　　　　　C. 1,0,0　　　　　　D. 1,0,1

6. 若 ch 是 char 型变量,则以下程序段不能实现"若 ch 存储大写字母字符则返回 1, 若存储小写字母字符则返回 0,若是其他字符则返回－1"这一功能的是(　　)。

A.
```
if(ch>='a'&&ch<='z')
    return 0;
else
    return -1;
if(ch>='A'&&ch<='Z')
    return 1;
```

B.
```
if(ch>='A'&&ch<='Z')
    return 1;
if(ch>='a'&&ch<='z')
    return 0;
else
    return -1;
```

C.
```
if(ch>='A'&ch<='Z')
    return 1;
else if(ch>='a'&&ch<='z')
    return 0;
else
    return -1;
```

D.
```
if(ch>='a'&ch<='z')
    return 0;
if(ch>='A'&&ch<='Z')
    return 1;
else
    return -1;
```

## 二、填空题

1. 有以下程序,程序的运行结果是_____。

```
#include<stdio.h>
void main()
{
    int y=2,z=2;
    if(y-z)
        printf("###");
    else
        printf("***");
}
```

2. 假设所有变量均已正确定义,下列程序运行后 y 的值是_____。

```
#include "stdio.h"
voidmain()
{
    int a=5, y=10;
    if(a=0) y--;
    else if(a>0) y++;
    else y+=5;
}
```

3. 有以下程序,程序的运行结果是_____。

```
#include<stdio.h>
void main()
{
```

```
int x=1, y=0;
if(! x) y++;
else if(x==0)
    if(x) y+=2;
    else y+=3;
printf("%d\n",y);
}
```

4. 写出下列程序段的输出结果。

(1) _____。

```
int a= 2, s=0;
switch (a)
{
    case 1: s+=1;
    case 2: s+=2;
    default: s+=3;
}
printf("%d", s);
```

(2) _____。

```
int a=3, s=0;
switch (a)
{
    case 1: s+=1;
    case 2: s+=2;
    default: s+=3;
}
printf("%d", s);
```

(3) _____。

```
int a=3, s=0;
switch (a)
{
    default: s+=3;
    case 2: s+=2;
    case 1: s+=1;
}
printf("%d", s);
```

(4) _____。

```
int a=2, s=0;
switch (a)
{
    case 1: s+=1; break;
    case 2: s+=2; break;
    default: s+=3;
}
printf("%d", s);
```

5. 有以下程序,程序的运行结果是_____。

```
#include "stdio.h"
void main()
{
    int x=1, y=0, a=0, b=0;
    switch (x)
    {
    case 1:
        switch(y)
        {
        case 0: a++; break;
        case 1: b++; break;
        }
        case 2: a++; b++; break;
```

```
        case 3: a++; b++;
    }
    printf("a=%d, b=%d\n", a,b);
}
```

## 三、程序分析题

1. 有如下问题:比较两个整数的大小,输出较大的数。有位同学已编写出程序,但是存在问题,请指出并改正。

```
#include "stdio.h"
void main()
{
    int a=5, b=4, max;
    if(a>b);
        max=a;
    else
        max=b;
    printf("max=%d\n", max);
}
```

2. 某程序需要实现下列功能:当变量 a 的值整除 3 时,继续观察 b 的值。如果变量 b 的值可以整除 5,将 b 的值加到 a 上。如果 b 的值不能整除 5,则什么都不做。当 a 的值不能整除 3 时,a 的值减去 5。某程序员编写了如下语句:

```
if(a%3==0)
    if(b%5==0)
        a=a+b;
else
    a=a-5;
```

试问该语句有没有实现既定功能? 如有问题,请指出错在哪里,该如何修改。

3. 有如下问题:从键盘输入一个成绩的等级字母,输出相应的成绩区间。有同学编写出如下程序,但是运行结果存在问题,请指出并改正。

```
#include "stdio.h"
void main()
{
    char c;
    printf("please input a grade(A-D)");
    scanf("%c", &c);
    switch (c)
    {
        case 'A': printf("85-100\n");
        case 'B': printf("70-84\n");
        case 'C': printf("60-69\n");
```

```
        case 'D': printf("<60\n");
        default: printf("error\n");
    }
    getchar();
}
```

## 四、编程题

1. 从键盘输入一个年份,判断是否是闰年。设 year 为某一年份,year 为闰年的条件是:year 可以被 4 整除且不可以被 100 整除,或者 year 可以被 400 整除。

2. 检查肥胖的标准通常采用 BMI 值。BMI 值的算法为:体重(千克)/身高(米)的平方。如某人身高为 1.7 米,体重为 60 千克,则他的 BMI 值为 65/(1.7 * 1.7)=22.5。BMI 值小于 18.5 为偏瘦,18.5~23.9 为正常,24~27.9 为超重,大于 28 为肥胖。编写程序,输入身高体重,输出他的肥胖情况。

3. 有一分段函数,其定义如下:

$$y = \begin{cases} x & (x < 1) \\ 2x+1 & (1 \leqslant x < 5) \\ 9-3x & (x \geqslant 5) \end{cases}$$

编写程序,输入 x,输出 y。

4. 职工工资需要缴纳个人收入所得税,缴个税的方法是:2000 元以下免税;2000~2500 元,超过 2000 元部分按 5% 收税;2500~4000 元,2000~2500 元中的 500 元按 5% 收税,2500~4000 元中的 1500 元按 10% 收税;4000 元以上,2000~2500 元中的 500 元按 5% 收税,2500~4000 元中的 1500 元按 10% 收税,超过 4000 元的部分按 15% 收税。编写程序计算薪水,输入应发工资,输出实发工资。用两种方法实现,第一种用 if 语句,第二种用 switch 语句。

5. 编写程序,其功能是输入 1、2、3、4、5、6、7 中的任何一个数字,将对应显示 Monday、Tuesday、Wednesday、Thursday、Friday、Saturday、Sunday;输入其他数字,则显示 "No!"。

6. 编写程序,读入两个运算数(data1 和 data2)及一个运算符(op),计算表达式 data1 op data2 的值,其中 op 可为 +、-、* 、/(用 switch 语句实现)。

# 第5章

# 循环结构程序设计

通常,许多问题的求解都包含一些重复执行的操作。例如,输入 N 名学生的成绩、数值计算中的方程迭代求根、集合中的数据遍历访问等。在程序设计中对于那些需要重复执行的操作可以利用循环结构来进行处理。

循环结构是结构化程序设计的 3 种基本结构之一,其特点是在给定条件成立时,反复执行某程序段,直到条件不成立时为止。给定的条件称为循环条件,反复执行的程序段称为循环体。C 语言提供了多种循环语句,常用的有 while 语句、do…while 语句和 for 语句。灵活、巧妙地掌握和使用这些语句可以实现各种不同的复杂程序功能。

本章将介绍 3 种循环语句的用法以及循环结构程序设计的基本方法,具体内容如下。

- for 循环。
- while 循环。
- do…while 循环。
- break 和 continue 语句。

## 5.1 for 循 环

for 循环是最常用的循环结构,通常用于循环次数确定的情况,也可用于循环次数不确定但给出循环结束条件的情况。

📖 学一学

for 循环的语法格式为

```
for(表达式 1; 表达式 2; 表达式 3)
{
    循环体语句;
}
```

for 循环的执行过程如下(流程图如图 5-1 所示)。

① 计算表达式 1。

② 计算表达式 2 并判断其值；若其值为真，则转步骤③执行循环体；若其值为假，则转步骤⑤结束循环。

③ 执行循环体语句。

④ 计算表达式 3，转步骤②继续执行。

⑤ 结束循环，执行 for 循环后的下一个语句。

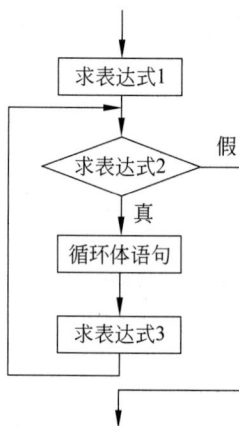

图 5-1　for 循环的流程图

### 说明

① for 语句的第一行被称为循环控制行，由 3 个表达式组成。循环控制行最常见的形式为

for(初始表达式；循环条件表达式；循环变量表达式)

例如：

for(i=0; i<n; i++)

初始表达式一般用来对循环变量赋初值，如上例 i＝0，变量 i 称为循环变量，通常用来记录循环执行的次数。循环条件表达式一般判断循环变量有没有达到需要重复执行的次数，如上例 i＜n，满足此条件时执行循环体，否则退出整个循环；循环变量表达式一般用来控制每次循环结束后循环变量的变化，如上例 i＋＋，使得表达式 2 在一定条件下不满足，结束循环。

② 若循环体语句只有一条，大括号可以省略，否则必须加上。

③ 循环条件表达式一般为关系表达式或逻辑表达式。

思政材料

### 试一试

**例 5-1**　编写满足下列要求的 for 语句的循环控制行。

① 循环变量从 1 计数到 100。

② 循环变量按 2、4、6、8…计数到 100。

③ 循环变量从 100 开始反向计数，即 99、98、97、…、0。

④ 循环变量从'a'变到'z'。

------------------------------- ☼ 解题思路 -------------------------------

**分析**：根据 3 个表达式的作用（循环变量赋初值、循环条件控制、循环变量变化），不难写出对应的控制行代码。

具体如下。

① for(i＝1；i＜＝100；i＋＋)

② for(i＝2；i＜＝100；i＝i+2)

③ for(i＝100；i＞＝0；i－－)

④ for(c＝'a'；c＜＝'z'；c＋＋)

**例 5-2**　编写程序计算 1＋2＋3＋…＋10，然后输出结果。

------------------------------- ☼ 解题思路 -------------------------------

**分析**：本题是典型的累加求和问题，循环次数已知（10 次），可以使用 for 循环进行实

现。具体步骤如下。

① 变量定义：定义循环变量 i 和累加和变量 s 并初始化 s＝0。

② 计算处理：利用 for 循环累加求和，先编写循环控制行 for(i＝1；i＜＝10；i＋＋)，再编写循环体 s＝s＋i；。循环体只有一行，可以不用加大括号{}。

③ 输出结果：输出 s 的值。

⊙ 程序代码

```
#include "stdio.h"
void main()
{
    int i, s=0;
    for(i=1; i<=10; i++)
        s=s+i;
    printf("1+2+…+10=%d\n", s);
}
```

程序运行结果如下。

1+2+…+10=55

🎓 程序注解

① 若循环变量 i 在定义时已经初始化，则表达式 1 可省略，但分号不能省略，例如：

```
int i=1, s=0;
for(; i<=10; i++)
```

表达式 3 也可以省略，可以将表达式 3（步骤④）提前合并到循环体（步骤③）中，例如：

```
for(i=1; i<=10;)
    s=s+i++;
```

若表达式 1 和表达式 3 同时省略，则等同于后面介绍的 while 循环。若三个表达式同时省略，循环体将无限制地执行，形成无限循环（死循环）。

② 表达式 1 可以是逗号表达式，可以将多个变量的初始化放在表达式 1 中，例如：

```
int i, s;
for(i=1, s=0; i<=10; i++)
```

表达式 3 也可以是逗号表达式，可以将简单循环体语句（步骤③）合并到表达式 3（步骤④）中，例如：

```
int i, s;
for(i=1, s=0; i<=10; s=s+i, i++)
```

③ 要理解循环变量与数据项之间的关系，本例中累加的数据项等于循环变量。若计算 2＋4＋…＋20，循环变量从 2 变化到 20，每次增加 2，其他情况下不进行任何操作，对

应程序可以编写如下。

```
for(i=2; i<=20; i=i+2)
    s=s+i;
```

也可这样思考：10 项数据累加，循环变量从 1 到 10，每次循环累加的数据项为当前循环变量的 2 倍，对应程序可以编写如下。

```
for(i=1; i<=10; i++)
    s=s+i*2;
```

### 📝 练一练

① 编程实现输出 5!。
② 编程实现输出 100 以内所有是 3 的倍数或者含有 3 的正整数。

# 5.2 while 循环

在 for 循环中，表达式 1 和表达式 3 均可省略，此时可以将表达式 1 放在 for 循环前的变量初始化语句中，表达式 3 可以放在循环体语句中，例如：

```
int i=1, s=0;
for(; i<=10;)
    s=s+i++;
```

为了简化，将 for 循环的循环控制行修改为 while(i<=10)，这就是循环的另外一种结构：while 循环。

### 📖 学一学

while 循环是"当型"循环结构，其语法格式为

```
while(条件表达式)
{
    循环体语句;
}
```

while 循环的执行过程如下（流程图如图 5-2 所示）。

① 计算条件表达式的值，判断其值是否为真，若为真，转步骤②执行，否则转步骤③执行。

② 执行循环体语句。

③ 结束循环，执行 while 循环后的下一个语句。

### 🎓 说明

① 若循环体语句只有一条，大括号可以省略，否则必须加上。

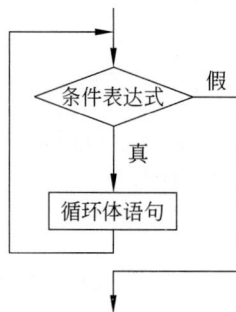

图 5-2 while 循环的流程图

② 条件表达式一般为关系表达式或逻辑表达式。

③ 避免条件表达式始终成立,使程序进入"死循环"状态。

📖 **试一试**

**例 5-3**　计算 $s=1+2+3+\cdots$ 直到 $s$ 大于 1000 为止。

········· 💡 解题思路 ·········

**分析**:本题也是典型的累加求和问题,不同于例 5-2 已知循环次数,题目给出了循环终止的条件 $s>1000$,相对应的循环条件表达式为 $s<=1000$。具体解题步骤如下。

① 变量定义:定义循环变量 i 和累加和变量 s 并初始化 s=0。

② 计算处理:利用 while 循环累加求和。

③ 输出结果:输出 s 的值。

········· 📋 程序代码 ·········

```c
#include "stdio.h"
void main()
{
    int i=0, s=0;

    while(s<=1000)
    {
        s=s+i;
        i++;
    }
    printf("s=%d\n", s);
}
```

程序运行结果如下。

```
s=1035
```

🎓 **程序注解**

不同于 for 循环有初始化表达式进行循环变量的初始化,如果使用 while 循环,注意在定义循环变量时要进行循环变量初始化(本例中的 i=0),在循环体中不要忘记编写循环变量变化表达式(本例中的 i++),否则容易出错。

**例 5-4**　计算 $1-1/2+1/3-1/4+1/5-\cdots$ 直到某项的绝对值小于等于 $10^{-6}$(该项不累加)。

········· 💡 解题思路 ·········

**分析**:本题也是累加求和问题,不同于例 5-3,其累加项为实型数据且正负交替,在编写程序时需要注意变量类型的定义、flag 标记的设置以实现正负交替。具体步骤如下。

① 变量定义:定义循环变量 n 和累加和变量 s 并初始化 s=0,同时定义通项变量 item 以及标记变量 flag。

② 计算处理:利用 while 循环累加求和,当 item 的绝对值>1e-6 时进行累加,然后改

变 flag 标记,计算下一项的值并保存在 item 中,重复执行直至 item 的绝对值≤=1e-6。

③ 输出结果：输出 s 的值。

---------- 程序代码 ----------

```
#include "stdio.h"
#include "math.h"
void main()
{
    int flag=1;
    double s=0, item=1, n=1;
    while(fabs(item)>1e-6)
    {
        s=s+item;
        flag=-flag;
        n=n+1;
        item=flag / n;
    }
    printf("s=%.6f\n", s);
}
```

程序运行结果如下。

s=0.693148

🎓 程序注解

① 本例中使用了 C 库函数中的求绝对值函数 fabs,需要在本文件的开头加上文件包含指令：#include "math.h"。

② 当循环变量 n 定义为整型时,计算 item 应避免使用两个整型变量直接相除,导致结果为 0,可使用 item=flag * 1.0/n;将参与计算数据转变为 double 类型进行计算。

📖 练一练

用公式 $\frac{\pi}{4} \approx 1 - \frac{1}{3} + \frac{1}{5} - \frac{1}{7} + \cdots$ 求 π 的近似值,直到发现某一项的绝对值小于 $10^{-6}$ 为止(该项不累加)。

# 5.3　do…while 循环

📖 学一学

除了 for 循环和 while 循环外,C 语言还提供了 do…while 语句来实现循环结构。其语法格式为

```
do
{
    循环体语句;
} while(条件表达式);
```

do…while 循环的执行过程如下(流程图如图 5-3 所示)。

① 执行循环体语句。

② 计算条件表达式的值,判断其值是否为真,若为真,转步骤①执行,否则转步骤③执行。

③ 结束循环,执行 while 循环后的下一个语句。

🎓 说明

① do…while 循环的特点是先无条件执行循环体,然后判断循环条件表达式是否成立,因此循环体至少会执行一次。

② 若循环体语句只有一条,大括号可以省略,否则必须加上。

③ 条件表达式一般为关系表达式或逻辑表达式。

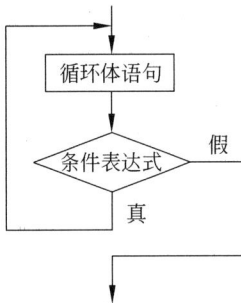

图 5-3　do…while 循环的流程图

📖 试一试

**例 5-5**　使用 do…while 循环计算 5!。

········· 💡 解题思路 ·········

**分析**:本题是典型的连乘求积问题,注意在定义连乘积变量时初始化其值为 1。具体步骤如下。

① 变量定义:定义循环变量 i 和连乘积变量 s 并初始化 s=1。

② 计算处理:利用 do…while 循环计算连乘积,先执行 s=s*i,然后更改循环变量,判断循环条件 i≤5 是否成立,条件成立时继续执行循环体,直至 i>5 结束循环。

③ 输出结果:输出 s 的值。

········· ⬡ 程序代码 ·········

```c
#include "stdio.h"
void main()
{
    int i=1, s=1;
    do
    {
        s=s * i;
        i++;
    } while(i<=5);
    printf("s=%d\n", s);
}
```

程序运行结果如下。

```
s=120
```

当 while 后面的表达式一开始就为假时,while 和 do…while 两种循环的结果是不同的。

练一练

求出 100～999 的所有水仙花数。水仙花数是指一个三位数其各位数字的立方和等于该数本身(例如 $1^3+5^3+3^3=153$)。

# 5.4　循环的嵌套

学一学

一个循环体内又包括另一个完整的循环结构,称为循环的嵌套。内嵌的循环中还可以嵌套循环,这就是多层循环。前面介绍的 3 种循环之间可以互相嵌套。

嵌套循环有很多应用场景,图形输出是嵌套循环的典型应用之一,下面通过例题讲解如何利用两层循环进行图形的输出。

试一试

例 5-6　编写程序,输出图 5-4 中的九九乘法表。

```
1*1=1
2*1=2  2*2=4
3*1=3  3*2=6  3*3=9
4*1=4  4*2=8  4*3=12  4*4=16
5*1=5  5*2=10  5*3=15  5*4=20  5*5=25
6*1=6  6*2=12  6*3=18  6*4=24  6*5=30  6*6=36
7*1=7  7*2=14  7*3=21  7*4=28  7*5=35  7*6=42  7*7=49
8*1=8  8*2=16  8*3=24  8*4=32  8*5=40  8*6=48  8*7=56  8*8=64
9*1=9  9*2=18  9*3=27  9*4=36  9*5=45  9*6=54  9*7=63  9*8=72  9*9=81
```

图 5-4　九九乘法表

解题思路

**分析**:图形问题一般有行有列,本题中的九九乘法表共有 9 行,设计一个循环(一般称为外循环),控制循环打印 9 行。针对第 $i$ 行共有 $i$ 列,再设计一个循环(一般称为内循环),控制循环打印每行的 $i$ 列数据。每行结束后需要换行,列与列之间可以填充一个空格。具体步骤如下。

① 变量定义:定义两个循环变量 i 和 j,分别用来控制打印行和打印列。

② 外循环:先设计一个外循环,i 从 1 变化到 9,循环体负责打印第 i 行数据。

③ 内循环:在外循环的循环体内再设计一个内循环打印第 i 行数据,j 从 1 变化到 i,在内循环的循环体内打印第 i 行第 j 列数据 i*j。

程序代码

```
#include "stdio.h"
```

```
void main()
{
    int i=1, j=1;
    for(i=1; i<=9; i++)
    {
        for(j=1; j<=i; j++)
        {
            printf("%d * %d=%-2d ", i, j, i * j);
        }
        printf("\n");
    }
}
```

🎓 程序注解

① 外循环的循环体包括一个内循环和一个换行语句,因此外循环的循环体需要加上大括号,将两者作为一个整体。

② %－2d 用于限制打印的数据占两个字符宽度并左对齐。

📖 练一练

编写程序,打印输出 1～5 的数字金字塔,如图 5-5 所示。

```
    1
   121
  12321
 1234321
123454321
```

图 5-5　数字金字塔

“百钱买百鸡”类问题是嵌套循环的另一典型应用,下面通过例题讲解如何利用两层循环解决此类问题。

📖 试一试

**例 5-7**　已知公鸡每只 5 元,母鸡每只 3 元,小鸡 1 元 3 只。要求用 100 元钱正好买 100 只鸡,问公鸡、母鸡、小鸡各多少只?

-----💡解题思路-----

**分析**:公鸡可能取值 0～20,母鸡可能取值 0～33,对所有可能的公鸡取值、母鸡取值进行穷举。先设计一个循环对公鸡可能取值 $x$ 进行穷举。当公鸡取值 $x$ 固定时,再设计一个循环对母鸡可能取值 $y$ 进行穷举。当 $5 * x + 3 * y + (100 - x - y)/3 == 100$ 时,满足题目要求,输出对应结果,然后继续对下一组可能取值进行判断。具体步骤如下。

① 变量定义:定义两个循环变量 x 和 y,分别用来控制公鸡可能取值和母鸡可能取值。

② 外循环:先设计一个外循环对公鸡可能取值进行循环,x 从 0 变化到 20。

③ 内循环:在外循环的循环体内再设计一个内循环对母鸡可能取值进行循环,y 从 0 变化到 33,在内循环的循环体内负责对 x、y、100－x－y 这样一组数据进行判断,满足要

求则输出,否则更改循环变量,继续进行下一组数据的判断。

────────────────── ✑ 程序代码 ──────────────────

```c
#include "stdio.h"
void main()
{
    int x=0, y=0, c=1;
    for(x=0; x<=20; x++)
    {
        for(y=0; y<=33; y++)
        {
            if(5*x+3*y+(100-x-y)/3==100 && (100-x-y)%3==0)
            {
                printf("%d: 公鸡%d只,母鸡%d只,小鸡%d只\n",
                    c++, x, y, 100-x-y);
            }
        }
    }
}
```

程序运行结果如下。

1: 公鸡 0 只,母鸡 25 只,小鸡 75 只
2: 公鸡 4 只,母鸡 18 只,小鸡 78 只
3: 公鸡 8 只,母鸡 11 只,小鸡 81 只
4: 公鸡 12 只,母鸡 4 只,小鸡 84 只

🎓 程序注解

小鸡取值需要被 3 整除,因此在对每组数据判断时增加了 $(100-x-y)\%3==0$。

📖 练一练

某工地需要搬运砖块,已知男人一人搬 3 块,女人一人搬 2 块,小孩两人搬 1 块。问 45 人正好搬 45 块砖有多少种搬法?

# 5.5  break 语句和 continue 语句

以上介绍的循环都是根据事先指定的循环条件正常终止的,但有时在某种情况下需要提前终止正在执行的循环,这时可以用 break 语句和 continue 语句实现。

## 5.5.1  用 break 语句提前终止循环

📖 学一学

break 语句只能用在 switch 语句和循环语句(for、while、do…while 循环)中。当

break 用于 switch 语句中,可使程序跳出 switch 语句而执行 switch 语句以后的语句;当 break 用于 for、while、do…while 循环语句中,可使程序提前终止循环而执行循环以后的语句。通常 break 语句总是与 if 语句一起使用,即满足条件时便跳出循环。

📖 **试一试**

**例 5-8** 编写程序,判断从键盘输入的自然数是否为素数(质数)。

─────────── 💡 解题思路 ───────────

**分析**:所谓素数就是只能被 1 和它自身整除的大于 1 的整数,要判断 $n$ 是否为素数,就要用 2、3、…、$n-1$ 分别去除 $n$,若都不能整除 $n$,则 $n$ 就是素数;若某个数能整除 $n$,则 $n$ 不是素数,此时需要提前退出循环,可以使用 break 语句。

① 变量定义:定义整型变量 n 和循环变量 i。

② 数据输入:从键盘输入一个整数存入 n。

③ 计算处理:设计一个循环从 2 到 n-1 分别整除 n,若能整除 n,则 n 不是素数,退出循环。

④ 数据输出:若所有数均不能整除 n,循环不会提前终止,循环正常结束时循环变量变化到 n,此时 n 是素数;否则 n 不是素数,输出对应提示信息。

─────────── 🔳 程序代码 ───────────

```
#include "stdio.h"
void main()
{
    int n, i;

    printf("请输入一个整数: \n");
    scanf("%d", &n);
    for(i=2; i<n; i++)
    {
        if(n%i==0)
            break;
    }
    if(i==n)
        printf("%d 是素数\n", n);
    else
        printf("%d 不是素数\n", n);
}
```

程序运行结果如下。

请输入一个整数:
23
23 是素数

🎓 **程序注解**

① 其实 $n$ 不必被 $2\sim n-1$ 的各整数整除,只需要被 $2\sim\sqrt{n}$ 的各整数整除即可。

② 循环语句可以嵌套使用，break 语句只能跳出其所在的循环，而不能跳出多层循环。

### 练一练

输出 100～200 间的所有素数。

## 5.5.2 用 continue 语句提前终止循环

### 学一学

continue 语句的作用是用于结束本次循环，即跳出本层循环中余下的尚未执行的语句，接着执行下一次循环条件的判定。continue 语句只用在 for、while、do…while 循环的循环体中，执行 continue 语句并没有使整个循环终止，注意与 break 语句的不同。

### 试一试

**例 5-9** 编写程序，计算 $1+3+5+\cdots+99$。

-------- 解题思路 --------

**分析**：本程序易通过 for 循环进行实现，当累加项为奇数的情况下进行累加，核心代码如下。

```
for(i=1; i<=99; i++)
    if(i%2==1)
        s=s+i;
```

当然也可不限定条件进行累加，当累加项为偶数的情况下直接跳过，此时可以使用 continue 语句。

-------- 程序代码 --------

```
#include "stdio.h"
void main()
{
    int i, s=0;

    for(i=1; i<=99; i++)
    {
        if(i%2==0) continue;
        s=s+i;
    }
    printf("s=%d\n", s);
}
```

程序运行结果如下。

```
s=2500
```

**例 5-10** 编写程序,输入两个正整数,输出它们的最大公约数。

······· 💡解题思路 ·······

**分析**:计算两个正整数最大公约数的一种方法是试除法,即从较小数开始,不断减 1,去除两数,直到都能整除为止,具体步骤如下。

① 变量定义:定义两个整型变量 m 和 n 以及一个循环变量 i。

② 数据输入:从键盘输入两个整数 m、n。

③ 计算处理:设计一个循环,i 从 m 和 n 中较小者开始,分别去除 m 和 n,若均能整除,则此时的 i 即为两者的最大公约数,退出循环;否则,i 减 1(直至 1),继续下一轮循环。

④ 数据输出:输出两者的最大公约数 i。

······· 📋程序代码 ·······

```c
#include "stdio.h"

void main()
{
    int m, n, i;

    scanf("%d%d", &m, &n);
    i=m<n ? m : n;
    for(; i>=1; i--)
    {
        if(m%i==0 && n%i==0)
            break;
        else    //此处 else 语句可以不写
            continue;
    }
    printf("GCD(%d, %d)=%d\n", m, n, i);
}
```

程序运行结果如下。

```
12 32
GCD(12, 32)=4
```

🎓 **程序注解**

计算两个正整数的最大公约数也可使用辗转相除法递推进行求解,即用较小数除较大数,若余数不为 0,则将较小数(除数)作为被除数,余数作为除数,继续相除,直至最后余数为 0 为止,最后的除数即为这两个数的最大公约数。参考程序如下。

```c
#include "stdio.h"
void main()
{
    int a, b, m, n, t;
```

```
scanf("%d%d", &a, &b);
m=a, n=b;
if(m>n)
{    //交换两数,使 m 为两者最小数
    t=m; m=n; n=t;
}
while(n%m!=0)
{
    t=n%m;
    n=m;
    m=t;
}
printf("GCD(%d, %d)=%d\n", a, b, m);
}
```

# 5.6  典 型 题 解

📖 试一试

**例 5-11**  求斐波那契(Fibonacci)数列的前 20 项。该数列的特点是前两个数为 1、1,从第 3 个数起,每项是前两项之和,即该数列为:1、1、2、3、5、8…。

────────── ⚙程序代码 ──────────

**分析**:假设 f1 和 f2 用于表示前两项,f 表示第 3 项,开始时 f1=f2=1,从第 3 项开始每两项等于前两项之和,即 f=f1+f2=2。为了在计算接下来的数列项时仍使用公式 f=f1+f2,需要更新 f1 和 f2 的值:用 f2 更新 f1,用 f 更新 f2。具体步骤如下。

① 变量定义:定义一个循环变量 i 以及三个整型变量 f1、f2 和 f,初始化 f1=f2=1。

② 计算处理:设计一个循环,从第 3 项开始计算,先使用公式 f=f1+f2 计算当前项的值,然后更新 f1 和 f2,使得前两项的值随着要计算的数列项的后移而往后推进一个位置。

────────── ⚙程序代码 ──────────

```
#include "stdio.h"
void main()
{
    int f1=1, f2=1, f, i;

    printf("%5d%5d", f1, f2);
    for(i=3; i<=20; i++)
    {
        f=f1+f2;
```

```
        printf("%5d", f);
        if(i%5==0)
            printf("\n");
        f1=f2;
        f2=f;
    }
}
```

程序运行结果如下。

```
  1     1     2     3     5
  8    13    21    34    55
 89   144   233   377   610
987  1597  2584  4181  6765
```

🎓 程序注解

① 本题是典型的递推求解问题,递推问题往往前后之间存在必然联系。如果使用循环结构设计程序,一般在处理当前轮循环时要为下一轮循环准备必要的条件,如本例中的 f1=f2;和 f2=f;这两条语句。

② 为了输出整齐,本例中借助循环变量 i,每当输出 5 个数据项时进行一次换行。

📖 练一练

猴子吃桃问题:猴子第一天摘下若干个桃子,当即吃了一半,还不过瘾,又多吃了一个。第二天早上又将第一天剩下的桃子吃掉一半,又多吃了一个。以后每天早上都吃了前一天剩下的一半多一个。到第 10 天早上想再吃时,发现只剩下一个桃子。编写程序求猴子第一天摘了多少个桃子。

**例 5-12** 编程实现:输入一个正整数,将其逆序输出(例如输入 12345,输出 54321)。

························💡解题思路························

**分析**:逆序输出即从后向前依次读取每位数字,然后输出。先通过对该数除 10 取余获得个位数字并输出;若还想通过对该数除 10 取余获得十位数字,则需要将原数除 10 取整去掉末位作为新数,其余位数依次向前推进,直至新数为 0。

························🖥 程序代码························

```
#include "stdio.h"
void main()
{
    long n;

    printf("请输入一个正整数: ");
    scanf("%ld", &n);
    while(n)
    {
        printf("%ld", n%10);
```

```
            n=n / 10;
        }
        printf("\n");
    }
```

程序运行结果如下。

请输入一个正整数：12345
54321

🎓 程序注解

本题也给出了构造逆序整数的方法,将每次读取的数字作为个位数字依次放在读取数据前的数据后面,此时可将读取前的数据乘以 10 往左移动一个位置,然后加上当前读取的数据。具体参考代码如下。

```
#include "stdio.h"
void main()
{
    long n, m=0;
    printf("请输入一个正整数: ");
    scanf("%ld", &n);
    while(n)
    {
        m=m * 10+n%10;
        n=n/10;
    }
    printf("%d\n", m);
}
```

📖 练一练

① 判断一个整数是否是回文数。"回文数"是指正序(从左向右)和倒序(从右向左)读都是一样的整数。例如,1234321 为一回文数。

② 编写程序:输入一个整数,输出这个整数各位数字之和。

**例 5-13**　编程求出 1000 之内的所有"完数"。"完数"是指一个数恰好等于它的因子之和,如 6 的因子为 1、2、3,而 6＝1＋2＋3,因而 6 就是完数。

········ 💡 解题思路 ·········

**分析**：对一个数 $n$ 是否是完数的判定可以通过对 $1\sim n-1$ 中能整除 $n$ 的所有整数累加求和,看其和是否等于 $n$ 来判定。对 1000 之内的所有整数逐一进行判定,若是完数,则输出。具体步骤如下。

① 变量定义：定义两个循环变量 i 和 j,分别用来控制外循环和内循环。

② 外循环：先设计一个外循环,i 从 1 变化到 1000,用于对 1000 内所有数逐一判定。

③ 内循环：外循环的循环体是对 i 是否是完数的判定,首先需要计算 i 的所有因子之和,这时可以再设计一个内循环,j 从 1 变化到 i−1。当 j 能整除 i 时累加求和,然后判断

因子之和是否等于 i, 若相等, 则是完数, 否则, 不是完数。

```
#include "stdio.h"
void main()
{
    int i=1, j=1, s;

    for(i=1; i<=1000; i++)
    {
        s=0;
        for(j=1; j<i; j++)
            if(i%j==0)
                s=s+j;
        if(s==i)
            printf("%d ", i);
    }
}
```

程序运行结果如下。

6 28 496

**例 5-14** 编写程序, 计算 1!+2!+…+10!。

**分析**: 本题是典型的累加求和问题, 不同的是, 其累加项是一个阶乘, 不能直接写出结果, 此时一般需要先将累加项计算出来, 然后再对计算结果进行累加。本题累加项"阶乘"可以通过一个循环计算, 具体步骤如下。

① 变量定义: 定义两个长整型变量 s 和 f, 分别用于保存累加和以及阶乘; 定义两个循环变量 i 和 j, 分别用来控制外循环和内循环。

② 外循环: 先设计一个外循环, i 从 1 变化到 10, 用于控制对 i! 累加求和。

③ 内循环: 内循环用于计算 i!, j 从 1 变化到 i, 需要注意的是每次执行内循环时需要重新给 f 赋值 1。

```
#include "stdio.h"

void main()
{
    long s=0,i,j,f;

    for(i=1;i<=10;i++)
    {
        f=1;
```

```
        for(j=1;j<=i;j++)
            f=f*j;
        s+=f;
    }
    printf("s=%ld",s);
}
```

程序运行结果如下。

```
s=4037913
```

🎓 程序注解

在计算 i! 时,若 f 能保留上一次循环计算的结果,即(i-1)!,此时也可通过 i*f 计算 i!,由此本题也可通过单循环进行处理。具体参考代码如下。

```
#include "stdio.h"
void main()
{
    long s=0,i,j,f=1;

    for(i=1;i<=10;i++)
    {
        f=f*i;
        s+=f;
    }
    printf("s=%ld\n",s);
}
```

📖 练一练

编写程序,计算 $1+(1+3)+(1+3+5)+\cdots+(1+3+5+\cdots+2\times(n-1)+1)$。$n$ 值由用户输入。

# 5.7  本 章 小 结

本章主要介绍了结构化程序中的循环结构。循环结构主要有 for 循环、while 循环以及 do…while 循环。在使用循环结构解决问题时需要注意 3 个要点。

● 循环初始条件:一般为循环变量赋初值。
● 循环控制条件:循环进行的条件以及如何控制循环在某一时刻结束。
● 循环体:需要重复执行的操作。

读者在学习循环结构时,首先掌握循环的概念以及每种循环语句的语法格式、执行过程;然后再针对实际问题,抽取其中重复执行的操作,找出规律;最后选择合适的循环语句进行实现。

# 习　题　5

## 一、选择题

1. 关于"while(条件表达式)循环体",以下叙述正确的是(　　　)。

    A. 循环体的执行次数总是比条件表达式的执行次数多一次

    B. 条件表达式的执行次数总是比循环体的执行次数多一次

    C. 条件表达式的执行次数与循环体的执行次数相同

    D. 条件表达式的执行次数与循环体的执行次数无关

2. 设有以下代码:

```
do {
    while (条件表达式 1)
        循环体 A;
} while (条件表达式 2);
while(条件表达式 1)
    do {
        循环体 B;
    } while (条件表达式 2);
```

其中,循环体 A 与循环体 B 相同,以下叙述正确的是(　　　)。

    A. 循环体 A 与循环体 B 的执行次数相同

    B. 循环体 A 比循环体 B 的执行次数多一次

    C. 循环体 A 比循环体 B 的执行次数少一次

    D. 循环体 A 与循环体 B 的执行次数不确定

3. 若变量已正确定义,则以下 for 循环:

```
for(x=0,y=0; (y!=123) && (x<4); x++);
```

    A. 执行 4 次　　　　　　　　　　　　B. 执行 3 次

    C. 执行次数不确定　　　　　　　　　D. 执行 123 次

4. 有以下程序,程序的执行结果是(　　　)。

```
#include "stdio.h"
void main()
{
    int a=1, b=0;
    for(; a<5; a++)
    {
        if(a%2==0)
            break;
```

```
        continue;
        b+=a;
    }
    printf("%d\n", b);
}
```

    A. 0            B. 1            C. 10            D. 4

5. 以下程序段中的变量已正确定义

```
for(i=0; i<4; i++, i++)
    for(k=1; k<3; k++);  printf(" * ");
```

该程序段的输出结果是(　　)。

    A. *            B. ****         C. **         D. ********

6. 若有定义"char ch;",当执行以下循环时从键盘输入 abcde<回车>,将输出 * 的个数是(　　)。

```
while((ch=getchar())=='e') printf(" * ");
```

    A. 4            B. 0            C. 5            D. 1

7. 有以下程序段

```
int s, n;
s=1;
for(n=10; n>0; n--)  s=s+n;
```

该程序段拟实现整数 1～10 的累加求和,但程序中有错误。以下 4 种修改方案中仍然错误的一个是(　　)。

    A. 将 s=1;改为 s=0;

    B. 将 for 循环改为 for(n=10;n>1;n－－)

    C. 将 for 循环改为 for(n=10;n>=2;n－－)

    D. 将 for 循环改为 for(n=2;n<10;n++)

8. 以下叙述中正确的是(　　)。

    A. continue 语句使得整个循环终止

    B. break 语句不能用于提前结束 for 语句的本层循环

    C. 使用 break 语句可以使流程跳出 switch 语句体

    D. 在 for 语句中,continue 与 break 的效果是一样的,可以互换

9. 若变量已正确定义:

```
for(x=0,y=0; (y! =99 && x<4); x++)
```

则以上 for 循环(　　)。

    A. 执行 3 次                     B. 执行 4 次

    C. 执行无限次                 D. 执行次数不定

10. 有两个传统流程图 5-6(a)和图 5-6(b)。

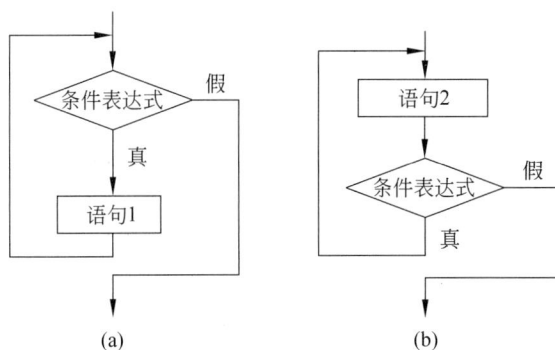

图 5-6　传统流程图

以下关于两个流程图特点的叙述正确的是(　　)。

A. 两个表达式逻辑相同时,流程图功能等价

B. 语句 2 一定比语句 1 多执行一次

C. 语句 2 至少被执行一次

D. 两个表达式逻辑相反时,流程图功能等价

11. 有如下程序段

```
for(i=0; i<10; i++)
    if(i>5) break;
```

则循环结束后 i 的值为(　　)。

　　A. 10　　　　　　　B. 5　　　　　　　C. 9　　　　　　　D. 6

12. 有以下 while 构成的循环,循环体执行的次数是(　　)。

```
int k=0;
while (k=1) k++;
```

　　A. 有语法错,不能执行　　　　　　B. 一次也不执行

　　C. 执行一次　　　　　　　　　　　D. 无限次

13. 要求通过 while 循环不断读入字符,当读入字母 N 时结束循环。若变量已正确定义,以下正确的程序段是(　　)。

A. while (ch＝getchar()＝'N') printf("％c ", ch);

B. while((ch＝getchar())!＝'N') printf("％c ", ch);

C. while(ch＝getchar()＝＝'N') printf("％c ", ch);

D. while((ch＝getchar()＝＝'N')) printf("％c ", ch);

14. 以下叙述中正确的是(　　)。

A. 循环发生嵌套时,最多只能两层

B. 三种循环 for,while,do-while 可以互相嵌套

C. 循环嵌套时,如果不进行缩进形式书写代码,则会有编译错误

D. for 语句的圆括号中的表达式不能都省略掉

15. 有以下程序

```c
#include "stdio.h"
void main ()
{
    int a=-2, b=0;
    while(a++&& ++b);
    printf("%d,%d\n", a, b);
}
```

程序运行后的输出结果是(      )。

    A. 0,2               B. 0,3               C. 1,3               D. 1,2

16. 有以下程序

```c
#include "stdio.h"
void main ()
{
    char i, j,n;
    for(i='1'; i<='9'; i++)
    {
        if(i<'3') continue;
        for(j='0'; j<='9'; j++)
        {
            if(j<'2' || j>='4') continue;
            n=(i-'0') * 10+j-'0';
            printf("%d ", n);
        }
        if(i=='4') break;
    }
    printf("\n");
}
```

程序运行后的输出结果是(      )。

    A. 32 33 42 43                      B. 30 31 40 41

    C. 34 35 44 45                      D. 35 36 45 46

17. 以下程序拟实现计算 $sum=1+1/2+1/3+\cdots+1/50$。

```c
#include "stdio.h"
void main ()
{
    int i=1;
    double sum;
    sum=1.0;
    do
```

```
    {
        i++;
        sum+=1/i;
    }while (i<50);
    printf("sum=%lf", sum);
}
```

程序运行后,不能得到正确结果,出现问题的语句是(    )。

    A. sum+=1/i;               B. while(i<50);

    C. sum=1.0;                 D. i++;

18. 以下程序拟实现计算 s=1+2*2+3*3+…+n*n,直到 s>1000 为止。

```
#include "stdio.h"
void main ()
{
    int s, n;
    s=1;
    n=1;
    do
    {
        n=n+1;
        s=s+n*n;
    }while (s>1000);
    printf("s=%d", s);
}
```

程序运行后,不能得到正确结果,以下修改方案正确的是(    )。

    A. 把 while (s>1000);改为 while (s<=1000);

    B. 把 s=1;改为 s=0;

    C. 把 n=1;改为 n=0;

    D. 把 n=n+1;改为 n=n*n;

## 二、填空题

1. 以下程序用辗转相除法计算两个整数 $m$ 和 $n$ 的最大公约数,请补充完整。

```
#include "stdio.h"
void main ()
{
    int m, n, t;
    scanf("%d%d", &m, &n);
    if(m<n)
    {
        _____;
    }
```

```
    while(n)
    {
        t=m;
        m=_____;
        n=_____;
    }
    printf("%d\n", m);
}
```

2. 以下程序的功能是输出 1~100 每位数的乘积大于每位数的和的数，请补充完整。

```
#include "stdio.h"
void main ()
{
    int n, k=1, s=0, m;
    for(n=1; _____; n++)
    {
        k=1; s=0;
        _____;
        while(m)
        {
            k * =m%10;
            s+=m%10;
            m=_____;
        }
        if(k>s)
            printf("%d, k=%d, s=%d\n", n, k, s);
    }
}
```

3. 以下程序接收键盘上的输入，直到接收到回车键为止，这些字符被原样输出，但若有连续的一个以上的空格时只输出一个空格，请补充完整。

```
#include "stdio.h"
void main ()
{
    char c, front='\0';
    while(_____!='\n')
    {
        if(c !=_____)
            putchar(c);
        else
            if(_____)
                putchar(c);
        front=c;
    }
}
```

4. 以下程序的功能是输出九九乘法表,请补充完整。

```c
#include "stdio.h"
void main ()
{
    int i=1, j=1;
    while(i<=9)
    {
        _____;
        while(j<=_____)
        {
            printf("%d * %d=%-2d ", i,j,_____);
            j++;
        }
        printf("\n");
        _____;
    }
}
```

## 三、阅读程序写结果

### 1. 有以下程序

```c
#include "stdio.h"
void main()
{
    char c;
    for(; (c=getchar())!='#';)
        putchar(++c);
}
```

执行时若输入:abcdefg##<回车>,则输出结果是_____。

### 2. 有以下程序

```c
#include "stdio.h"
void main()
{
    int i, data;
    scanf("%d", &data);
    for(i=0;i<8;i++)
    {
        if(i<=data) continue;
        printf("%d,", i);
    }
}
```

执行时若输入:5<回车>,则输出结果是_____。

3. 有以下程序

```c
#include "stdio.h"
void main()
{
    int i;
    for(i=65;i<65+26;i+=7)
        printf("%c,", 32+i);
}
```

程序运行后的输出结果是_____（注：大写字母 A 的 ASCII 值为 65，小写字母 a 的 ASCII 值为 97）。

4. 有以下程序

```c
#include "stdio.h"
void main ()
{
    int a=1, b=2;
    for(; a<8; a++)
    {
        b+=a;
        a+=2;
    }
    printf("%d,%d\n", a, b);
}
```

程序运行后的输出结果是_____。

5. 有以下程序

```c
#include "stdio.h"
void main ()
{
    char c;
    for(; (c=getchar())!='#';)
    {
        if(c>='a'&&c<='z') c=c-'a'+'A';
        putchar(++c);
    }
}
```

执行时输入 aBcDefG＃＃＜回车＞,则输出结果是_____。

6. 有以下程序

```c
#include "stdio.h"
void main()
{
```

```
    char ch='1';
    while(ch<'9')
    {
        printf("%d", ch-'0');
        ch++;
    }
}
```

程序运行后的输出结果是_____。

7. 有以下程序

```
#include "stdio.h"
void main()
{
    int s=0, i;
    for(i=0; i<3; i++)
    {
        switch(i)
        {
            default: s+=5;
            case 0: break;
            case 1: s+=1;
            case 2: s+=2;
            case 3: s+=3;
        }
    }
    printf("%d\n", s);
}
```

程序运行后的输出结果是_____。

8. 有以下程序

```
#include "stdio.h"
void main()
{
    int i, j, m=1;
    for(i=1;i<3;i++)
    {
        for(j=3;j>0;j--)
        {
            if(i*j>3) break;
            m*=i*j;
        }
    }
    printf("m=%d\n", m);
}
```

程序运行后的输出结果是_____。

9. 有以下程序

```c
#include "stdio.h"
void main ()
{
    int i;
    for(i=1;i<=10;i++)
    {
        if(i%3==0)
        {
            printf("%d ", i);
            continue;
        }
        if(i%5==0)
        {
            printf("%d ", i); i++;
        }
        if(i%7==0)
        {
            printf("%d", i); i++;
            break;
        }
    }
}
```

程序运行后的输出结果是_____。

10. 有以下程序

```c
#include "stdio.h"
void main ()
{
    int i, f=1, s=0;
    for(i=1; i<10;i++)
    {
        s=s+f*i;
        f=-f;
    }
    printf("s=%d\n", s);
}
```

程序运行后的输出结果是_____。

11. 有以下程序

```c
#include "stdio.h"
void main ()
```

```
{
    int i, j, x=0;
    for(i=0; i<2; i++)
    {
        x++;
        for(j=0; j<=3; j++)
        {
            if(j%2) continue;
            x++;
        }
        x++;
    }
    printf("x=%d\n", x);
}
```

程序运行后的输出结果是_____。

12. 有以下程序

```
#include "stdio.h"
void main ()
{
    int k, j, s;
    for(k=2; k<6; k++, k++)
    {
        s=1;
        for(j=k; j<6; j++)
            s+=j;
    }
    printf("%d\n", s);
}
```

程序运行后的输出结果是_____。

## 四、编写程序题

1. 编写程序,计算表达式 $\dfrac{1}{2}+\dfrac{2}{3}+\dfrac{3}{4}+\cdots+\dfrac{99}{100}$ 的值。

2. 编写程序,输入两个正整数,求其最大公约数和最小公倍数。

3. 编写程序,将一个整数分解质因数,例如,输入 90,则打印出 $90=2*3*3*5$。

4. 编写程序,输入两个整数 $a$ 和 $b(1<a<b<1000)$,输出 $a$ 和 $b$ 之间的所有素数。

5. 编写程序,输入一个正整数,将其逆序输出,例如,输入 12345,输出 54321。

6. 编写程序,计算表达式 $1+11+111+1111+11111+111111$。

7. 编写程序,计算并输出 $a+aa+aaa+\cdots+aaa\cdots a(n$ 个 $a)$ 之和。$n$ 由键盘输入。 (例如 $a=2,n=3$ 时是求 $2+22+222$ 之和)。

8. 用 1 分、2 分、5 分硬币组成 1 角钱,编写程序,输出所有组合。

9. 分别用单重循环和二重循环两种方法计算：

$$e = 1 + \frac{1}{1!} + \frac{1}{2!} + \frac{1}{3!} + \ldots + \frac{1}{n!}$$

的值,当第 $i$ 项的值小于 $10^{-5}$ 时结束。

10. 输入若干学生的成绩(用 $-1$ 结束输入),计算其平均成绩。

11. 编写程序,计算 $\pi$ 的近似值,公式如下：

$$\frac{\pi}{4} = 1 - \frac{1}{3} + \frac{1}{5} - \frac{1}{7} + \cdots$$

直到最后一项的绝对值小于 $10^{-6}$ 为止。

12. 一球从 $100\text{m}$ 高度自由落下,每次落地后反跳回原高度的一半,再落下。求它在第 10 次落地时,共经过多少米? 第 10 次反弹多高?

13. 有一分数数列：

$$\frac{2}{1}、\frac{3}{2}、\frac{5}{3}、\frac{8}{5}、\frac{13}{8}、\frac{21}{13}\cdots$$

求出这个数列的前 20 项之和。

14. 用迭代法求 $x = \sqrt{a}$。求平方根的迭代公式为

$$x_{n+1} = \frac{1}{2}\left(x_n + \frac{a}{x_n}\right)$$

要求前后两次求出 $x$ 的差的绝对值小于 $10^{-5}$。

# 第**6**章

# 编译预处理

在前面各章中,已多次使用过以"♯"开头的指令,如文件包含指令♯include、宏定义指令♯define。这些指令一般都放在函数之外并且位于源文件的前面,它们被称为预处理指令。

一个 C 程序不能直接被计算机执行,它需要首先被编译成目标文件(.obj 文件),然后将目标文件链接成可执行文件(.exe 文件)方可运行。编译阶段又可分为预处理和编译两个阶段。预处理阶段把程序中的注释删除,对预处理指令进行处理,例如把♯include 指令指定的头文件的内容复制到♯include 指令处、把♯define 指令指定的符号常量用对应的字符串进行替换等。经过预处理后的程序不再包括预处理指令,编译程序对预处理后的源程序进行编译,生成对应的目标代码。

C 语言提供的常用预处理主要有以下三种。

- 宏定义。
- 文件包含。
- 条件编译。

合理地使用预处理功能对于高质量程序的编写、阅读以及调试都很有好处。

## 6.1 宏 定 义

宏定义有两种形式:不带参数的宏定义和带参数的宏定义。

### 6.1.1 不带参数的宏定义

📖 **学一学**

不带参数的宏定义是用一个指定的标识符(即名字)来代替一个字符序列,也就是前面介绍的定义符号常量,其一般形式为

```
#define 标识符(宏名)  字符序列
```

例如:

```
#define  PI  3.1415926
```

功能：在编译预处理时，将程序中在该指令以后出现的所有标识符(PI)用字符序列(3.1415926)替换，此过程称为"宏展开"。

其中：

① ♯define 是宏定义命令。

② 宏名是用户定义的标识符，不得与程序中其他标识符同名。宏名中不能含空格，宏名与字符串之间用空格分隔。

③ 字符序列可以是常量、表达式、格式串等。如果字符序列加了双引号等其他符号，双引号也一起参与替换。

📖 试一试

例 6-1 输入半径，求圆的周长、面积，以及圆球的表面积和体积，使用不带参数的宏定义，π 取值 3.1415926。

········· 💡 解题思路 ·········

分析：求圆的周长($l = 2\pi r$)和面积($s = \pi r^2$)，以及圆球的表面积($S = 4\pi r^2$)和体积 $\left( V = \dfrac{4}{3}\pi r^3 \right)$ 的公式中都用到一个常数 π，为了避免多次重复地在程序中书写 3.1415926，也为了后续提高 π 的计算精度时方便修改，可以使用一个标识符 PI 代替 3.1415926。

········· ⬡ 程序代码 ·········

```c
#include "stdio.h"
#define PI 3.1415926
void main()
{
    float r;                              /* r 存储半径 */
    /* l, s, S, V 分别存储圆的周长和面积以及球的表面积和体积 */
    float l, s, S, V;
    printf("请输入半径: ");                /* 提示用户输入 */
    scanf("%f", &r);                      /* 从键盘输入半径 */
    l=2*PI*r;                             /* 开始计算 */
    s=PI*r*r;
    S=4*PI*r*r;
    V=4.0/3*PI*r*r*r;                     /* 注意 4/3 的写法 */
    printf("周长为%f;面积为%f\n", l, s);   /* 输出结果 */
    printf("表面积为%f;体积为%f\n", S, V);
}
```

程序运行结果如下。

请输入半径: 15
周长为 94.247780;面积为 706.858337
表面积为 2827.433350;体积为 14137.166992

**程序注解**

① 宏名一般大写,宏定义行末不加分号。

② 使用 #define 指令定义的宏的有效范围为从该指令行起到源文件结束。通常 #define 指令写在文件开头且在函数之前,在整个文件范围内有效。

③ 可以使用 #undef 指令终止已定义宏的作用域,例如:

```
#define PI 3.1415926
void main()
{

}
#undef PI
```

由于 #undef 终止了宏,因此 PI 的作用范围到 #undef PI 这一行,其后语句不能继续使用宏 PI,否则宏展开后在编译时会报错。

④ 在进行宏定义时,可以引用已经定义的宏名,在预处理时进行层层替换,例如:

```
#define R 3.0
#define PI 3.1415926
#define L 2 * PI * R
```

⑤ 宏替换只是一种简单的字符替换,不进行任何计算,也不进行语法检查。它对程序中用双引号括起来的字符串内的字符(即使与宏名相同),也不进行替换。

## 6.1.2 带参数的宏定义

**学一学**

带参数的宏定义的一般形式为

```
#define 宏名(参数表) 字符序列
```

字符序列中包含在括号中指定的参数。例如:

```
#define S(a, b) a * b
⋮
area=S(3, 2);
```

功能:带参数的宏名 S(3,2)用相应的宏定义中的字符串 3 * 2 替换。

其中 S 是宏名,a、b 是形式参数,注意宏名和括号之间不能有空格。预处理时,将程序中所有带参数的宏用相应的宏定义中的字符序列替换,替换时使用实参替换形参,即用 3 替换 a,2 替换 b。

**试一试**

**例 6-2** 使用带参数的宏定义求圆的周长、面积。

**分析**：利用带参数的宏，只要带入不同的参数，就可以得到不同的结果，比较灵活方便，本例可以将半径作为参数。

程序代码

```
#include "stdio.h"
#define PI 3.1415926
#define LENGTH(R) 2 * PI * R
#define AREA(R) PI * R * R
void main()
{
    double r;                          /* r 存储半径 */
    double l, s;                       /* l,s 分别存储圆的周长和面积 */

    printf("请输入半径: ");            /* 提示用户输入 */
    scanf("%lf",&r);                   /* 从键盘输入半径 */
    l=LENGTH(r);                       /* 开始计算 */
    s=AREA(r);
    printf("周长为%lf,面积为%lf\n",l,s); /* 输出结果 */
}
```

程序运行结果如下。

```
请输入半径: 15
周长为 94.247778;面积为 706.858335
```

程序注解

① 此例也可以定义宏 #define CIRCLE(L,S,R) L=2 * PI * R; S=PI * R * R，然后通过 CIRCLE(l，s，r);来计算圆的周长和面积。

② 带参数的宏本质上还是简单的字符替换，在使用带参数的宏定义时，要注意括号的使用，例如有宏定义如下。

```
#define S(a, b) a * b
```

在程序中使用

```
printf("%d \n", S(3+2, 10));
```

程序将输出 23，而非 50。这是因为预处理时，上述语句在进行宏展开后将会变成

```
printf("%d \n", 3+2 * 10);
```

这并不是编程者所期望的。一般情况下，在带参数的宏定义中可以使用括号将参数括起来，以此来避免类似错误，如将 #define S(a, b) a * b 修改为 #define S(a, b) (a) * (b)。上述语句经过宏展开后将变为

```
printf("%d \n", (3+2) * (10));
```

③ 带参数的宏定义在使用时其形式与函数相似,但本质不同。函数调用是在程序运行阶段进行的,此时先计算实参的值,然后给形参分配临时内存单元并将实参值传递给形参;带参数宏是在编译预处理时进行宏展开的,宏展开时只是进行简单的字符替换,不存在形参临时内存单元分配和参数传递。

📖 **练一练**

阅读以下程序,分析程序的运行结果。

```c
#include<stdio.h>
#define MA(x) x * x
#define MB(x) (x) * (x)
void main()
{
    int a=1, b=2;
    printf("%d\n", MA(1+a+b));
    printf("%d\n", MB(1+a+b));
}
```

# 6.2 文件包含

📖 **学一学**

文件包含是指一个源文件将另外一个源文件中的全部内容包含进来。C语言用 #include 指令来实现文件包含的操作,并且把要包含文件的内容插入当前指令位置。 #include 指令的一般形式为

    #include  <文件名>

或

    #include  "文件名"

文件名用尖括号<>括起来,预处理时系统将到存放 C 库函数头文件的目录中查找要包含的文件;文件名用双引号" "括起来,预处理时系统先在用户当前目录中查找要包含的头文件,若找不到,则按尖括号方式到存放 C 库函数头文件的目录中查找。

📖 **试一试**

**例 6-3** 定义两个函数实现两个整数的加法、减法运算,并且将函数声明做成头文件,在用户程序中包含头文件并调用两个函数。

········ 💡·解题思路 ·········

**分析**:一般情况下,函数的实现是在源文件(.c 文件)中编写的,对应的函数声明则在头文件(.h 文件)中编写。要使用相关函数时,只需要将包含函数声明的头文件使用文件包含指令 #include 包含进来。具体步骤如下。

① 新建 fun.c 文件并编写 int add(int a，int b)和 int sub(int a，int b)两个函数。

② 新建 fun.h 文件并在文件中添加①中两个函数的声明语句。

③ 新建 main.c 文件。首先使用♯include 指令包含 fun.h 头文件,然后编写 main 函数调用 add 函数和 sub 函数并输出结果,结束。

---

**程序代码**

---

```
fun.c 文件
int add(int a, int b)
{
    return a+b;
}

int sub(int a, int b)
{
    return a-b;
}
fun.h 文件
#ifndef _FUN_H          //防止文件重复包含
#define _FUN_H

int add(int a, int b);
int sub(int a, int b);

#endif
main.c 文件
#include "stdio.h"
#include "fun.h"

void main()
{
    int x, y;
    scanf("%d%d", &x, &y);
    printf("%d+%d=%d\n", x, y, add(x, y));
    printf("%d-%d=%d\n", x, y, sub(x, y));
}
```

程序运行结果如下。

```
3 4
3+4=7
3-4=-1
```

**程序注解**

① ♯include 一般写在文件的开头,被包含的文件一般为头文件,头文件常以.h 为扩

展名,也可包含其他格式文件。

② 一个♯include 指令只能包含一个文件,可以使用多条♯include 指令包含多个文件。

③ 在一个被包含文件中又可以包含另一个被包含文件,即文件包含是可以嵌套的。

# 6.3  条 件 编 译

📖 **学一学**

条件编译是指根据某个条件决定源程序中的某部分程序段是否参与编译。条件编译有以下几种形式。

① #ifdef 标识符
　　程序段 1
#else
　　程序段 2
#endif

此形式的作用为:若指定的标识符已经被♯define 指令定义过,则在程序编译阶段编译程序段 1,否则编译程序段 2。此形式中的♯else 部分也可以没有,即

```
#ifdef 标识符
    程序段
#endif
```

此形式可用于程序在开发过程中输出一些调试信息,例如:

```
#ifdef DEBUG        /*程序开发阶段可以通过在前面定义宏 DEBUG 输出调试信息*/
    printf("x=%d, y=%d\n", x, y);
#endif
```

② #ifndef 标识符
　　程序段 1
#else
　　程序段 2
#endif

与第一种形式的不同之处是将 ifdef 改为 ifndef,此形式的作用为:若指定的标识符未被定义过,则在程序编译阶段编译程序段 1,否则编译程序段 2。此形式中的♯else 部分也可以没有,即

```
#ifndef 标识符
    程序段
#endif
```

此形式可以用于避免对同一部分程序段或文件的重复包含,例如在某一头文件中

使用。

```
#ifndef _INC_MATH          /*此时宏名一般和文件名相关,此段代码摘自 math.h 文件*/
#define _INC_MATH
    程序段
#endif
```

③ #if 表达式
```
    程序段 1
#else
    程序段 2
#endif
```

此形式的作用为:当指定的表达式值为真(非零)时就编译程序段 1,否则编译程序段 2。可以事先给定条件,使程序在不同的条件下实现不同的功能。

条件编译是 C 语言的一个非常重要的功能,除了前面介绍的控制调试、避免文件重复包含等外,还可用于编写不同平台下的可移植程序、控制发布同一软件的不同版本等。

思政材料

# 6.4　典 型 题 解

📖 试一试

**例 6-4**　有以下程序

```
#include "stdio.h"
#define S(x) (x/x) * x
void main()
{
    int k=6, j=3;
    printf("%d,%d\n", S(k+j), S(j+k));
}
```

程序运行后的输出结果是_____。

·💡·解题思路

**分析**:本题考查宏定义,宏定义是在程序预处理阶段直接进行文本替换,所以本题中 S(k+j)、S(j+k)可以替换为

```
S(k+j) = (k+j/k+j) * k+j = (6+3/6+3) * 6+3 = 57;
S(j+k) = (j+k/ j+k) * j+k = (3+6/3+6) * 3+6 = 39
```

程序输出结果为 57,39。注意:宏定义中的形参一定要使用小括号括起来,以避免出错。

**例 6-5**　有以下程序

```
#include "stdio.h"
```

```
#define F(a,b) a>b ? (a/b) : (a%b)
#define DF(k) 2 * k
void main()
{
    int a=14, b=8, x;
    x=DF(F(b,a));
    printf("%d\n", x);
}
```

程序运行后的输出结果是_____。

-------- ☼ 解题思路 --------

**分析**：本题程序中有两个宏定义，main 函数中定义整型变量 a、b,分别赋值为 14、8,接着使用两个宏定义的结果为 x 赋值,接下来我们把宏定义展开如下。

F(b,a) 等价于：b>a?(b/a) : (b%a)。

DF(F(b,a))等价于 2 * F(b,a),也就等价于：2 * b>a?(b/a):(b%a)。

所以：x=2 * b>a?(b/a):(b%a);,又条件运算符优先级高于赋值运算符,所以原式等价于：x=(2 * b>a?(b/a):(b%a));,代入 a、b 的值：x=(2 * 8>14?(8/14):(8%14));,所以 x 的值为 0,程序输出 0。

# 6.5  本章小结

本章主要介绍了常用的预处理指令,包括文件包含、宏定义和条件编译三类指令。

宏定义是用一个标识符来表示一个字符序列,这个字符序列可以是常量、变量、表达式和格式串。在宏展开时用该字符序列替换宏名。宏定义可以带参数,为避免错误,带参宏的形式参数两边应该加上括号。

文件包含用来将多个源文件连接成一个源文件进行编译,结果生成一个目标文件。

条件编译允许只编译源程序中满足条件的代码段,使生成的目标程序更短,从而减少内存开销、提高效率,并且增强程序的可移植性。

# 习  题  6

## 一、选择题

1. 下列宏定义中正确的是(      )。

    A. ♯define PI=3.1415926            B. define PI=3.1415926

    C. ♯define PI 3.1415926            D. ♯define PI(3.1415926)

2. 定义带参数的宏计算两式乘积如(a+b)(a−b),下列定义中正确的是(      )。

    A. ♯define muti(u,v) u * v            B. ♯define muti(u,v) u * v;

C. ♯define muti(u,v) (u) * (v)　　　　D. ♯define muti(u,v)＝(u) * (v)

3. C语言中,宏定义有效范围从定义处开始,到源文件结束处结束,但可以用(　　)来提前结束宏定义的引用。

　　A. ♯ifndef　　　　B. ♯endif　　　　C. ♯undefined　　　D. ♯undef

4. 设有如下宏定义,则表达式 z＝2 * (N＋Y(5))的值是(　　)。

```
#define N 2
#define Y(n) ((N+1) * n)
```

　　A. 语句有错　　　　B. 34　　　　C. 70　　　　D. 无定值

5. 下面选项中关于编译预处理的叙述正确的是(　　)。

　　A. 预处理命令行必须使用分号结尾

　　B. 凡是以♯号开头的行,都被称为编译预处理命令行

　　C. 预处理命令行不能出现在程序的最后一行

　　D. 预处理命令行的作用域是到最近的函数结束处

6. 在"文件包含"预处理语句中,当♯include 后面的文件名用双引号括起时,寻找被包含文件的方式为(　　)。

　　A. 直接按系统设定的标准方式搜索目录

　　B. 先在源程序所在目录搜索,若找不到,再按系统设定的标准方式搜索

　　C. 仅仅搜索源程序所在目录

　　D. 仅仅搜索当前目录

## 二、填空题

1. 下面的程序是用宏来计算平方差,请补充完整。

```
#include "stdio.h"
#define SUM _____
#define DIF _____
void main()
{
    int x, y;
    scanf("%d%d", &x, &y);
    printf("%d\n", SUM(x, y) * DIF(x, y));
}
```

2. 下面的程序利用条件编译避免头文件被重复包含,请补充完整。

```
_____ _INC_MYFILE
#define _____
    ... //头文件其他内容
_____
```

## 三、阅读程序写结果

1. 下列程序的运行结果是_____。

```c
#include "stdio.h"
#define N 2
#define M N+1
#define NUM (M+1) * M/2
void main()
{
    printf ("%d\n", NUM);
}
```

2. 下列程序的运行结果是_____。

```c
#include "stdio.h"
#define SUB(a) (a)-(a)
void main()
{
    int a=2, b=3, c=5, d;
    d=SUB(a+b) * c;
    printf("%d\n",d);
}
```

3. 下列程序的运行结果是_____。

```c
#include "stdio.h"
#define OP 1
void main()
{
    int a=4, b=3, c;
#if OP
    c=a+b;
#else
    c=a-b;
#endif
    printf("%d\n", c);
}
```

4. 下列程序的运行结果是_____。

```c
#include "stdio.h"
#define DEBUG
void main()
{
    int a=4, b=3, c;
#ifdef DEBUG
    printf("a=%d,b=%d\n", a, b);
#endif
    c=a+b;
    printf("c=%d\n", c);
}
```

5. 下列程序的运行结果是_____。

```c
#include "stdio.h"
#define F(a,b) a>b?(a/b) : (a%b)
#define DF(k) 2 * k
void main()
{
    int a=14, b=8, x;
    x=DF(F(b, a));
    printf("%d\n", x);
}
```

6. 下列程序的运行结果是_____。

```c
#include "stdio.h"
#define M(x,y,z) x * y+z
void main()
{
    int a=1, b=2, c=3;
    printf("%d\n", M(a+b, b+c, c+a));
}
```

## 四、编写程序题

1. 利用带参数的宏编写程序:已知圆柱的底面半径和高,计算圆柱体积。

2. 利用带参数的宏编写程序:已知三角形的边长 $a$、$b$、$c$,利用下面的公式计算三角形的面积。

$$p = \frac{1}{2}(a+b+c)$$

$$s = \sqrt{p(p-a)(p-b)(p-c)}$$

# 第7章

# 数　　组

C 语言中的数据类型除了整型、实型、字符型等基本数据类型外,还包含构造数据类型。构造类型是由基本数据类型按一定规则组合而成的一种数据类型,常见的有数组、结构体和共用体等。

在现实中,经常会遇到对大批数据需要集中进行处理的情况,例如:要把某班级 45 名学生的"C 语言程序设计"课程的成绩由大到小输出。这个现实问题可分解为 3 个小问题。

① 输入 45 个同学的"C 语言程序设计"课程成绩并存储下来。

② 对这 45 个成绩进行排序。

③ 输出排序后的学生成绩。

按照一般思路,存储 45 个成绩需要定义 45 个整型变量,然后依次输入成绩,则有

```
int a1, a2, ..., a45;          /*定义 45 个整型变量 */
scanf("&d", &a1);              /*输入第一个成绩 */
...                           /*输入第 2 个成绩、第 3 个成绩 * /
scanf("&d", &a45);            /*输入第 45 个成绩 * /
```

接下来需要对这 45 个成绩进行排序。根据目前所学的知识,仅依靠 if 语句对 45 个整数进行排序,程序的算法会相当烦琐。因此,我们需要更简洁、更高效的算法来处理大批量数据,有必要引入数组。

数组是同类型数据的有序集合,数组中的成员称为数组元素,具有以下特点。

- 数组中的元素具有相同的数据类型。
- 数组中的元素存储在一片连续的内存区域中。
- 数组中元素的先后次序是确定的,每个元素都可以通过数组下标标识。

对上例中的 45 个同学的"C 语言程序设计"成绩可以定义一个整型数组 a,通过下标区分这 45 个成绩,即 a[0],a[1],a[2],…,a[44]。它们都是整型变量,具有相同的名字,可以用不同的下标区分,且下标的变化是有规律的。

数组元素下标的个数称为数组的维数。根据数组的维数,可以将数组分为一维数组和多维数组(包括二维数组、三维数组等)。

# 7.1　一　维　数　组

只有一个下标的数组称为一维数组。一维数组中的所有元素用一个相同的名称标识，用不同的下标值指示各元素在数组中的位置，默认下标值从 0 开始。

## 7.1.1　一维数组的定义

📖 **学一学**

在 C 语言中，数组必须先定义后使用。在定义时必须指定数组元素的数据类型以及数组元素的个数，这样系统才能为数组分配相应大小的存储空间。一维数组定义的一般形式为

类型说明符　数组名[常量表达式]

其中，类型说明符是指数组的数据类型，即数据元素的类型；数组名命名须满足标识符命名规范；常量表达式表示该数组具有的元素的个数，也称为数组的长度。

例如，定义一个一维数组用于表示 45 位同学"C 语言程序设计"课程的成绩。

int score[45];

上述语句定义了一个一维整型数组，其中 score 为数组名，该数组有 45 个元素，每个元素为 int 型，可用于存储 45 个 int 型数据。其逻辑结构如图 7-1 所示。

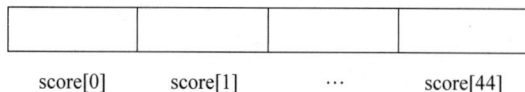

| | | | |
|---|---|---|---|
| score[0] | score[1] | ⋯ | score[44] |

图 7-1　一维数组 score 的逻辑结构

🎓 **说明**

① 数组名的命名规则必须满足标识符的命名规范。

② 数组的长度必须在定义时指定，它必须是整型常量或整型常量表达式，不允许为变量或变量表达式，且在程序运行过程中不允许改变。

例如，下面的数组定义是合法的。

```
#define N 5
int a[N];                    /*数组长度 N 为符号常量*/
char b[2+3];                 /*数组长度 2+3 为整型表达式*/
float c[20];                 /*数组长度为整型常量*/
```

下列数组的定义不合法。

```
int n=5;                     /*n 为变量*/
```

```
int a[n];                           /* 数组长度 n 为变量 */
char str[n+6];                      /* 数组长度 n+6 为变量表达式 */
```

③ 一维数组被定义后，系统将为该数组在内存中分配一片连续的存储空间，用于存放数组元素。数组名是这段存储空间的首地址，分配的内存空间大小为

数组长度×sizeof(数组数据类型)

数组在存储时按下标的顺序连续存放元素的值。一维数组在内存中的存储形式与其逻辑结构相同，如图 7-2 所示。

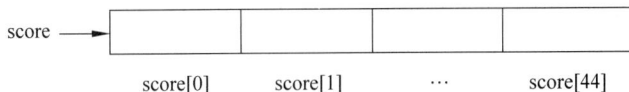

图 7-2　一维数组 score 在内存中的存储形式

④ 允许在同一个类型定义中定义多个数组和多个变量。例如：

```
int a, b, c[10], d[20];             /* 定义了整型变量 a,b 和整型数组 c,d */
```

## 7.1.2　一维数组元素的引用

### 📖 学一学

数组定义后，便可以引用数组的各个元素。一维数组元素的引用方法如下。

数组名[下标]

其中，下标可以为整型的常量、变量或表达式。数组元素的下标从 0 开始，其有效范围是 0 到 $N-1$（$N$ 为数组的长度）。例如，a[3]、a[i*j]、a[i++]都是合法的数组元素的引用。

数组元素通常也称为下标变量。在 C 语言中，一般只能逐个地引用数组元素，不能一次引用整个数组（字符数组除外，字符数组将在 7.3 节中介绍）。

### 🎓 说明

① 在引用数组元素时，下标不能越界。下标的下界为 0，上界为数组长度减 1。C 语言编译系统不进行下标是否越界的判断，编程时应注意这一点。

② 注意区分数组定义与数组元素引用两者之间的不同之处。例如：

```
int a[5];                           //数组定义,定义一个包含 5 个整型数据的一维数组 a
a[2]=10;                            //数组元素引用,将 10 赋值给数组元素 a[2]
```

## 7.1.3　一维数组的遍历

### 📖 学一学

遍历，通俗地说就是从头到尾读取一次数据。一维数组元素在引用时需要知道元素

在数组中的下标,而下标有一定的取值范围,因此在程序设计时,通常使用循环实现对一维数组元素的遍历,具体参考程序如下。

```
#define N 5              //N用于表示数组元素个数,即数组长度
int a[N];                //定义一维数组 a
int i;                   //定义循环变量 i,控制下标变化
for(i=0; i<N; i++)       //遍历下标:[0, N-1]
{
    //引用数组元素 a[i]进行处理
}
```

### 📖 试一试

**例 7-1**  定义一个长度为 20 的一维数组,将 1…20 按照顺序存储在数组中,然后输出,每行 5 个数据。

-------------------- 💡 解题思路 --------------------

**分析**:本例核心是遍历一维数组实现数组元素的访问,解题思路如下。

① 变量定义:定义一维整型数组 a 和一个循环变量 i。
② 遍历一维数组进行数组元素的赋值。
③ 遍历一维数组进行数组元素的输出,注意每行输出结束后进行换行。

-------------------- 💠 程序代码 --------------------

```
#include "stdio.h"
#define N 20                        //N用于表示数组长度
void main()
{
    int a[N], i, j;                 //定义一维数组和循环变量

    //循环遍历一维数组进行元素的输入 (赋值)
    for(i=0; i<N; i++)              //遍历
    {
        //scanf("%d", &a[i]);        //输入数据保存在 a[i]中
        a[i]=i+1;                    //给 a[i]赋值
    }
    printf("一维数组 a 中数据为:\n");
    //循环遍历一维数组进行元素的输出
    for(i=0; i<N; i++)              //遍历
    {
        printf("%-4d", a[i]);        //输出 a[i]的值,宽度 4
        //每行输出结束后进行换行
        if((i+1)%5==0)
            printf("\n");
    }
}
```

程序运行结果如下。

一维数组 a 中数据为：
1   2   3   4   5
6   7   8   9   10
11  12  13  14  15
16  17  18  19  20

🎓 **说明**

① 本例中是循环给数组元素 a[i]赋值 i+1,若改为用户输入,则只需要将 a[i]=i+1;
修改为 scanf("%d",&a[i]);。

② 若输出数据前进行换行的判断,则可调整为

```
if(i%5==0)
    printf("\n");
```

📖 **练一练**

键盘输入 10 名学生的"C 语言程序设计"课程的成绩,计算并输出该课程的平均成
绩,结果保留两位小数。

# 7.1.4  一维数组的初始化

📖 **学一学**

数组的初始化是指在定义数组的同时采用初始化列表的形式为数组元素赋初值,一
维数组的初始化通常有以下几种方式。

① 给数组的全部元素赋初值,例如：

```
int a[5]={1,2,3,4,5};
```

大括号中提供的数据用来给各数组元素依次赋值,初始化后 a 数组的各元素值如下。
$$a[0]=1、a[1]=2、a[2]=3、a[3]=4、a[4]=5$$

② 只对数组的部分元素初始化。例如：

```
int a[5]={1, 2};
```

数组只有两个初值,按顺序分别赋给 a[0]和 a[1],其余未赋初值元素值为 0,初始化
后 a 数组的各元素值如下。
$$a[0]=1、a[1]=2、a[2]=0、a[3]=0、a[4]=0$$
若对数组中全部元素置 0,则可在定义时按如下所示初始化。

```
int a[5]={0};
```

③ 在给数组的全部元素赋初值时允许省略数组长度的说明。例如：

```
int a[5]={1,2,3,4,5};
```

可以写成

```
int a[]={1,2,3,4,5};
```

## 7.1.5　一维数组的应用

### 📖 学一学

一维数组的应用的基础是一维数组的遍历,常见应用主要有以下几种。

- 最大值、最小值及其位置的计算。
- 平均值的计算。
- 数据的查找。
- 排序。

### 📖 试一试

**例 7-2**　随机产生 $n$($n \leqslant 100$)个 100 以内的整数并存储在数组中,然后输入一个整数,判断该整数是否在该数组中。若在,输出第一次出现的位置;若不在,输出提示信息"未生成"。

-------------------- 💡 解题思路 --------------------

**分析**:本题是典型的一维数组数据查找问题,可使用一维数组的遍历方法解决。具体解题思路如下。

① 变量定义:定义一维数组 a、一个循环变量 i、两个整型变量 n 和 x。

② 数据生成:输入 n 值,循环调用随机函数 rand 为数组生成 n 个数据并输出。

③ 处理:输入一个整数并保存在 x 中,然后遍历数组元素 a[i]逐一与 x 进行比对。若相等,则记录位置并跳出循环,否则继续比对,直至遍历结束。

④ 输出数据:根据循环变量 i 的位置判断生成的数据中是否包含要查找的数据并进行输出。

-------------------- 🔧 程序代码 --------------------

```c
#include "stdio.h"
#include "stdlib.h"
#include "time.h"
#define N 100                        //N用于表示数组长度
void main()
{
    int a[N], i, n, x;               //定义变量

    printf("请输入要产生的数据的数目:\n");
    scanf("%d", &n);                 //输入要产生的数据的数目
    srand(time(NULL));               //利用系统时间来改变系统的种子值
    for(i=0; i<n; i++)               //循环遍历数组进行元素的生成
    {
```

```
                //调用 rand 函数给 a[i]生成[0,100)区间的整数
                a[i]=rand()%100;
                printf("%-4d", a[i]);           //输出 a[i]的值,宽度 4
                if((i+1)%10==0)                 //每行输出结束后进行换行
                    printf("\n");
        }
        printf("请输入要查找的数据:\n");
        scanf("%d", &x);                        //输入要查找的数据
        for(i=0; i<n; i++)                      //遍历数组进行 x 值的查找
        {
            if(a[i]==x)
                break;
        }
        if(i==n)                                //查找失败
            printf("未生成\n");
        else
            printf("%d 所在的位置%d\n", x, i+1);
}
```

程序运行结果如下。

请输入要产生的数据的数目:
20
99  10  32  10  1   14  64  94  77  8
98  65  90  82  25  39  76  62  50  40
请输入要查找的数据:
18
未生成

### 🎓 程序注解

① rand 函数用来产生一个 0~RAND_MAX(0x7fff)之间的随机数,使用时需要包含头文件 stdlib.h。rand 函数在产生随机数前需要提供生成随机数序列的种子。通常可以利用系统时间来改变系统的种子值,即 srand(time(NULL))。可以为 rand 函数提供不同的种子值,进而产生不同的随机数序列,因此使用时还需要包含头文件 time.h。100以内的整数可以通过 rand()%100 获取。

② 在本例中若还需要输出生成数中的最大值及其位置,可以这样考虑:定义一个变量 max 用于记录最大值,定义一个变量 index 用于记录最大值所在的位置。假定最大值 max 为随机数中的某一个数,一般假定为 a[0],此时 index 为 0,然后遍历数组元素,逐一与 max 进行比对。若 a[i]>max,则更新 max 和 index 的值,遍历结束后 max 的值即为随机数中的最大值,index 即为最大值所在的位置。部分代码如下。

```
int max, index;
...
max=a[0], index=0;
```

```
for(i=1; i<n; i++)
{
    if(a[i]>max)
    {
        max=a[i], index=i;
    }
}
printf("最大值为%d,所在的位置为%d\n", max, index+1);
```

**练一练**

歌手评分系统：有 7 个评委对歌手打分，请编程计算歌手的成绩。规则：去掉一个最高分，去掉一个最低分，求平均分，就是歌手应得分。

**例 7-3**  随机生成 10 个 100 以内的整型数据，并且进行从大到小排序，最后输出排序后的数据。

········· 💡解题思路 ·········

**分析**：为不失一般性，假定生成的数据数目为 $N$，定义一个整型数组 a[N] 用于保存数据。本例题采用冒泡排序法进行排序，冒泡排序算法的思想是：从第一个元素开始，两相邻元素进行比较，若两元素关系与所要求的排序顺序不一致（a[j]＜a[j+1]），则交换两元素的位置，使较小的元素逐渐从头部移向尾部，直至把最小元素交换至尾部，这叫一轮冒泡。接着对剩下的元素重复上面的过程，直至将所有元素排好序为止。冒泡排序需要解决以下几个问题。

① 排序需要通过两层循环进行，外层循环控制轮次，内层循环控制交换（冒泡）。定义两个循环变量 i 和 j，i 控制外层循环，j 控制内层循环。

② 一轮冒泡产生一个最小值，$N$ 个数据进行冒泡排序需要经过 $N-1$ 轮冒泡，最后只剩一个数据时不需要继续冒泡，因此 $0 \leqslant i \leqslant N-2$。

③ 第 i 轮冒泡时，已经经过前面轮次冒泡浮到尾部的数据不需要继续参与排序，因此第 i 轮冒泡时待排序的数据范围为 $[0, N-i-1]$。

④ 对范围在 $[0, N-i-1]$ 的数据进行两两比较时，若采用 a[j] 和 a[j+1] 进行比较，则 j 的变化范围为 $[0, N-i-2]$，若采用 a[j] 和 a[j-1] 进行比较，则 j 的变化范围为 $[1, N-i-1]$。

········· ⬡程序代码 ·········

```
#include "stdio.h"
#include "stdlib.h"
#include "time.h"
#define N 10                       //N用于表示数组长度
void main()
{
    int a[N], i, j, t;             //定义变量

    srand(time(NULL));             //利用系统时间来改变系统的种子值
```

```
    for(i=0; i<N; i++)                  //循环遍历数组进行元素的生成
    {
        //调用 rand 函数给 a[i]生成[0,100)区间的整数
        a[i]=rand()%100;
        printf("%-4d", a[i]);           //输出 a[i]的值,宽度 4
        if((i+1)%10==0)                 //每行输出结束后进行换行
            printf("\n");
    }
    for(i=0; i<N-1; i++)                //外层循环,0<=i<=N-2
    {
        for(j=0; j<N-i-1; j++)          //内层循环,0<=j<=N-i-2
        {
            if(a[j]<a[j+1])
                t=a[j], a[j]=a[j+1], a[j+1]=t;
        }
    }
    printf("排序后的数据: \n");
    for(i=0; i<N; i++)
    {
        printf("%-4d", a[i]);           //输出 a[i]的值,宽度 4
        if((i+1)%10==0)                 //每行输出结束后进行换行
            printf("\n");
    }
}
```

程序运行结果如下。

```
44  47  69  45  50  66  5   8   36  54
排序后的数据:
69  66  54  50  47  45  44  36  8   5
```

### 🎓 程序注解

① 排序算法有许多种,本例题采用的是冒泡排序算法。冒泡排序是交换排序的一种,排序一般分为降序和升序两种,本例是降序排序。若改为升序排序,只需要将交换条件变换一下。

```
if(a[j]>a[j+1])
```

② 外层循环在处理时,循环变量 i 也可以从 1 到 $N-1$,此时内层循环待排序数据范围为 $[0, N-i]$,注意 j 的取值范围。

### 📖 练一练

软件工程专业要选拔创新小组的成员,有 $N$ 名同学参加考试,请你帮老师将成绩输入计算机,从高分到低分进行冒泡排序并输出排序后的结果。

## 7.1.6　典型题解

📖 **试一试**

**例 7-4**　一位同学因为参加学科竞赛需要办理缓考,缓考过后,老师要把他的成绩插入班级的成绩单中。成绩单已经按照分数从高到低进行了排序,缓考成绩要如何插入才不影响已经排好序的成绩单?

-------------------💡 解题思路 -------------------

**分析**:本例采用数组 a 来存储成绩单,为不影响已经排好序的成绩单,插入缓考成绩后的成绩单仍须有序。为此,需要解决两个问题:待插入位置的确定;待插入位置后的所有成绩的后移操作(均后移一个位置)。可以这样设计:定义一个循环变量 i,从后往前扫描成绩单,找寻第一个比缓考成绩高的成绩,该成绩所在位置后一个位置即为缓考成绩应插入的位置。在扫描时可以同时进行成绩的后移操作,也可以单独处理。后移操作可以通过 a[j+1]=a[j] 完成。

具体解题步骤如下。

① 变量定义:定义一个整型数组 a[N]并初始化 $N-1$ 条数据,定义循环变量 i 以及用于存储待插入成绩的变量 n。

② 数据输入:输入 n 的值。

③ 从后往前进行遍历,查找第一个不小于 n 的元素所在的位置,并且同步做后移操作(小于或等于 n 的元素均须后移一个位置)。

④ 在③中所查找的位置之后插入数据 n。

⑤ 输出插入后的数据。

-------------------🔩 程序代码 -------------------

```c
#include "stdio.h"
#define N 10
void main()
{
    int a[N]={98, 94, 91, 88, 86, 83, 80, 78, 77}, i, n;

    printf("原始成绩: ");
    for(i=0; i<N-1; i++)
        printf("%-3d", a[i]);
    printf("\n请输入要插入的成绩: ");
    scanf("%d", &n);
    for(i=N-1; i>=0; i--)
    {
        if(a[i]<n)
            a[i+1]=a[i];
        else
```

```
        break;
    }
a[i+1]=n;
printf("插入后成绩: ");
for(i=0; i<N; i++)
    printf("%-3d", a[i]);
}
```

程序运行结果如下。

原始成绩: 98 94 91 88 86 83 80 78 77
请输入要插入的成绩: 91
插入后成绩: 98 94 91 91 88 86 83 80 78 77

📖 **练一练**

一个同学光荣入伍了,要离开学校开始军旅生涯,老师在计算奖学金时需要将他的成绩从排好序的成绩单中删除。有两种情况:

① 输入这个学生在成绩单中的位置序号,怎样删除呢? 请修改程序。

② 输入这个学生的成绩(假设分数是互不相同的),那么又怎样删除呢?

**例 7-5**　在一个按值有序排列的数组中查找指定的元素。假设数组有 10 个元素,按值由小到大有序,由键盘输入一个数 x,然后在数组中查找 x。如果找到,输出相应元素的位置,如果找不到,输出提示信息"无此元素"。

思政材料

----- 💡 解题思路 -----

**分析**：查找是程序设计的常用算法,若查找过程是从头到尾的遍历过程,则称之为顺序查找,当查找的数组元素量(有时称为查找表)很大时,这种方式的效率不高。当查找表为有序表时,折半查找(也称二分查找)是一种效率较高的方式。折半查找思想是(具体算法如图 7-3 所示)：设 $n$ 个元素的数组 a 已有序(假定 a[0] 到 a[n-1] 升序排列),用 low 和 high 两个变量表示查找的区间,即在 a[low] 和 a[high] 间查找 x。初始状态为 low=0,high=n-1。首先用要查找的 x 与查找区间的中间位置元素 a[mid]($mid=(low+high)/2$) 比较,如果相等则找到,算法终止;如果 x<a[mid],由于数组是升序排列的,则只要在 low~mid-1 区间继续查找,故修正变量 high=mid-1;如果 x>a[mid],由于数组是升序排列的,则只要在 mid+1~high 区间继续查找,故修正变量 low=mid+1。也就是根据与中间元素比较的情况产生了新的区间值 low 和 high,当出现 low>high 时算法终止,即不存在值为 x 的元素。

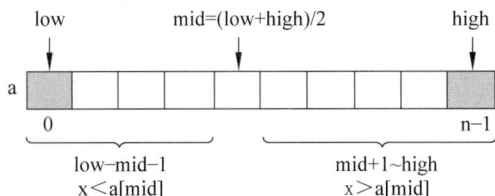

图 7-3　折半查找示意图

```
#include "stdio.h"
#define N 10
void main()
{
    int a[N]={98, 94, 91, 88, 86, 83, 80, 78, 77, 60};
    int low=0, high=N-1, mid, x, i;

    printf("原始数据: ");
    for(i=0; i<N; i++)
        printf("%-3d", a[i]);
    printf("\n请输入要查询的数据: ");
    scanf("%d", &x);
    while(low<=high)
    {
        mid=(low+high)/2;
        if(a[mid]==x)
            break;
        else if(a[mid]>x)
            low=mid+1;
        else
            high=mid-1;
    }
    if(low>high)
        printf("无此元素\n");
    else
        printf("%d 所在位置: %d\n", x, mid+1);
}
```

程序运行结果如下。

原始数据: 98 94 91 88 86 83 80 78 77 60
请输入要查询的数据: 86
86 所在位置: 5

# 7.2　二　维　数　组

前面介绍的数组只有一个下标,其数据元素是整型、浮点型等基本数据类型,称为一维数组,可以用来表示全班同学某一门课的成绩或者某一位同学每门课程的成绩。在实际问题中有很多数据不是基本数据类型,如全班同学各门课程的成绩,这个时候如果定义一个一维数组表示全班同学的成绩,那么其数据元素就不是某一门课程的成绩,而是所有课程的成绩,此时可以通过另一个一维数组来表示数据元素。数据元素类型是一维数组的数组称为二维数组,二维数组对应一张二维表。

## 7.2.1　二维数组的定义

### 📖 学一学

二维数组是以一维数组为基本类型,即它的每一个元素又是一个一维数组,这些一维数组的类型和长度相同。二维数组定义的一般形式为

类型说明符　数组名[常量表达式 1][常量表达式 2]

其中,类型说明符是指数组的数据类型,即数据元素的类型;数组名命名须满足标识符命名规范;常量表达式 1 为第一维的长度,表示该数组具有的行数;常量表达式 2 为第二维的长度,表示该数组每一行具有的列数;两维长度的乘积为该数组的元素个数。

例如,定义一个二维数组用于表示 4 位同学 3 门课程的成绩。

int a[4][3];

上述语句定义了一个 4 行 3 列的二维数组 a,第一维的长度(行数)为 4,第二维的长度(列数)为 3,共有 $3 \times 4 = 12$ 个元素。其逻辑结构如图 7-4 所示。

|  | 第 0 列 | 第 1 列 | 第 2 列 |
|---|---|---|---|
| 第 0 行 | a[0][0] | a[0][1] | a[0][2] |
| 第 1 行 | a[1][0] | a[1][1] | a[1][2] |
| 第 2 行 | a[2][0] | a[2][1] | a[2][2] |
| 第 3 行 | a[3][0] | a[3][1] | a[3][2] |

图 7-4　二维数组 a 的逻辑结构

### 🎓 说明

① 二维数组的每个元素都有两个下标,且必须分别放在不同的[]中。

② 二维数组元素的行下标和列下标的最小值都是从 0 开始。

③ 可将二维数组看成一个特殊的一维数组,而这个一维数组的每个元素又是一个包含多个元素的一维数组,如图 7-5 所示。

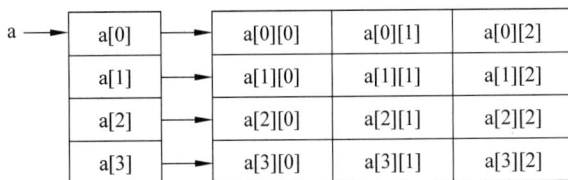

| a → a[0] → | a[0][0] | a[0][1] | a[0][2] |
|---|---|---|---|
| a[1] → | a[1][0] | a[1][1] | a[1][2] |
| a[2] → | a[2][0] | a[2][1] | a[2][2] |
| a[3] → | a[3][0] | a[3][1] | a[3][2] |

图 7-5　将二维数组 a 看成特殊的一维数组

上面的二维数组 a 可视为一个一维数组,它的 4 个元素分别是 a[0]、a[1]、a[2] 和 a[3],而这 4 个元素分别是一个包含 3 个元素的一维数组,即 a[0] 是包含 a[0][0]、 a[0][1]和a[0][2]三个元素的一维数组,因此a[0]是这个一维数组的数组名,也是这个一维数组的首地址,其值等于&a[0][0]。同理,a[i]的值等于&a[i][0],其中0≤i≤3。不难看出,a的值、a[0]的值和&a[0][0]的值相同,但含义不同。

④ 二维数组在计算机内存中是按行优先的方式存储的,即第0行元素存放完后再存放第1行元素。二维数组a在内存中的存储方式如图7-6所示。

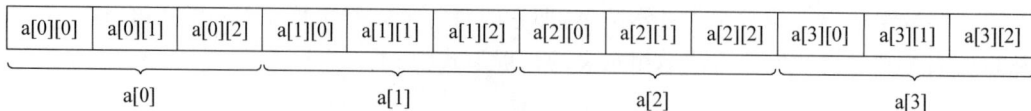

| a[0][0] | a[0][1] | a[0][2] | a[1][0] | a[1][1] | a[1][2] | a[2][0] | a[2][1] | a[2][2] | a[3][0] | a[3][1] | a[3][2] |
|---------|---------|---------|---------|---------|---------|---------|---------|---------|---------|---------|---------|
| | a[0] | | | a[1] | | | a[2] | | | a[3] | |

图 7-6　二维数组 a 在内存中的存储方式

## 7.2.2　二维数组元素的引用

### 📖 学一学

二维数组元素的引用方法如下。

数组名[下标 1][下标 2]

其中,下标用来标识元素在数组中的位置,可以为整型常量、整型变量或整型表达式。在引用数组元素时,下标应在已定义的数组大小的范围内,防止下标越界。下标 1 表示元素所在的行,也叫行下标,它的取值范围是 0≤下标 1≤行数−1;下标 2 表示元素所在的列,也叫列下标,它的取值范围是 0≤下标 2≤列数−1。

#### 🎓 特殊元素的引用

对于一般二维数组 a[M][N]:
① 第 i 行所有元素:a[i][j]　　　　　j=0,1,…,N−1
② 第 j 列所有元素:a[i][j]　　　　　i=0,1,…,M−1
对于行数、列数相等的二维数组 a[N][N]:
① 主对角线上元素:a[i][i]　　　　　i=0,1,…,N−1
② 次对角线上元素:a[i][N−i−1]　i=0,1,…,N−1

## 7.2.3　二维数组的遍历

### 📖 学一学

二维数组元素在引用时需要知道元素在数组中的行下标和列下标,因此在程序设计时,通常使用双重循环实现对二维数组元素的遍历,其中外层循环控制行(循环变量控制行下标)。内层循环控制列(循环变量控制列下标),具体参考程序如下。

```
#define M 5          //M用于表示数组行数
#define N 5          //N用于表示数组列数
int a[M][N];          //定义二维数组 a
```

```
    int i;                          //定义循环变量 i,控制行下标
    int j;                          //定义循环变量 j,控制列下标
    for(i=0; i<M; i++)              //遍历行,行下标:[0, M-1]
    {
        for(j=0; j<N; j++)          //遍历列,列下标:[0, N-1]
        {
            //引用数组元素 a[i][j]
        }
    }
```

📖 **试一试**

**例 7-6**  定义一个 3×2 的二维数组,输入 6 个整数并存储在数组中,然后以矩阵(行列)的形式输出。

········ 💡 **解题思路** ········

**分析**:本例核心是遍历二维数组,实现二维数组的输入与输出,解题思路如下。

① 变量定义:定义整型二维数组 a 以及两个循环变量 i 和 j。

② 遍历二维数组进行数组元素的输入。

③ 遍历二维数组进行数组元素的输出,注意每行输出结束后进行换行。

········ 🔷 **程序代码** ········

```
#include "stdio.h"
#define M 3                                 //M用于表示数组行数
#define N 2                                 //N用于表示数组列数
void main()
{
    int a[M][N], i, j;                      //定义二维数组和循环变量

    printf("请输入数据并保存在数组 a 中:\n");
    //双重循环遍历二维数组进行元素的输入
    for(i=0; i<M; i++)                       //遍历行
    {
        for(j=0; j<N; j++)                   //遍历列
        {
            scanf("%d", &a[i][j]);           //输入数据保存在 a[i][j]中
        }
    }
    printf("二维数组 a 中数据为:\n");
    //双重循环遍历二维数组进行元素的输出
    for(i=0; i<M; i++)                       //遍历行
    {
        for(j=0; j<N; j++)                   //遍历列
        {
            printf("%-4d", a[i][j]);         //输出 a[i][j]的值,宽度 4
```

```
    }
    //每行输出结束后进行换行
    printf("\n");
    }
}
```

程序运行结果如下。

请输入数据并保存在数组 a 中：
23  41  62  18  76  54
二维数组 a 中数据为：
23  41
62  18
76  54

📖 **练一练**

（1）有二维数组 a[3][3]={{5.4，3.2，8}，{6，4，3.3}，{7，3，1.3}}，将数组 a 的每一行元素均除以该行上的主对角线元素（第 0 行除以 a[0][0]，第 1 行除以 a[1][1]，……），按行输出新数组。

（2）有一个 3 行 4 列的二维数组，从键盘输入其前两行各元素的数据，并且将这两行的数组元素按每列求和的结果对应存储在第 3 行的各元素中。

## 7.2.4  二维数组的初始化

📖 **学一学**

与一维数组一样，二维数组也可以在定义时采用初始化列表的形式对其元素赋初值，这被称为二维数组的初始化。二维数组的初始化通常有以下几种方式。

### 1. 按行初始化

按行初始化是把二维数组的一行作为一个一维数组对待，每行提供一个独立的数据集合。例如：

```
int a[2][3]={{1,2,3},{4,5,6}};
```

初值部分的{1,2,3}对应数组 a[0]的 3 个元素，{4,5,6}对应数组 a[1]的 3 个元素，每行元素的初始化方式与一维数组相同。初始化后 a 数组的各元素值如下。

a[0][0]=1、a[0][1]=2、a[0][2]=3、a[1][0]=4、a[1][1]=5、a[1][2]=6

按行初始化时，也可以只对二维数组的部分元素初始化。例如：

```
int a[2][3]={{1,2}, {4}};
```

数组的 a[0]行只有两个初值，按顺序分别赋给 a[0][0]和 a[0][1]；数组的 a[1]行只有一个初值 4，赋给 a[1][0]；其余未赋初值元素值为 0。

### 2. 按行逐列初始化

按行逐列初始化是二维数组常用的初始化方式,它把提供的初始化数据按照逐行逐列的顺序依次赋给对应的数组元素。例如:

```
int b[3][2]={10, 20,30, 40,50, 60};
```

大括号{ }中的 6 个数据依次赋给 b 数组的元素 b[0][0]、b[0][1]、b[1][0]、b[1][1]、b[2][0]、b[2][1]。

按行逐列初始化也可以只对部分数组元素初始化。例如:

```
int b[3][2]={10, 20, 30};
```

大括号{ }内只有 3 个初值,对应赋给元素 b[0][0]、b[0][1]、b[1][0],其余未赋初值元素值为 0。

### 3. 初始化时行数定义部分允许省略

例如:

```
int a[][4]={{1,2},{1,2,3}};
int b[][3]={1,2,3,4,5,6,7,8,9};
```

数组 a 的初始化数据有两组,系统自动确定数组行数为 2;数组 b 的初始化数据共有 9 个,列数值为 3,即每行 3 个数,因此数组 b 的行数是 9/3=3,即数组 b 为 3 行 3 列。当数据总数不能被列数值整除时,数组行数值为商值加 1。例如:

```
int c[][3]={1,4,5,6,8};
```

在该数组定义中,所给出的初始化数值的个数为 5,不能被数组的列数值 3 整除。系统按商值加 1 的原则,将数组 c 的行数定义为 2,即数组 c 为 2 行 3 列的二维数组。

读者务必注意,不管用哪一种方式对二维数组初始化,数组列数的定义都是不能省略的,即第 2 个维数不能省略。

## 7.2.5 二维数组的应用

### 📖 学一学

二维数组应用的基础是二维数组的遍历,常见应用主要有以下几种。

- 二维数组最大值/最小值及其位置、行最大值/最小值、列最大值/最小值;
- 行平均值、列平均值;
- 二维数组的转置(转置矩阵)。

### 📖 试一试

**例 7-7** 有一个 2×3 的矩阵 **A** 存储在二维数组 a 中,将其行列互换后得到的转置矩阵 **B** 放到另一个二维数组 b 中并输出转置后的矩阵。例如:

$$A = \begin{bmatrix} 1 & 2 & 3 \\ 4 & 5 & 6 \end{bmatrix} \qquad B = \begin{bmatrix} 1 & 4 \\ 2 & 5 \\ 3 & 6 \end{bmatrix}$$

-----------------------💡解题思路-----------------------

**分析**：原矩阵 $A$ 为 2 行 3 列，那么它的转置矩阵 $B$ 为 3 行 2 列，并且矩阵 $A$ 的第 $i$ 行元素与矩阵 $B$ 的第 $i$ 列的元素相同，矩阵 $A$ 的第 $j$ 列元素与矩阵 $B$ 的第 $j$ 行的元素相同，即矩阵 $A$ 第 $i$ 行第 $j$ 列元素转置后将是矩阵 $B$ 第 $j$ 行第 $i$ 列元素，存储在二维数组中则存在如下关系：b[j][i]=a[i][j]。具体解题思路如下。

① 变量定义：定义两个二维数组 a 和 b 以及两个循环变量 i 和 j。
② 数据输入：遍历二维数组 a 将矩阵 $A$ 中数据存储在数组 a 中并输出 $A$。
③ 矩阵转置：遍历二维数组 a 将 a 中数据存储在二维数组 b 中，即 b[j][i]=a[i][j]。
④ 输出数据：遍历二维数组 b 输出数据。

-----------------------📋程序代码-----------------------

```c
#include "stdio.h"
#define M 2
#define N 3
void main()
{
    int a[M][N], b[N][M];
    int i, j;

    //遍历二维数组 a 将矩阵 A 中数据存储在数组 a 中
    printf("请输入矩阵 A 中数据：\n");
    for(i=0; i<M; i++)
        for(j=0; j<N; j++)
            scanf("%d", &a[i][j]);
    //输出原矩阵
    printf("矩阵 A：\n");
    for(i=0; i<M; i++)
    {
        for(j=0; j<N; j++)
            printf("%-3d", a[i][j]);
        printf("\n");
    }
    //转置矩阵
    for(i=0; i<M; i++)
        for(j=0; j<N; j++)
            b[j][i]=a[i][j];
        //输出转置矩阵
    printf("转置矩阵 B：\n");
    for(i=0; i<N; i++)
```

```
        {
            for(j=0; j<M; j++)
                printf("%-3d", b[i][j]);
            printf("\n");
        }
    }
```

程序运行结果如下。

请输入矩阵 A 中数据：
1 2 3 4 5 6
矩阵 A：
1  2  3
4  5  6
转置矩阵 B：
1  4
2  5
3  6

**程序注解**

程序设计时，一般将步骤②"数据输入"和步骤③"矩阵转置"合并进行处理，代码如下。

```
for(i=0; i<N; i++)
{
    for(j=0; j<M; j++)
    {
        scanf("%d", &a[i][j]);          //输入矩阵 A 中数据并保存在数组 a 中
        printf("%-3d", a[i][j]);        //输出矩阵 A
        b[j][i]=a[i][j];                //转置
    }
    printf("\n");
}
```

**例 7-8** 定义一个 $4 \times 5$ 的二维数组，随机产生 20 个整型数据（1000 以内）并存储在该数组中，找出该数组的最大元素以及所在位置，输出数组的每行最大值和每列最大值。

$\cdots\cdots\cdots\cdots$ 解题思路 $\cdots\cdots\cdots\cdots$

**分析**：本题是二维数组最大值的计算问题，可以利用二维数组的遍历算法进行处理，具体解题步骤如下。

① 变量定义：定义一个整型二维数组 a[4][5]用于存储数据，三个整型变量（max、row 和 col）用于记录最大元素的值以及行下标和列下标，两个一维数组 b[4]和 c[5]分别记录每行的最大值和每列的最大值。

② 遍历二维数组，调用随机函数 rand 给每个元素生成一个整型数据。

③ 查找最大值：初始化 max＝a[0][0]，row＝0，col＝0，遍历二维数组 a，用每一个

元素 a[i][j]与 max 进行比较,若 a[i][j]＞max,则记录当前较大值 a[i][j]至 max 中,并且更新行下标和列下标。

④ 查找每行最大值:初始化第 i 行最大值为当前行第 0 列元素 b[i]＝a[i][0],逐行遍历二维数组 a 的行内元素并与 b[i]进行比较,记录当前较大值至 b[i]中。

⑤ 查找每列最大值:初始化第 j 列最大值为当前列第 0 行元素 c[j]＝a[0][j],逐列遍历二维数组 a 的列内元素并与 c[j]进行比较,记录当前较大值至 c[j]中。

⑥ 输出:输出对应数据。

-------- 🔷 程序代码 --------

```
#include "stdio.h"
#include "stdlib.h"
#include "time.h"
#define M 4                            //M 用于表示数组行数
#define N 5                            //N 用于表示数组列数
void main()
{
    int a[M][N], b[M], c[N], max, row, col, i, j;

    printf("随机产生的二维数组为:\n");
    srand(time(NULL));
    //双重循环遍历二维数组进行元素的输入
    for(i=0; i<M; i++)                 //遍历行
    {
        for(j=0; j<N; j++)             //遍历列
        {
            a[i][j]=rand()%100;        //随机生成数据保存在 a[i][j]中
            printf("%-5d", a[i][j]);   //输出 a[i][j]的值,宽度 5
        }
        printf("\n");
    }
    max=a[0][0];
    row=col=0;
    //查找最大值元素以及行下标和列下标
    for(i=0; i<M; i++)                 //遍历行
        for(j=0; j<N; j++)             //遍历列
            if(a[i][j]>max)
            {
                max=a[i][j];
                row=i;
                col=j;
            }
    //查找行最大值
    for(i=0; i<M; i++)                 //遍历行
```

```
    {
        b[i]=a[i][0];
        for(j=1; j<N; j++)                    //遍历列
            if(a[i][j]>b[i])
                b[i]=a[i][j];
    }
    //查找列最大值
    for(j=0; j<N; j++)                        //遍历列
    {
        c[j]=a[0][j];
        for(i=1; i<M; i++)                    //遍历行
            if(a[i][j]>c[j])
                c[j]=a[i][j];
    }
    printf("最大值为%d,位置：第%d行%d列\n", a[row][col], row+1, col+1);
    for(i=0; i<M; i++)
        printf("第%d行最大值为%d\n", i+1, b[i]);
    for(j=0; j<N; j++)
        printf("第%d列最大值为%d\n", j+1, c[j]);
}
```

程序运行结果如下。

随机产生的二维数组为:

| 2 | 65 | 64 | 97 |
| 15 | 7 | 67 | 19 |
| 2 | 29 | 8 | 8 |

最大值为 97,位置：第 1 行 4 列
第 1 行最大值为 97
第 2 行最大值为 67
第 3 行最大值为 29
第 1 列最大值为 15
第 2 列最大值为 65
第 3 列最大值为 67
第 4 列最大值为 97

### 🎓 程序注解

在编写代码量较大的程序时,可以先将问题分解为几个模块,然后再逐一实现。如本题将问题分解为随机生成数据、计算最大值、计算行最大值、计算列最大值、输出这五个小模块。

**例 7-9** 假设某班级有 4 位同学,每位同学有高等数学、大学英语、C 语言程序设计 3 门课程的成绩,请编写程序计算每位同学的平均成绩和每门课程的平均成绩。

---------------------------------- 💡 解题思路 ----------------------------------

**分析**：本题是二维数组行平均值、列平均值计算问题。根据题意,可以定义一个 4 行

3 列的二维数组保存学生成绩,每一行是某一位同学所有课程的成绩,每一列是某门课程所有同学的成绩,然后遍历每一行计算此行同学的平均成绩,遍历每一列计算此列课程的平均成绩。具体解题步骤如下。

① 变量定义:定义一个浮点型二维数组 score[4][3] 用于存储数据,两个一维数组(ave_stu[4] 和 ave_course[3])分别记录每位同学的平均值和每门课程的平均值。

② 数据输入:遍历二维数组,调用 scanf 函数为每个元素输入一个浮点型数据。

③ 计算每位同学的平均值:逐行遍历二维数组 score 的行内元素进行累加求和并保存在 ave_stu[i] 中,最后除以课程数 3。

④ 计算每门课程的平均值:逐列遍历二维数组 score 的列内元素进行累加求和并保存在 ave_course[i] 中,最后除以学生数 4。

⑤ 遍历一维数组 ave_stu 和 ave_course 输出数据。

-------------------- ◎程序代码 --------------------

```c
#include "stdio.h"
#define M 4
#define N 3
void main()
{
    float score[M][N], ave_stu[M]={0.0}, ave_course[N]={0.0};
    int i, j;

    //遍历二维数组 score 输入成绩数据
    printf("请输入学生成绩:\n");
    for(i=0; i<M; i++)
        for(j=0; j<N; j++)
            scanf("%f", &score[i][j]);
    //计算每位学生平均成绩
    printf("学生的平均成绩为:\n");
    for(i=0; i<M; i++)
    {
        for(j=0; j<N; j++)
            ave_stu[i]+=score[i][j];
        ave_stu[i] /=N;
        printf("%6.2f", ave_stu[i]);
    }
    //计算每门课程平均成绩
    printf("\n课程的平均成绩为:\n");
    for(i=0; i<N; i++)
    {
        for(j=0; j<M; j++)
            ave_course[i]+=score[j][i];
        ave_course[i] /=M;
```

```c
            printf("%6.2f", ave_course[i]);
        }
        printf("\n");
}
```

程序运行结果如下。

请输入学生成绩:

88　86　92

77　90　82

43　87　60

70　79　82

学生的平均成绩为:

88.67　83.00　63.33　77.00

课程的平均成绩为:

69.50　85.50　79.00

**🎓 程序注解**

在累加求和时,要先初始化累加和为0,本例在变量定义时通过给数组赋初值{0.0}来实现。

## 7.2.6　典型题解

**📖 试一试**

**例 7-10**　打印输出杨辉三角的前 $n$ 行($n \leq 10$),$n$ 由用户输入。6 行杨辉三角如图 7-7 所示。

```
1
1  1
1  2  1
1  3  3  1
1  4  6  4  1
1  5  10 10 5  1
```

图 7-7　6 行杨辉三角

------ 💡 解题思路 ------

**分析**:根据杨辉三角的数据排列特点,不难看出第一列和主对角线上的数据均为1,从第 3 行开始,每一个数据等于其上一行当前列数据与上一行当前列的前一列数据之和。如果采用二维数组 a 来存储杨辉三角,则存在如下关系。

$$a[i][0] = 1 \qquad\qquad (0 \leq i \leq n-1)$$
$$a[i][i] = 1 \qquad\qquad (0 \leq i \leq n-1)$$
$$a[i][j] = a[i-1][j] + a[i-1][j-1] \quad (i \neq 0 \text{ 且 } i \neq j)$$

具体解题步骤如下。

① 变量定义:定义一个整型二维数组 a[10][10]用于存储数据以及相关循环变量。

② 数据输入:输入 n 的值。

③ 初始化第 0 行和主对角线上元素的值为 1。

④ 遍历二维数组左下角,通过关系 a[i][j]＝a[i-1][j]+a[i-1][j-1]计算其他元素的值。

⑤ 遍历二维数组输出数据。

思政材料

```
#include "stdio.h"
#define N 10
void main()
{
    int a[N][N];
    int n, i, j;

    printf("请输入要打印杨辉三角的行数：\n");
    scanf("%d", &n);                    //输入 n 的值
    if(n>10)
        printf("n 的值过大,不合法\n");
    else
    {
        for(i=0; i<n; i++)              //初始化第 0 行和主对角线上元素
        {
            a[i][0]=1;
            a[i][i]=1;
        }
        for(i=2; i<n; i++)              //计算其他元素,第 2 行开始
        {
            for(j=1; j<i; j++)          //第 1 列到主对角线前
                a[i][j]=a[i-1][j]+a[i-1][j-1];
        }
        printf("%d 行杨辉三角为：\n", n);
        for(i=0; i<n; i++)              //输出 n 行杨辉三角
        {
            for(j=0; j<=i; j++)
                printf("%-5d", a[i][j]);
            printf("\n");
        }
    }
}
```

程序运行结果如下。

请输入要打印杨辉三角的行数：
6
6 行杨辉三角为：
1
1    1
1    2    1
1    3    3    1
1    4    6    4    1
1    5    10   10   5    1

杨辉三角的呈现形式有多种,以下是一种较典型的杨辉三角形式。

```
              1
            1   1
          1   2   1
        1   3   3   1
      1   4   6   4   1
    1   5  10  10   5   1
```

如何修改上述程序使其输出这种形式的杨辉三角?

# 7.3　字　符　数　组

字符数组是用来存放字符数据的数组,字符数组较数值型数组有其特殊性,本节将具体进行介绍。

## 7.3.1　字符数组的定义及初始化

### 学一学

字符数组的定义形式与前面介绍的数值型数组类似,例如:

char a[10];

上述语句定义了一个一维字符数组 a,包含 10 个元素。字符数组也可以是二维或多维数组,例如:

char b[10][20];

上述语句定义了一个 10 行 20 列的二维字符数组 b。

字符数组允许在定义时进行初始化赋值,例如:

char a[10]={'C', ' ', 'p', 'r', 'o', 'g', 'r', 'a', 'm'};

把 9 个字符依次赋给 a[0]~a[8]这 9 个元素,a[9]未赋值,系统自动为其赋值'\0',此时数组状态如图 7-8 所示。

| C | | p | r | o | g | r | a | m | \0 |
|---|---|---|---|---|---|---|---|---|---|

图 7-8　数组状态图

### 说明

① 对字符数组初始化时,未指定初值元素会被自动赋值'\0'。

② 对字符数组采用初始化列表形式初始化时,若未指定数组长度,则数组长度为初始化列表中的数值数目,没有末尾'\0'字符。例如:

```c
char a[]={'C', ' ', 'p', 'r', 'o', 'g', 'r', 'a', 'm'};
```

则数组 a 的长度为 9,此时数组状态如图 7-9 所示。

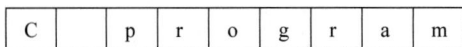

| C | | p | r | o | g | r | a | m |
|---|---|---|---|---|---|---|---|---|

图 7-9　数组状态图

## 7.3.2　字符串和字符串结束标志

### 📖 学一学

字符串常量是用双引号括起来的一串字符,例如"China"。C 语言中没有专门的字符串变量,而是用字符数组来存储字符串。由于系统在存储字符串时,需要在末尾自动加上一个字符串结束标志'\0'('\0'代表 ASCII 码为 0 的字符),结束标志也要在字符数组中占用一个字符的存储单元,所以在说明字符数组长度时,至少为所存储字符串长度加 1。

C 语言允许用字符串的方式对数组进行初始化赋值,例如:

```c
char a[]={'C', ' ', 'p', 'r', 'o', 'g', 'r', 'a', 'm','\0'};
```

可写为

```c
char a[]={"C program"};
```

或去掉括号写为

```c
char a[]="C program";
```

此时,数组状态如图 7-10 所示。

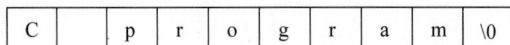

| C | | p | r | o | g | r | a | m | \0 |
|---|---|---|---|---|---|---|---|---|----|

图 7-10　数组状态图

### 🎓 说明

① 有了字符串结束标志'\0',就不必再用字符数组的长度来判断字符串的长度了,此时对于字符串或字符数组的元素遍历可通过下述代码实现:

```c
#include "stdio.h"

void main()
{
    char c[10]={'H', 'e', 'l', 'l', 'o'};
    int i=0;
```

```c
    while(c[i] != '\0')
    {
        printf("%c", c[i]);
    }
}
```

② 用字符串方式对数组赋初值比用初始化列表方式逐个元素对数组赋初值多占一字节。

## 7.3.3 字符数组的引用

📖 **学一学**

字符数组中的元素和数值型数组一样，可以利用数组名和下标逐个元素进行引用，当字符数组中存储的是字符串时还可以通过数组名整体引用。

📖 **试一试**

**例 7-11** 输出字符数组中的数据。

───── 🔆 解题思路 ─────

**分析**：先定义一个字符数组并用初始化列表的方式对其赋以初值，然后利用循环逐个字符输出此数组中的字符。

───── 🔷 程序代码 ─────

```c
#include "stdio.h"

void main()
{
    char c[10]={'H', 'e', 'l', 'l', 'o'};
    int i;

    for(i=0; i<10; i++)
    {
        printf("%c", c[i]);
    }
}
```

程序运行结果如下（□代表空格）。

Hello□□□□□

🎓 **说明**

当字符数组中存储的是字符串时，还可以通过数组名进行整体引用，本题也可以改写为

```c
#include "stdio.h"

void main()
{
    char c[10]={'H', 'e', 'l', 'l', 'o'};

    printf("%s", c);
}
```

在 printf 函数中,使用格式字符串"%s"表示输出的是一个字符串,在输出表列中给出数组名即可,改写后的程序运行结果如下。

```
Hello
```

对比例 7-11 输出结果可以发现,在使用 printf 函数输出字符数组时,遇到'\0'即结束。

### 7.3.4 字符数组的输入输出

📖 **学一学**

若字符数组中存储的是字符串,除了上述用字符串赋初值外,还可以用 scanf 函数和 printf 函数一次性输入和输出一个字符数组中的字符串,而不必使用循环语句逐个输入和输出每个字符。

📖 **试一试**

**例 7-12** 对字符数组进行整体输入和输出。

······· 💡 解题思路 ·······

**分析**:先定义一个字符数组,然后调用 scanf 函数使用格式字符串"%s"输入一个字符串保存到字符数组中,最后调用 printf 函数使用格式字符串"%s"输出字符数组中的字符串。

······· ⬡ 程序代码 ·······

```c
#include "stdio.h"

void main()
{
    char s[30];

    scanf("%s", s);
    printf("%s\n", s);
}
```

程序运行结果如下。

Hello World
Hello

🎓 **说明**

① scanf 函数不能接收空格,因此当用 scanf 函数输入字符串时,字符串中不能含有空格,否则将以空格作为字符串的结束符。

② 输入字符串的长度应小于 30,以留出一字节用于存放字符串结束标志'\0'。

## 7.3.5 字符串处理函数

📖 **学一学**

C 函数库中提供了一些专门用来处理字符串的函数,使用比较方便。对于用于输入和输出的字符串函数,在使用前应包含头文件 stdio.h,如果使用其他字符串函数,则应包含头文件 string.h。下面介绍常用的几个函数。

### 1. 字符串输出函数——puts

格式:

puts(字符数组/字符串)

功能:输出一个字符数组或字符串,遇到'\0'则停止输出,输出后自动换行。例如

```
char str1[20]="Welcome to China!";
puts(str);
puts("Hello World!");
输出:
Welcome to China!
Hello World!
```

🎓 **说明**

① 若字符数组中存在多个'\0',在输出时遇到第一个'\0'则停止输出。

② 上述程序中的 puts(str);等价于 printf("%s\n", str);。

### 2. 字符串输入函数——gets

格式:

gets(字符数组)

功能:从终端接收用户输入的一个字符串到字符数组,字符数组的地址(即第一个元素的地址)在函数调用后作为函数值返回。例如

```
char str[20];
gets(str);
```

```
puts(str);
```
输入：China!✐
输出：China!

🎓 **说明**

① 在接收终端输入的字符串后，会在字符数组中的字符串数据后自动补一个结束标记'\0'。后两行程序也可合并为一行，即 puts(gets(str));。

② 上述程序中的 gets(str);也可写成 scanf("%s", str);，但不同的是 gets 接收的字符串中可以包含空格，而 scanf 函数在读入字符串时遇到空格或回车就结束读入操作。

### 3. 测字符串长度函数——strlen

格式：

strlen(字符数组/字符串)

功能：测量字符串的长度，函数的返回值为字符串中字符的实际长度（即字符数目，不包含结束标志'\0'在内）。例如

```
char str[10]="China";
printf("%d", strlen(str));
```

输出结果不是 10，也不是 6，而是 5。

🎓 **说明**

① 对字符数组或字符串遍历的循环条件可以从之前的 str[i]!='\0'改写为 i<strlen(str)，其中 i 为循环变量。

② 通过 strlen 函数可以获取最后一个字符的下标，即 strlen(str)−1，多用于对字符数组或字符串从后往前遍历。

### 4. 字符串连接函数——strcat

格式：

strcat(字符数组 1,字符数组 2/字符串)

功能：strcat 是 string catenate 的缩写，其功能是把字符数组 2 或字符串连接到字符数组 1 的后面。例如

```
char str1[20]="Welcome to ";
puts(strcat(str1, "China!"));
```
输出：Welcome to China!

🎓 **说明**

① 第一个参数为字符数组，用于存放连接后的结果，在使用时必须足够大，字符数组的地址在函数调用后作为函数值返回。第二个参数可以为字符数组，也可以为字符串常量。

② 在连接时,将字符数组 2/字符串中的所有字符(包括'\0')连接到字符数组 1 的尾部(即'\0'处),此位置处'\0'自动取消。

### 5. 字符串比较函数——strcmp

格式:

strcmp(字符数组 1/字符串 1,字符数组 2/字符串 2)

功能:比较字符数组 1/字符串 1 和字符数组 2/字符串 2 的大小。比较规则为:将两个字符串或字符数组自左至右逐个字符按照 ASCII 码值大小进行比较,直到出现不同的字符或遇到'\0'为止,函数返回值返回比较结果。

① 如果字符数组 1/字符串 1 与字符数组 2/字符串 2 相同,则函数返回值为 0。

② 如果字符数组 1/字符串 1>字符数组 2/字符串 2,则函数返回值为一个正整数。

③ 如果字符数组 1/字符串 1<字符数组 2/字符串 2,则函数返回值为一个负整数。

📖 试一试

例 7-13　利用 strcmp 函数比较输入的两个字符串的大小。

---💡 解题思路---

分析:先定义两个字符数组,调用 gets 函数输入两个字符串并分别保存至两个字符数组中,然后调用 strcmp 函数比较两个字符数组的大小,最后根据 strcmp 函数返回值输出结果。

---💠 程序代码---

```c
#include "stdio.h"
#include "string.h"

void main()
{
    char s[30], t[30];
    int k;
    puts("请输入两个字符串: ");
    gets(s);
    gets(t);
    k=strcmp(s, t);
    if(k==0) printf("%s=%s", s, t);
    else if(k>0) printf("%s>%s", s, t);
    else printf("%s<%s", s, t);
}
```

程序运行结果如下。

请输入两个字符串:
mouse
monday

mouse>monday

## 6. 字符串复制函数——strcpy

格式：

strcpy(字符数组 1,字符数组 2/字符串)

功能：把字符数组 2/字符串复制到字符数组 1 中,复制时连同字符数组 2/字符串中的字符串结束标记'\0'也一起复制到字符数组 1 中。

🎓 **说明**

第一个参数为字符数组,在使用时其长度应该大于第二个参数的长度。字符数组 2/字符串复制进字符数组 1 后,字符数组 1 中未被覆盖的内容一般保持不变,为此复制后字符数组 1 中有效的字符串内容就是字符数组 2/字符串中的内容,因为复制时'\0'标记也一同被复制且字符串以'\0'作为结束标记。第二个参数可以为字符数组,也可以为字符串常量。

📖 **试一试**

**例 7-14** 输入两个字符串,利用 strcpy 函数将长度较短字符串复制到长度较长字符串中,并且输出复制后的字符串。

-------------------💡 解题思路 ------------------

**分析**：先定义两个字符数组,调用 gets 函数输入两个字符串并分别保存至两个字符数组中,然后调用 strlen 函数比较两个字符数组的长度,最后根据比较结果调用 strcpy 函数完成复制操作并输出结果。

-------------------⬡ 程序代码 ------------------

```c
#include "stdio.h"
#include "string.h"

void main()
{
    char s[30], t[30];

    puts("请输入两个字符串: ");
    gets(s);
    gets(t);
    puts("复制后的结果为: ");
    if(strlen(s)<strlen(t))
    {
        strcpy(t, s);
        puts(t);
    }
    else if(strlen(s)>strlen(t))
```

```
    {
        strcpy(s, t);
        puts(s);
    }
}
```

程序运行结果如下。

请输入两个字符串:
Hello
C Program
复制后的结果为:
Hello

### 7. 字符串大写字母转小写字母函数——strlwr

格式:

strlwr(字符数组/字符串)

功能:将字符数组或字符串中的大写字母转换为小写,strlwr 是 string lower 的缩写。

### 8. 字符串小写字母转大写字母函数——strupr

格式:

strupr(字符数组/字符串)

功能:将字符数组或字符串中的小写字母转换为大写,strupr 是 string upper 的缩写。

## 7.3.6　字符数组的应用

📖 试一试

例 7-15　输入一行字符,统计其中有多少个单词。

-------------------- 💡解题思路 --------------------

分析:单词与单词之间以空格作为间隔,在顺序读取一行字符时,如果读取到非空格字符则认为单词开始,如果读取到空格字符则认为单词结束。具体步骤如下。

① 变量定义:定义字符数组 str、计数器变量 num、单词起止状态标志 flag、循环变量 i,并且初始化 flag 为 0 表示未读取到单词。

② 数据输入:调用 gets 函数输入一行字符并保存在字符数组 str 中。

③ 计算处理:遍历字符数组 str,若 str[i]不为空格且 flag 标记为 0,则读取到新单词,计数器 num 加 1 并更改 flag 状态标记为 1;若 str[i]为空格,则一个单词读取结束,更改 flag 状态标记为 0。

④ 输出数据：输出计数器变量 num 的值。

---
**程序代码**
---

```c
#include "stdio.h"

void main()
{
    char str[100];
    int num=0, flag=0, i=0;
    printf("请输入一行字符: ");
    gets(str);
    while(str[i] !='\0')              //循环读取字符
    {
        if(str[i]==' ')              //读取到空格
        {
            flag=0;                  //单词结束
        }
        else if(flag==0)             //读取到其他字符
        {
            flag=1;                  //单词开始
            num++;                   //计数器增 1
        }
        i++;
    }
    printf("单词个数为%d\n", num);
}
```

程序运行结果如下。

请输入一行字符: my name is tom
单词个数为 4

**例 7-16** 输入一个字符串，判断该字符串是否是回文串，回文串是指从前读和从后读都一样的字符串。

---
**解题思路**
---

**分析**：先读取一个字符串保存到字符数组 str 中，然后设置两个下标 i 和 j。初始时 i 为 0，j 为字符串长度减 1，其中字符串长度可通过函数 strlen 计算获得。i 从前向后开始，j 从后向前开始，若 str[i]==str[j]，则 i++ 向后一个位置，j-- 向前一个位置，继续进行比较，直至 i>j；若 str[i]!=str[j]，则说明 str 不是回文串，结束循环。

---
**程序代码**
---

```c
#include "stdio.h"
#include "string.h"
```

```
void main()
{
    char str[100];
    int i, j;
    printf("请输入一个字符串: ");
    gets(str);
    i=0;
    j=strlen(str)-1;
    while(i<=j)
    {
        if(str[i] !=str[j])
            break;
            i++, j--;
    }
    printf("%s 回文串\n", str, i>j ? "是":"不是");
}
```

程序运行结果如下。

```
请输入一个字符串: level
level 回文串
```

## 7.3.7　典型题解

### 试一试

**例 7-17**　输入长度不超过 10 的 5 个字符串,编程将其按字典从小到大排序并输出。

------- 解题思路 -------

**分析**：对于排序算法,例 7-3 已经介绍了冒泡法,现在介绍另外一种常用的方法——选择法。该算法的主要思想是：每一次从待排序的数据元素中选出最小(或最大)的一个元素存放在序列的起始位置,再从剩余未排序元素中继续寻找最小(或最大)元素,放到已排序序列的末尾(也就是待排序序列的起始位置)。以此类推,直到全部待排序的数据元素有序。

不失一般性,本题假定所有字符串存储在 a[M][N]中,其中 M 和 N 分别由宏进行定义。

```
#define M 5
#define N 10
```

在使用选择法排序时需要考虑以下几个问题。

① 对于有 N 个数据(本题中为字符串)的排序问题,每次从待排序数据中选取一个最小元素,因此这样的选取共需要 N−1 次,最后剩余的一个元素即为最大。可以设计一个循环用于控制 N−1 次选取,如下所示。

```
for(i=0; i<N-1; i++)
```

② 对于第 0 次选取,待排序数据为 a[0]~a[N-1],选取的最小元素与 a[0]交换;对于第 1 次选取,待排序数据为 a[1]~a[N-1],选取的最小元素与 a[1]交换;对于第 i 次选取,待排序数据为 a[i]~a[N-1],选取的最小元素与 a[i]交换。在选取时,可以通过变量 k 记录最小元素的下标,然后将 a[k]与 a[i]交换。

具体解题步骤如下。

① 变量定义:定义一个二维字符数组 a[M][N]用于存储字符串,定义变量 n 记录字符串个数,定义循环变量 i、j 以及变量 k 记录每次选取时最小元素的下标,定义临时字符数组 t 用于交换。

② 数据输入:输入 n 的值,然后根据 n 的值输入 n 个字符串。

③ 排序:设计循环 for(i=0; i<n-1; i++)进行 n-1 次选取,循环体内先假定最小元素为 a[i](即 k=i),然后设计循环 for(j=i+1; j<n; j++)将 a[j]与 a[k]进行比较,若 a[j]比 a[k]小,则用 j 更新下标变量 k 的值,最后将 a[k]与 a[i]交换。

④ 输出:遍历二维数组输出数据。

---------------------------------- 程序代码 ----------------------------------

```
#include "stdio.h"
#include "string.h"
#define M 5
#define N 10
void main()
{
    char a[M][N], t[M];
    int i, j, k, n;
    printf("请输入字符串个数: ");
    scanf("%d", &n);
    printf("请输入%d个字符串: ", n);
    for(i=0; i<n; i++)
        scanf("%s", a[i]);
    for(i=0; i<n-1; i++)
    {
        k=i;
        for(j=i+1; j<n; j++)
            if(strcmp(a[k], a[j])>0)
                k=j;
        strcpy(t, a[k]);
        strcpy(a[k], a[i]);
        strcpy(a[i], t);
    }
    for(i=0; i<n; i++)
        printf("%s ", a[i]);
}
```

程序运行结果如下。

请输入字符串个数：5
请输入 5 个字符串：Hellen Jack Tom Nick Bruce
Bruce Hellen Jack Nick Tom

# 7.4 本 章 小 结

数组是程序设计中常用的一种构造数据类型。实际上是为了使用方便,将相同类型的变量按一定顺序组成一个集合,统一对集合中的元素进行操作。数组按照数组元素的类型分为数值型数组、字符型数组,还有后面将要学习的指针数组等;按数组维数分为一维数组、二维数组和多维数组。本章主要介绍以下内容。

## 1. 数组的概念及其在内存中的存储情况

一个数组可以包含多个数组元素,在内存中占用一段连续的存储单元。一维数组元素按其下标从小到大连续存放;二维数组按行存放,数组名都是这个连续单元的首地址。

## 2. 数组的定义、初始化及数组元素引用

C 语言规定：在使用数组前必须先定义数组。数组的定义包括数组元素类型、数组名和各维的长度(对一维数组来说长度是指数组元素的个数,对二维数组来说第一维的长度是指行数,第二维的长度是指列数)。各维的长度为常量表达式,不能含有变量,即不允许对数组进行动态定义。数组在定义时可以给数组元素赋初值。

除字符串外,C 语言不允许整体引用数组,只能通过数组元素逐个引用。数组的下标从 0 开始,最大的下标是各维长度减 1。数组元素用数组名和下标表示,C 语言对数组下标不进行越界检查,程序设计者必须当心。

## 3. 字符数组与字符串

存放字符数据的数组称为字符数组,数组中每个元素存放一个字符,一个字符占一字节的存储空间。

字符串是以'\0'为结束标志的字符序列。C 语言中只有字符串常量的定义,没有字符串变量的定义,所有的字符串都是用字符数组来存储的,一维字符数组存放一个字符串,二维字符数组存放多个字符串,其中每行都是一个字符串。由于要存储字符串的结束标志,因此字符数组的长度要比实际字符串的长度大 1。程序中可以通过检测'\0'来判断字符串是否结束。

字符数组存放字符串可以通过初始化赋值或通过函数输入、复制进行,但不能直接给字符数组赋字符串。C 语言允许对字符数组进行整体的输入、输出,提供了许多有关字符串处理的函数,大大减轻了编程工作量,简化了程序。在使用这些字符串处理函数时,注意要加头文件"stdio.h"和"string.h"。

# 习 题 7

## 一、选择题

1. 在 C 语言中,数组名代表了(       )。
   A. 数组的全部元素值　　　　　　　　B. 数组中第一个元素的值
   C. 数组中元素的个数　　　　　　　　D. 数组中第一个元素的地址
2. 下列叙述中正确的是(       )。
   A. 空字符串不占用内存,其内存空间大小是 0
   B. 两个连续的单引号('')是合法的字符常量
   C. 可以对字符串进行关系运算
   D. 两个连续的双引号("")是合法的字符串常量
3. 要求定义一个具有 6 个元素的 int 型一维数组,以下选项中错误的是(       )。
   A. int N=6,a[N];　　　　　　　　　B. int a[2 * 3]={0};
   C. #define N 3　　　　　　　　　　 D. int a[]={1,2,3,4,5,6};
   　　int a[N+N];
4. 下列定义数组的语句中错误的是(       )。
   A. int x[2][3]={1,2,3,4,5,6};
   B. int x[][3]={0};
   C. int x[2][3]={{1,2,3},{4,5,6}};
   D. int x[2][3]={{1,2},{3,4},{5,6}};
5. 若有以下定义和语句

```
char s1[10]="abcd!", s2[]="\n123\\";
printf("%d %d\n", strlen(s1), strlen(s2));
```

程序的运行结果是(       )。
   A. 10 7　　　　　　B. 10 5　　　　　　C. 5 5　　　　　　D. 5 8
6. 若要求从键盘读入含有空格字符的字符串,应使用函数(       )。
   A. getchar()　　　　B. getc()　　　　　C. gets()　　　　　D. scanf()
7. 下列选项中,能够满足"只要字符串 s1 等于字符串 s2,则执行 ST"要求的是(       )。
   A. if(s1-s2==0)ST;　　　　　　　　B. if(s1==s2)ST;
   C. if(strcpy(s1,s2)==1)ST;　　　　　D. if(strcmp(s1,s2)==0)ST;
8. 若有定义:char c="abcd!";,则以下说法正确的是(       )。
   A. c 占用 6 字节内存　　　　　　　　B. c 是一个字符串变量
   C. 定义中有语法错误　　　　　　　　D. c 的有效字符个数是 5
9. 若有定义:char s1[100]="name", s2[50]="address", s3[80]="person";,若要将它们连成新串"personnameaddress",正确的函数调用语句是(       )。

A. strcat(strcat(s1,s2),s3);　　　　B. strcat(s3,strcat(s1,s2));

C. strcat(s3,strcat(s2,s1));　　　　D. strcat(strcat(s2,s1),s3);

10. 以下叙述正确的是(　　　)。

A. 一条语句只能定义一个数组

B. 每个数组包含一组具有同一类型的变量,这些变量在内存中占有连续的存储
单元

C. 数组说明符的一对方括号中只能使用整型常量,而不能使用表达式

D. 在引用数组元素时,下标表达式可以使用浮点数

## 二、填空题

1. 以下程序分别求出 3 阶矩阵(存储在数组 a 中)两条对角线上的各元素之和,请补
充完整。

```
#include "stdio.h"
void main()
{
    int a[3][3]={1,2,3,4,5,6,7,8,9};
    int sum1=0, sum2=0, k, j;
    for(k=0; k<3; k++)
        _____ a[k][k];
    for(k=0; k<3; k++)
        sum2+=_____;
    printf("%d %d\n", sum1, sum2);
}
```

2. 以下程序读入 20 个整数,统计非负数的个数,并计算非负数之和,请补充完整。

```
#include "stdio.h"
void main()
{
    int a[20], i, s, count;
    s=0, count=0;
    for(i=0; i<20; i++)
        scanf("%d", _____);
    for(i=0; i<20; i++)
    {
        if(a[i]<0)
            _____;
        s+=a[i];
        count++;
    }
    printf("%d %d\n", s, count);
}
```

3. 以下程序的功能是将十进制整数转换成二进制数,请补充完整。

```c
#include "stdio.h"
void main()
{
    short int k=0,n,j,num[16]={0};
    scanf("%d",&n);
    do
    {
        num[k]=_____;
        n=n/2;
        _____;
    }while(n!=0);
    for(k=15;k>=0;k--)
        printf("%d",num[k]);
}
```

4. 以下程序的功能是将字符串 a 中所有的字符 d 删除,请补充完整。

```c
#include "stdio.h"
void main()
{
    char s[80];
    int i,j;
    gets(s);
    for(i=j=0;s[i]!='\0';i++)
        if(s[i]!='d'){
            _____;
        }
    _____;
    puts(s);
}
```

5. 以下程序的功能是找出输入的 4 个字符串中的最大字符串,请补充完整。

```c
#include "stdio.h"
#include "string.h"
void main()
{
    char str[10], temp[10]={'\0'};
    int i;
    for(i=0; i<4; _____)
    {
        gets(str);
        if(_____)
            strcpy(temp,str);
```

```
    }
    puts(temp);
}
```

6. 以下程序的功能是对一维数组进行从小到大排序，请补充完整。

```
#include "stdio.h"
#define N 10
void main()
{
    int a[N], i, j, t;
    for(i=0; i<N; i++)
        scanf("%d", &a[i]);
    for(i=0; i<N-1; i++)
        for(j=0; j<_____; j++)
            if(_____)
                t=a[j], a[j]=a[j+1], a[j+1]=t;
    for(i=0; i<N; i++)
        printf("%d ", a[i]);
}
```

## 三、阅读程序写结果

1. 下列程序的运行结果是_____。

```
#include "stdio.h"
void main()
{
    int b[3][3]={0,1,2,0,1,2,0,1,2},i,j,t=0;
    for(i=0; i<3; i++)
        for(j=i;j<=i;j++)
        {
            t+=b[i][j];
        }
    printf("%d\n", t);
}
```

2. 下列程序的运行结果是_____。

```
#include "stdio.h"
void main()
{
    char b[ ]="happynewyear", k;
    for(k=0; b[k]; k++)
        printf("%c", b[k]-'a'+'A');
}
```

3. 下列程序的运行结果是_____。

```c
#include "stdio.h"
void main()
{
    int i, j=0;
    char a[]="ab123c4d56ef7gh89";
    for(i=0; a[i]; i++)
        if(a[i]>='0' && a[i]<='9')
            a[j++]=a[i];
    a[j]='\0';
    printf("%s",a);
}
```

4. 下列程序的运行结果是_____。

```c
#include "stdio.h"
void main()
{
    int i, a[5]={0};
    for(i=1; i<5; i++)
    {
        a[i]=a[i-1] * 2+1;
        printf("%d ",a[i]);
    }
}
```

5. 下列程序的运行结果是_____。

```c
#include "stdio.h"
void main()
{
    int i, k=5, a[10], p[3];
    for(i=0; i<10; i++)
        a[i]=i;
    for(i=0; i<3; i++)
        p[i]=a[i * (i+1)];
    for(i=0; i<3; i++)
        k+=p[i] * 2;
    printf("%d\n", k);
}
```

6. 下列程序的运行结果是_____。

```c
#include "stdio.h"
void main()
{
```

```
char ch[7]={"12ab56"};
int i,s=0;
for(i=0;i<7;i++)
    if(ch[i]>='0'&&ch[i]<='9')   s=10*s+ch[i]-'0';
printf("%d\n",s);
}
```

7. 下列程序的运行结果是_____。

```
#include "stdio.h"
void main()
{
    char c,s[]="ABC";
    int i=0;
    while(c=s[i++])
        switch(c-'A')
        {
            case 0:
            case 1: printf("%c", c+1); break;
            case 2: printf("%c", c+2);
            default: printf("%c", c+3);
        }
    printf("\n");
}
```

8. 下列程序所实现的功能是_____。

```
#include "stdio.h"
void main()
{
    char s1[80], s2[80];
    int i=0, j=0;
    gets(s1);
    gets(s2);
    while(s1[i] !='\0') i++;
    while(s2[j] !='\0') s1[i++]=s2[j++];
    s1[i]='\0';
    printf("%s\n", s1);
}
```

## 四、编写程序题

1. 已知 a 是 3×4 的整型二维数组,编写程序求数组 a 的所有外围元素之和。注:外围元素是指第 0 行元素、最后一行元素、第 0 列元素以及最后一列元素,位置重复的元素不重复计算。

2. 编写程序,输入一个字符串,将字符串中的所有非英文字母的字符删除后输出。

例如输入"abc123＋xyz456"，应输出"abcxyz"。

3. 有两个等长的数组 x 和 y，数组元素 x[i] 和 y[i] 表示平面上某点坐标，编写程序输出所有各点间的最短距离。

4. 求一维数组 x 的 10 个元素的平均值，并找出与平均值相差最小的数组元素。

5. 编写程序实现裁判打分：有 9 九个裁判给运动员打分，去掉一个最高分和一个最低分，求最后平均得分。

6. 定义一个含有 20 个整型元素的数组，按顺序分别赋予从 2 开始的偶数；然后按顺序每 5 个数求一个平均值，放在另一个数组中并输出。

7. 已知一个 3 行 4 列的矩阵 **A** 和一个 4 行 5 列的矩阵 **B**，计算并输出矩阵 **A** 和 **B** 的乘积。

8. 输出以下 5 行 5 列的数值图形（最后要求输出 $n$ 行 $n$ 列，其中 $n$ 的值自己输入，且 $n$ 小于 100）。

```
1 1 1 1 1
1 2 2 2 2
1 2 3 3 3
1 2 3 4 4
1 2 3 4 5
```

9. 从键盘输入由两个不同字符组成的字符串 t 和另一个字符串 s，求字符串 t 在字符串 s 中出现的次数。

10. 数组 a 中存有由大到小排好顺序的 10 个整数。输入一个整数 x，用二分法查找 x 是数组 a 中第几个元素的值。如果 x 不在数组 a 中，则输出"无此数"。

# 第8章

## 函　　数

在程序设计中,一般是将一个较大的程序按任务或功能进行划分,形成相对独立的程序模块,每个程序模块完成特定的任务或功能,从而实现程序的模块化设计。

函数是 C 语言程序的基本单位,是模块化程序设计的基础。一个 C 程序无论规模多大,问题多复杂,最终都将落实到每个函数的设计与编写上。

## 8.1　函 数 概 述

C 语言程序是由函数组成的,一个 C 程序往往包含多个函数,每个函数完成特定的功能,程序通过对函数的调用实现复杂功能。在 C 语言中,函数可以从不同的角度进行分类。

从用户使用的角度看,可分为以下两类。

- 标准函数,即库函数,这是由系统提供的,用户可以直接调用它们。
- 用户自己定义的函数,用来解决程序中的特定功能。

从函数的形式看,可分为以下两类。

- 无参函数:调用时,不需要接收主调函数传递的数据就可以完成自身的功能。
- 有参函数:调用时,必须接收主调函数传递的一些数据才能完成自身的功能。

### 8.1.1　库函数的使用

各种 C 语言编译系统均提供了极为丰富的标准库函数,在调用库函数之前,C 程序源文件的开头处必须包含相应的头文件。标准库函数的声明都存放在对应的头文件中,只有在源文件中包含了所调用库函数的头文件,编译系统才能正确地找到该函数,正确调用和执行。例如,程序中如需要调用 getchar(),在源文件的开头处就必须有以下命令。

```
#include "stdio.h"
```

该命令必须以 #include 开头,其后是头文件名,文件名需要使用一对尖括号或双引号括起来。更多关于标准库函数的使用可以参见附录 C。

## 8.1.2 函数的定义

C语言虽然提供了丰富的库函数,但并不能完全满足程序设计的需要,在很多情况下,函数必须由用户来编写。由用户编写的函数被称为自定义函数。

📖 **学一学**

函数定义的一般格式为。

类型说明符 函数名(类型名 形式参数1, 类型名 形式参数2, ...)
{
　　函数体;
}

🎓 **说明**

① 函数名是一个标识符,必须满足标识符的命名规范。它用于标识函数并可用于调用函数。

② 各个函数必须单独定义,不能嵌套定义,即不能在一个函数内部再定义函数。

③ 形式参数(简称形参)列表是用逗号分隔的一组变量说明,每个形式参数都要指出其数据类型和名称。形式参数也可以为空,没有形式参数的函数称为无参函数,反之称为有参函数。在函数定义时,形式参数只是一种表示形式,没有具体的值,因此并不占用内存空间。

④ 类型说明符:用来指定函数返回值的类型,如 int、float、double、char 等。如果函数没有返回值,类型标识符应该写为 void;如果类型标识符省略不写,C语言系统默认函数的返回值为 int 类型。

⑤ 函数体包含变量定义与函数声明、执行语句两部分。在函数体中,除形参外,用到的其他变量必须在变量定义部分进行定义。这些变量(包括形参)只在函数调用时才临时开辟存储单元,当退出函数时,这些临时开辟的存储单元全被释放掉。因此,这种变量只在函数体内部起作用,与其他函数体中的变量互不相关,它们可以与其他函数中的变量同名。

📖 **试一试**

**例 8-1** 函数定义示例。编写函数找出两个整数中的较大者。

- - - - - - - - - - - - - 💡 解题思路 - - - - - - - - - - - - -

**分析**:本例要求编写函数找出两个整数中的较大者,在定义函数时,要确定以下三个问题。

① 函数名:可定义为 max。

② 函数类型:较大者一定为整数,因此函数类型为 int。

③ 函数参数:要找出两个整数中的较大者,因此函数参数为两个整型数。

```
int max(int x, int y)        //函数头,指定函数名、形参列表、返回值类型
{                            //函数体开始
    int z;                   //变量定义,本例无函数声明
    z=x>=y ? x : y;          //执行语句
    return z;                //返回值
}                            //函数体结束
```

**程序注解**

函数体中 return 语句把 z 的值作为函数值返回给主调函数,关于函数的返回值将在 8.2.2 节介绍。

# 8.2 调 用 函 数

定义函数的目的是为了调用此函数,以得到预期的结果。如何调用函数呢?

## 8.2.1 函数调用的形式

**学一学**

函数调用的一般形式为

函数名([实参列表]);

如果是调用无参函数,则[实参列表]可以没有,但括号不能省略。如果实参列表包含多个实参,则各实参间用逗号隔开。实参与形参的个数应相等,类型应一致。实参与形参按顺序对应,一一传递数据。

按函数在程序中出现的位置来分,有如下三种函数调用方式。

### 1. 函数调用语句

函数调用作为一个独立的语句直接出现在主调函数中,例如:

```
printf("%4d%4d", i, j);
```

这个语句是函数调用语句,简称函数语句。由函数语句直接调用的函数一般不需要返回值,只要求函数完成某操作。

### 2. 函数表达式

函数调用出现在主调函数的表达式中,这种表达式称为函数表达式。在被调函数中,必须有一个函数返回值,返回主调函数以参加表达式的运算,例如:

```
c=5 * max(a, b);
```

### 3. 函数参数

函数调用作为另一个函数调用的实参,例如:

```
printf("%d", max(a, b));
```

max 函数是一次函数调用,函数的返回值是 a、b 中的较大者,然后把它作为 printf 函数的实参。

## 8.2.2　函数的返回值

函数的返回值是指函数被调用之后,执行函数体中的程序段所取得的并返回给主调函数的值。在执行被调函数时,如果需要该函数带回一个确定的值返回给主调函数,则要借助 return 语句。

📖 **学一学**

return 语句的一般形式有以下两种情况。

```
return 表达式;
```

或

```
return;
```

🎓 **说明**

① return 语句中表达式的值就是函数的返回值。表达式值的类型一般应与函数定义时的类型名一致,如果表达式值的类型与函数类型不一致,则以函数类型为准,由系统自动转换。

② 带表达式的 return 语句的功能为结束函数的执行并把表达式的值返回调用处。此时要求函数在定义时必须有一个指定的函数类型,绝不能为空类型。

③ 省略表达式的 return 语句的功能为结束函数的执行并返回调用处。该语句没有返回值。

## 8.2.3　函数调用时的数据传递

### 1. 形式参数和实际参数

📖 **学一学**

在函数定义时函数名后面括号内的参数称为形式参数,简称形参;在函数调用时函数名后面括号内的参数称为实际参数,简称实参。实际参数可以是常量、变量或表达式。在调用有参函数时,主调函数和被调函数之间有数据传递的关系。

## 2. 实参和形参间的数据传递

### 📖 学一学

在函数调用过程中,系统会把主调函数中实参的值传递给被调用函数的形参。此时,系统先为形参分配内存单元,并且将实参的值复制到对应形参的内存单元中(形参得到的是实参的一个副本),然后使用形参的值完成函数内部的各种处理。在函数调用结束时,形参所占用的内存单元会被释放,其值将不再保留。

根据函数调用时所传递数据的种类,数据传递可以分为"值传递"和"地址传递"两种形式。由于参数在数据传递时传递的是副本,实参和形参对应不同的内存单元,因此对于值传递,参数传递结束,实参和形参不再有任何联系,在被调函数中对形参的任何改变都不会对实参产生影响。若在被调函数中需要对主调函数中的数据进行操作,可以通过地址传递的方式,将主调函数中需要被操作的数据的地址传递给被调函数,实参和形参的值将对应同一内存单元,进而通过间接访问可以实现在被调函数中操作实参中的数据。

### 📖 试一试

**例 8-2** 函数调用示例。输入两个整数,编写函数找出其中较大者,然后输出。

---- 💡 解题思路 ----

**分析**:本例借助例 8-1 中定义的 max()函数进行实现,具体步骤如下。

① 变量定义:定义两个整型变量 a 和 b,用来接收用户从键盘输入的数据;定义整型变量 c 用于存放 a、b 中的较大者。

② 输入:从键盘输入两个整数分别存入 a 和 b。

③ 处理:调用例 8-1 中的函数 max(),将 a 传递给 x,b 传递给 y,函数返回值保存在 c 中。

④ 输出:输出 c 的值。

---- 💾 程序代码 ----

```c
#include "stdio.h"

int max(int x, int y)
{
    int z;
    z=x>=y ? x : y;
    return z;
}

int main()
{
    int a, b, c;
```

```
printf("请输入两个整数：\n");
scanf("%d%d", &a, &b);
c=max(a, b);
printf("较大者为%d\n", c);
return 0;
}
```

程序运行结果如下。

请输入两个整数：4 5
较大者为 5

🎓 **程序注解**

本例中函数间的参数传递是值传递，函数调用过程如图 8-1 所示，共包含 6 个步骤，具体如下。

① 主调函数正常运行。

② 遇到 max()函数调用，主调函数暂停，保存现场。

③ 把实参 a、b 的值分别复制给形参 x、y，控制权交给函数 max()函数。

④ 被调函数 max()正常运行。

⑤ 遇到 return 语句，被调函数执行结束，把函数值返回给主调函数，同时把控制权还给主调函数。

⑥ 恢复现场，主调函数继续执行。

```
int main()

{

    int a, b, c;                          ①

    scanf("%d%d", &a, &b);

    c = max(a, b);                        ②

    printf("较大者为%d\n", c);             ⑥

    return 0;

}
```

```
int max(int x, int y)    ③

{

    int z;

    z = x >= y ? x : y;   ④

    return z;             ⑤

}
```

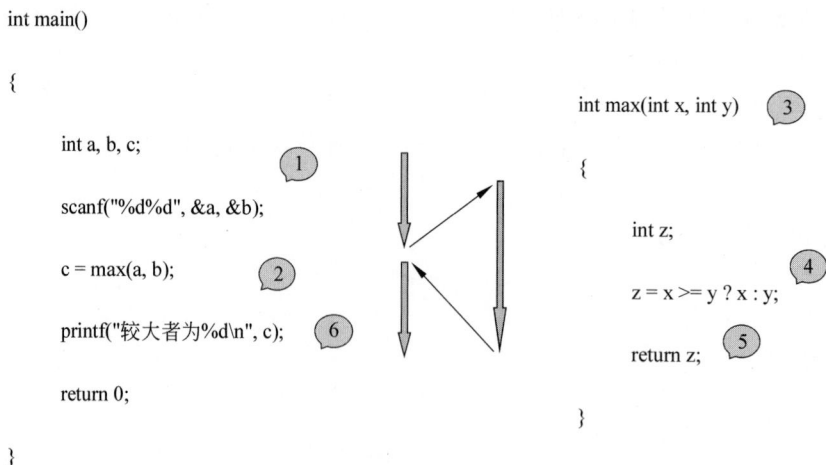

图 8-1　函数调用过程图

分析以下程序，函数 swap 是否能实现给定数据的交换？

```
#include "stdio.h"
void swap(int a, int b)
{
    int t;
```

```
        t=a; a=b; b=t;
}
void main()
{
        int x= 4, y= 5;

        printf("交换前: x=%d, y=%d\n", x, y);
        swap(x, y);
        printf("交换后: x=%d, y=%d\n", x, y);
}
```

事实上,swap()函数调用时的数据传递是值传递,实参 x 和 y 与形参 a 和 b 分别对应不同的内存单元。swap()函数内部只是对形参 a 和 b 进行了数据交换,对实参并未产生影响,具体函数调用过程如图 8-2 所示。

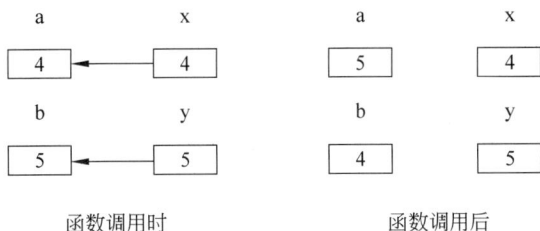

图 8-2  swap()函数调用示意图

若要通过函数实现给定数据的交换,参数间数据传递可采用地址传递的方式,详见8.4.2 节和 9.2.3 节的内容。

# 8.3   函数的声明

函数声明的作用是把函数名、函数参数的个数和参数类型等信息告知编译系统,以便在遇到函数调用时,编译系统能正确识别函数并检查调用是否合法。

📖 学一学

在 C 语言中,需要对函数进行声明的情形有以下两种。

● 使用库函数。在文件开头用 ♯include 指令将所调用库函数对应的头文件包含进来,头文件中包含对所调用库函数的声明。
● 使用用户自定义函数。当该函数的位置在调用它的函数后面时,应该在主调函数中或主调函数前对被调用的函数进行声明。

函数声明的一般形式为

函数类型 函数名(参数类型 1 参数名 1, …, 参数类型 n 参数名 n);

① 在写函数声明时,可以照写函数定义中的函数头,再加一个分号。函数声明中的形参名可以省略,只保留形参类型,例如:

函数类型 函数名(参数类型 1, …, 参数类型 n);

② 注意对比函数定义和函数声明的不同。函数定义是指对函数功能的确立,包括指定函数名、函数值类型、形参类型、函数体等,它是一个完整的、独立的函数单位。而函数声明的作用则是把函数的名称、函数类型以及形参类型、个数和顺序告知编译系统,以便在调用该函数时系统按此进行对照检查(例如函数名是否正确、实参与形参的类型和个数是否一致)。

📖 **试一试**

**例 8-3** 函数声明示例。输入整数 $n$,计算表达式 $s = 1! + 2! + \cdots + n!$ 的值。

-----💡解题思路-----

**分析**:所计算的表达式中每一项均为一个整数的阶乘。定义一个函数,其功能是计算一个整数的阶乘,函数的类型为 long,形参为一个整型数,代表要计算阶乘值的整数。

·········📎程序代码·········

```
#include "stdio.h"
long factorial(int n);              //函数的声明
int main()
{
    long i, s=0, n;

    printf("请输入 n 的值: ");
    scanf("%d", &n);
    for(i=1; i<=n; i++)
        s=s+factorial(i);
    printf("计算结果为: %1d\n", s);
    return 0;
}
long factorial(int n)               //函数的定义
{
    long i, s=1;

    for(i=1; i<=n; i++)
        s=s * i;
    return s;
}
```

程序运行结果如下。

请输入 n 的值：3
计算结果为：9

### 🎓 说明

① 函数 factorial()定义在后，使用在前，因此需要对该函数进行声明。声明时，一般放在主调函数外（文件开头处），也可放在主调函数内。本例可以改为：

```
int main()
{
    long i, s=0, n;
    long factorial(int);              //函数的声明，缺省形参名

    scanf("%d", &n);
    for(i=1; i<=n; i++)
        s=s+factorial(i);
    printf("%ld\n", s);
    return 0;
}
```

若函数定义在前，使用在后，则不要再对函数进行声明。

② 如果被调函数的返回值是整型或字符型，可以不对被调函数进行调用前的声明而直接调用。

# 8.4 数组作为函数参数

数组用作函数参数有两种形式：一种是数组元素作为实参使用，另一种是把数组名作为函数的形参和实参使用。

## 8.4.1 数组元素作为函数参数

### 📖 学一学

数组元素（非地址类型）作为函数实参与其他同类型普通变量作为函数实参并没有区别。在发生函数调用时，把数组元素的值复制一份给形参，实现单向值传递，其调用方式同普通类型变量一样。

### 📖 试一试

**例 8-4** 从键盘输入 10 个整数，输出最大值。

-------- 💡 解题思路 --------

**分析**：设计一个函数 max()，用于计算两个整数的最大值。此时，将两个整型变量作为函数形参，函数返回两者较大者，因此 max 函数可定义如下。

```
int max(int a, int b)
{}
```

具体步骤如下。

① 变量定义：定义一个整型数组 a，用来存放 10 个整数；定义一个变量 m，用来存放最大值。

② 输入：输入 10 个整数保存在整型数组 a 中。

③ 处理：假定最大值 m 为 a[0]，构造循环，以每个数组元素和 m 值为实参调用函数 max，返回较大者并保存至 m 中。

④ 输出：输出最大值 m。

----------------------------- ⑤ 程序代码 -----------------------------

```c
#include "stdio.h"

int max(int m, int n)
{
    return m>n ? m : n;
}
int main()
{
    int a[10], m, i;

    printf("请输入 10 个整数: \n");
    for(i=0; i<10; i++)
        scanf("%d", &a[i]);
    m=a[0];
    for(i=0; i<10; i++)
        m=max(a[i], m);
    printf("最大值为%d\n", m);
    return 0;
}
```

程序运行结果如下。

请输入 10 个整数：
36 87 78 4 12 7 34 67 43 12
最大值为 87

📖 练一练

学院举行程序设计大赛，有 10 名学生参赛，从键盘上输入每个同学的比赛成绩（百分制）。编写函数，输出对应的一、二、三等奖（假定 90～100 分为一等奖，80～89 分为二等奖、60～79 分为三等奖）。

## 8.4.2　数组名作为函数参数

### 1. 一维数组名作为函数参数

📖 **学一学**

数组名作为函数参数时,既可以是形参,也可以是实参,要求形参和对应的实参都必须是数据类型相同的数组,并且都必须有明确的数组定义。

由于数组名代表数组的首地址,即数组中第一个元素的地址,因此数组名作为函数参数时是地址传递,传递给形参的是实参数组的首地址。

📖 **试一试**

**例 8-5**　从键盘输入 10 个整数并保存至一个一维数组中,编写函数找出最大值。

-------- 💡 解题思路 --------

**分析**:设计一个函数 max(),用于计算给定数组的最大值,此时将数组名作为函数形参。由于通过形参数组名并不能获取数组中的元素个数,一般还需要将数组大小作为函数参数,函数返回给定数组最大值,因此 max()函数可定义如下。

```
int max(int a[], int n)
{}
```

具体步骤如下。

① 变量定义:定义一个整型数组 a,用来存放 10 个整数;定义一个变量 m,用来存放最大值。

② 输入:输入 10 个整数保存在整型数组 a 中。

③ 处理:以整型数组 a 和数组大小 10 为实参调用函数 max,返回最大值并保存至 m 中。

④ 输出:输出最大值 m。

-------- ⬡ 程序代码 --------

```c
#include "stdio.h"

int max(int a[], int n)
{
    int i, m=a[0];

    for(i=1; i<n; i++)
        if(a[i]>m)
            m=a[i];
    return m;
}
int main()
```

```
{
    int a[10], m, i;

    printf("请输入 10 个整数：\n");
    for(i=0; i<10; i++)
        scanf("%d", &a[i]);
    m=max(a, 10);
    printf("最大值为%d\n", m);
    return 0;
}
```

程序运行结果如下。

请输入 10 个整数：
24 86 10 32 45 12 44 99 76 15
最大值为 99

### 📖 练一练

某班级 60 名同学参加 10 公里毅行活动,所有同学的行走用时存储在数组 a 中,其中 −1 表示违规。编写函数计算全班同学的平均用时(违规的同学不在计算之列,结果保留两位小数,要求用循环实现)。

## 2. 二维数组名作为函数参数

### 📖 学一学

二维数组名也可以作为函数的形参和实参,在被调用函数中对形参数组定义时不需要指定第一维的大小,但不能把第二维的大小省略。例如：

```
void fun(int a[][N], int m);
```

### 📖 试一试

**例 8-6** 有一个 3×4 的二维数组,编写函数,求所有元素的最大值。

--------⭘ 解题思路 --------

**分析**：设计一个函数 max(),用于计算给定二维数组的最大值,此时将二维数组名作为函数形参,同时需要指定二维数组第二维的大小(即列数)。由于通过形参数组名并不能获取数组中的元素个数,一般还需要将二维数组第一维的大小(即行数)作为函数参数,函数返回给定数组最大值,因此 max()函数可定义如下。

```
int max(int a[][N], int m)
{}
```

整个程序可设计如下。

① 变量定义：定义一个二维整型数组 a[3][4],用来存放 12 个整数;定义一个变量 m,用来存放最大值。

② 输入：逐行、逐列输入 3 行 4 列 12 个整数保存在整型数组 a 中。

③ 处理：以整型数组 a 以及行数为实参调用函数 max，返回最大值并保存至 m 中。

④ 输出：输出最大值 m。

-------- 程序代码 --------

```
#include "stdio.h"
#define M 3
#define N 4

int max(int a[][N], int m)
{
    int i, j, max=a[0][0];

    for(i=0; i<m; i++)
        for(j=0; j<N; j++)
            if(a[i][j]>max)
                max=a[i][j];
    return max;
}
int main()
{
    int a[M][N], m, i, j;

    printf("请输入二维数组数据：\n");
    for(i=0; i<M; i++)
        for(j=0; j<N; j++)
            scanf("%d", &a[i][j]);
    m=max(a, M);
    printf("最大值为%d\n", m);
    return 0;
}
```

程序运行结果如下。

请输入二维数组数据：
12  45  62  13
22  87  56  43
76  25  67  33
最大值为 87

🖊️ 练一练

编写函数，对给定的一个 3×4 的二维整型数组转置，即行列互换。

# 8.5 函数的嵌套调用与递归调用

📖 **学一学**

### 1. 函数的嵌套调用

在某函数的函数体中调用另外一个函数,这种调用称为嵌套调用。
例如:

```c
void f2()
{
    ...
}
void f1()
{
    ...
    f2();
    ...
}
void main()
{
    ...
    f1();
    ...
}
```

函数嵌套调用示意图如图 8-3 所示。

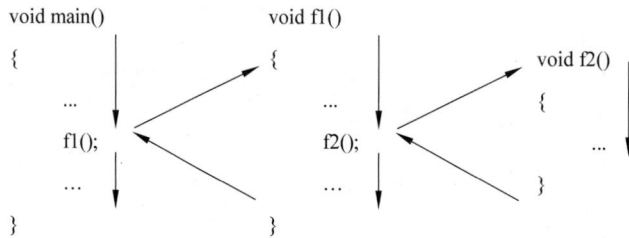

图 8-3　函数嵌套调用示意图

### 2. 函数的递归调用

　　C 语言规定,函数不仅可以调用其他函数,而且可以直接或间接地调用自身,这称为递归调用。函数在其函数体中出现对自身的调用,这是直接递归调用;函数 A 调用函数 B,而函数 B 又直接或间接地调用函数 A,这是间接递归调用。
　　在解决一个问题时,如果需要转化为一个新的问题,而这个新的问题的解决方法与原来问题的解决方法相同,只是数据按一定规律进行变化,一般为数据量减少;转化至一定程度,新问题变得较为容易解决,从而使得问题最终能够解决,那么这类问题可以采用递归算法进行解决。定义递归函数必须有两个条件:一是递归关系,二是递归终止条件。

**例 8-7** 编写递归函数求 $n!$ 。

----◇- 解题思路 -

**分析**:根据数学知识, $n!$ 的计算公式为

$$f(n)=\begin{cases} 1 & n=1 \\ n \times f(n-1) & n>1 \end{cases}$$

根据公式可采用选择结构编写程序。

----◇ 程序代码 ----

```c
#include "stdio.h"
long factorial(int n)
{
    if(n==1)
        return 1;
    else
        return n * factorial(n-1);
}
void main()
{
    int n;
    printf("请输入 n 的值: ");
    scanf("%d", &n);
    printf("%d!=%d\n", n, factorial(n));
}
```

程序运行结果如下。

```
请输入 n 的值: 4
4!=24
```

**练一练**

① 编写递归函数求 $1+2+\cdots+n$ 。
② 编写递归函数求 Fibonacci 数列第 $n$ 项并编程输出前 20 个数。

**例 8-8** Hanoi 塔问题。

有 A、B、C 三个塔座,在塔座 A 上有 N 个大小不等的圆盘,大圆盘在下,小圆盘在上,如图 8-4 所示。要求将塔座 A 上的 N 个圆盘移到塔座 C 上,在移动的过程中可以使用塔座 B,但是要求每次只能移动一个圆盘,并且在 3 个塔座上的圆盘必须始终保持大圆盘在下,小圆盘在上。

----◇- 解题思路 -

**分析**:不难看出,当圆盘数 $n$ 大于或等于 2 时,可以将圆盘分为两个部分(一部分是上面的 $n-1$ 个圆盘,而另一部分为第 $n$ 个圆盘),这样 $n$ 个圆盘移动过程就可分解为

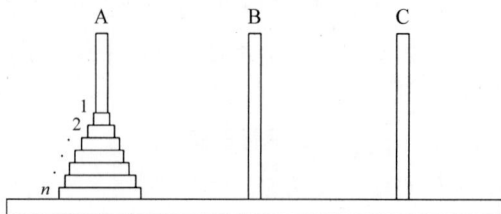

图 8-4　Hanoi 塔

3 个步骤。

　　① 将 A 上的 $n-1$ 个圆盘移到 B 上,此时借助于 C。

　　② 将 A 上的第 $n$ 个圆盘移到 C 上。

　　③ 将 B 上的 $n-1$ 个圆盘移到 C 上,此时借助于 A。

　　至于步骤①中将 $n-1$ 个圆盘由 A 移动到 B 可以用递归实现。同理,步骤③也可以用递归。那么递归的结束条件是什么呢? 只有一个圆盘时,可以很容易地将它从塔座 A 移到塔座 C 上,因此 $n=1$ 即为递归的结束条件。

　　根据公式采用选择结构编写程序。

-------------------------------- 🔲程序代码 --------------------------------

```c
#include "stdio.h"
void move(int n, char from, char to)
{
    printf("No%d: %c-->%c\n", n, from, to);
}
void Hanoi(int n, char A, char B, char C)
{
    if(n==1)
        move(n, A, C);
    else
    {
        Hanoi(n-1, A, C, B);
        move(n, A, C);
        Hanoi(n-1, B, A, C);
    }
}
```

程序运行结果如下。

请输入圆盘个数: 3
移动过程如下:
No1: A-->C
No2: A-->B
No1: C-->B
No3: A-->C

```
No1: B-->A
No2: B-->C
No1: A-->C
```

# 8.6　变量的作用域

　　在 A 函数中定义的变量在 B 函数中能否使用呢？这是变量的作用域问题。变量有效的范围称为变量的作用域。根据作用域的不同,变量分为局部变量和全局变量。

## 8.6.1　局部变量

**📖 学一学**

　　在函数内部或复合语句内部定义的变量称为局部变量,又称内部变量。局部变量的作用域是从定义变量的位置开始到函数或复合语句结束。在作用域之外,变量不能使用。例如：

```
int fun(int n)
{
    int a, b;                       n 的作用域
    ...          a、b 的作用域
}
int main ()
{
    int x, y;
    ...          x、y 的作用域
}
```

**🎓 说明**

　　① 主函数中定义的变量只在主函数中有效,并不因为在主函数中定义而在整个程序中都有效。主函数也不能使用其他函数中定义的变量。

　　② 不同函数中可以使用相同名称的变量,但它们代表不同的对象,在内存中占用不同的存储单元,互不干扰。

　　③ 形参也是局部变量,只在本函数中有效。

　　④ 可以在复合语句中定义变量,所定义的变量也是局部变量,这些变量只在本复合语句中有效。例如：

```
int main()
{
```

```
        int x, y;
        ...
        if(x<y)
        {
            int t;
            t=x; x=y; y=t;        } t 的作用域
        }
    }
```

变量 t 只在复合语句内有效,离开该复合语句则无效并释放其存储单元。

## 8.6.2 全局变量

在函数外部定义的变量称为全局变量,又称外部变量,其作用域是从定义变量的位置开始到本源程序文件结束。全局变量不属于任何一个函数,而是属于一个源程序文件。例如:

```
int x=3, y=4;    //定义全局变量 x、y
int fun1(int m)
{
...
}
int a=1, b=2;      //定义全局变量 a、b
int fun2(char c)
{
...
}
int main ()
{

}
```

右侧大括号注记: a、b 的作用域 ; x、y 的作用域

x、y、a、b 都是全局变量,但它们的作用域不同。a、b 只能在 main 函数和 fun2 函数中使用,不能在 fun1 函数中使用。x、y 在 3 个函数中都能使用。可以看到,全局变量的作用域比局部变量大,可以跨多个函数,即全局变量可以在多个函数中使用,这实际上起到了在函数之间传递数据的作用。

**说明**

① 全局变量的定义必须在所有的函数之外且只能定义一次。

② 全局变量增加了各个函数模块之间的数据联系渠道。由于函数的调用只能带回一个返回值,因此有时可以利用全局变量从函数得到一个以上的值。

③ 全局变量定义时如果未初始化,则系统自动赋初值 0(数值型)或'\0'(字符型)。

④ 如果在全局变量的定义位置之前或其他文件中的函数要引用该全局变量,则必须

对该变量用 extern 声明,详见 8.7.2 节。

⑤ 在同一个源文件中,如果全局变量与局部变量同名,则在局部变量的作用域内全局变量被屏蔽。

# 8.7　变量的存储方式和生存期

8.6 节介绍的变量有效范围(即变量的作用域)是从空间角度来划分的,可分为全局变量和局部变量;也可以从变量值存在的时间(即生存期)角度来划分,分为静态存储变量和动态存储变量。

## 8.7.1　动态存储方式与静态存储方式

📖 学一学

### 1. 存储方式

存储方式是指变量占用内存空间的方式,也称为存储类型。存储方式分为静态存储方式和动态存储方式两种。

对于动态存储方式的变量(即动态存储变量),当程序执行到定义变量的函数或复合语句时,变量才被分配存储单元,当函数或复合语句执行结束后,系统将释放变量所占空间。典型的例子是函数的形式参数。

对于静态存储方式的变量(即静态存储变量),一旦程序执行,在变量定义时就分配好存储单元并一直保持不变,直到程序执行结束,才会释放所占空间。全局变量即属于此类存储方式。

### 2. 变量生存期

从以上分析可知,静态存储变量是一直存在的,而动态存储变量则因程序执行需要时而存在时而消失。我们把这种由于变量存储方式不同而产生的特性称为变量的生存期。

生存期表示了变量存在的时间。生存期和作用域是从时间和空间这两个不同的角度来描述变量的特性,这两者既有联系,又有区别。

一个变量究竟属于哪一种存储方式并不能仅从其作用域来判断,还应用明确的存储类型说明。在 C 语言中,变量的存储类型有四类:自动变量(auto)、寄存器变量(register)、静态变量(static)和外部变量(extern)。自动变量和寄存器变量属于动态存储变量,外部变量和静态变量属于静态存储变量。

在介绍了变量的存储类型之后,对一个变量的说明不仅应包括其数据类型,还应包括其存储类型。因此,变量说明的完整形式应为

存储类型说明符 数据类型说明符 变量名，变量名 ...;

## 8.7.2　局部变量的存储类别

📖 **学一学**

### 1. 自动变量

自动变量的类型说明符为 auto，例如"auto int x;"。C 语言规定，函数内凡未加存储类型说明的变量均视为自动变量。函数内部的 auto 类型的变量在每次调用时都会被重新分配内存单元，调用结束后再释放内存单元，未赋初值的 auto 类型的变量值是不确定的。

### 2. 寄存器变量

寄存器变量是用关键字 register 声明的局部变量，例如"register int x;"定义了一个寄存器类型的整型变量 x。由于寄存器变量使用通用寄存器存放数据，因而将频繁引用的变量定义为寄存器变量可提高数据的存取速度，提高程序运行效率。

### 3. 静态变量

静态变量存放在内存的静态存储区，编译时分配内存并初始化且只能被赋初值一次。对于未赋初值的内部 static 类型的变量，系统自动赋值为 0 或'\0'。在整个程序运行期间，static 类型的变量始终占用固定的内存单元，即使它所在的函数调用结束后也不释放存储单元。它所在的内存单元的值也会继续保留，下次调用此函数时，static 类型的变量仍然使用上次调用时占用的存储单元以及该单元中的值。用 static 声明的内部变量的作用域仍然是定义该变量的函数或复合语句内部，作用域外不可见，但在整个程序运行期间一直有效。

📖 **试一试**

**例 8-9**　静态变量使用示例。

有以下程序：

```c
#include "stdio.h"
int fun(int n)
{
    static int s=1;
    s=s*n;
    return s;
}
void main()
{
    int i=1;
    for(i=1; i<=5; i++)
```

```
        printf("%d ", fun(i));
    }
```

程序运行后的输出结果是什么?

-------------------- 💡解题思路 --------------------

**分析**:变量 s 为静态类型变量,fun()函数被 main()函数调用了 5 次,每次调用结束时,变量 s 仍然驻留在内存,其值仍被保留。第 i 次函数调用是用 i 乘以上一次函数运行的结果,所以第 i 次函数调用即为计算 i 的阶乘。程序运行后的输出结果为:

```
1   2   6   24   120
```

# 8.7.3  全局变量的存储类别

📖 **学一学**

全局变量只能存放在内存的静态存储区,其生存期是整个程序的运行期,在程序运行期间一直占用固定的存储单元。如果定义全局变量时未赋初值,对于数值型变量,系统自动赋值 0;对于字符型变量,自动赋值'\0'。用于声明全局变量的存储类型的关键字是 extern 和 static。

🎓 **说明**

① extern 与关键字 auto、static、register 的用法不同,后 3 个关键字是在定义变量时加关键字,而 extern 是对已经定义好的全局变量进行声明。

② 用 extern 在一个文件内扩展全局变量的作用域。全局变量的作用域是从它的定义处开始到本程序文件末尾,如果位于全局变量定义之前的函数想引用该全局变量,需要在函数内用关键字 extern 对它进行外部变量声明,表示该变量是一个已经定义的全局变量,声明后其作用域便扩展到了声明处。在用 exterm 声明时,变量的数据类型可以写也可以不写。

③ 用 extern 将全局变量的作用域扩展到其他文件。当程序由多个源程序文件组成时,如果在 B 文件中想引用 A 文件中已定义的全局变量,需要在 B 文件中用 extern 对该全局变量进行外部变量声明。

④ 用 static 将全局变量的作用域限制在本文件。如果希望某些全局变量只限于被本文件引用而不能被其他文件引用,可以在定义这些全局变量时加一个 static 声明。例如:

```
static int x;
```

⑤ 对于局部变量来说,声明存储类型的作用是指定变量的存储位置和生存期;对于全局变量来说,声明存储类型的作用是扩展或限制变量的作用域。

# 8.8 内部函数和外部函数

函数本质上是全局的,因为定义函数的目的就是要让它被其他函数调用。在 C 语言中,根据函数能否被其他文件调用,可将其分为内部函数和外部函数。

## 8.8.1 内部函数

### 📖 学一学

如果一个函数只能被本文件中的其他函数调用,不能被其他源文件中的函数调用,这个函数称为内部函数。在定义内部函数时,在类型名前面加关键字 static,即

static 类型名 函数名(形式参数列表)

例如:

```
static int max (int x, int y)          /* 定义内部函数 */
{
    …
}
```

内部函数又称为静态函数,它的作用域只限定在当前文件中,这样在不同的文件中即使有同名的内部函数,也互不干扰。

## 8.8.2 外部函数

### 📖 学一学

如果在定义函数时,在类型名前面加关键字 extern(也可省略),则这个函数就是外部函数,可以被其他文件调用,即

extern 类型名 函数名(形式参数列表)

或

类型名 函数名(形式参数列表)

在一个程序文件中需要调用其他文件的外部函数时,要在本文件中用关键字 extern 对该函数进行声明,表示该函数是"在其他文件中定义的外部函数"。

### 📖 试一试

**例 8-10** 外部函数和内部函数使用示例。

有以下程序:

```
/* file2.c */
```

```
int add(int a, int b)
{
    return a+b;
}
static int sub(int a, int b)
{
    return a-b;
}
/* file1.c */
#include "stdio.h"

int main()
{
    int m, n;
    printf("请输入两个整数: ");
    scanf("%d%d", &m, &n);
    extern int add(int, int);
    printf("%d+%d=%d\n", m, n, add(m, n));
}
```

请分析程序运行结果。

-----------------------------------💡·解题思路-----------------------------------

**分析**：函数 add 未加关键字修饰，默认为外部函数，函数 sub 加了 static 关键字修饰，为内部函数，限定了函数 sub 的作用域。在文件 file1.c 中调用外部函数 add，程序运行结果：

请输入两个整数: 3 4
3+4=7

如果在文件 file1.c 中调用内部函数 sub，例如：

```
extern int add(int, int);
printf("%d-%d=%d\n", m, n, sub(m, n));
```

程序将给出错误信息。

```
error LNK2001: unresolved external symbol "int __cdecl sub(int,int)"
```

🎓 **说明**

① 对于在其他文件中定义的外部函数，在使用前进行声明时也可省略 extern。
② 对于在本文件中定义在后、使用在前的函数，在进行声明时也可加上 extern。

# 8.9　典型题解

📖 **试一试**

**例 8-11** 编写程序，利用随机函数生成 100 以内的随机数。利用数组进行排序，求所有随机数的平均值，统计高于平均值、低于平均值和等于平均值的数各有几个并输出结果。

---
💡解题思路
---

**分析**：可以定义以下函数，然后在 main 函数中进行调用。

```
void random(int a[],int n);                      //生成随机数的函数
void sort(int a[], int n);                        //排序函数
float average(int a[],int n);                     //求平均值函数
void count(int a[],int n,float x,int b[]);        //统计函数
void output(int a[],int n);                       //输出函数
```

---
🔖程序代码
---

```c
#include "stdio.h"
#include "stdlib.h"
#include "time.h"
#define N 100

void random(int a[],int n);                      //声明生成随机数的函数
void sort(int a[], int n);                        //声明排序函数
float average(int a[],int n);                     //声明求平均值函数
void count(int a[],int n,float x,int b[]);        //声明统计函数
void output(int a[],int n);                       //声明输出函数

void main()
{
    int a[N],b[3]={0}, n;                         //数组 b 用于计数,各元素初始化为 0
    float aver;

    printf("请输入要产生的随机数的个数：\n");
    scanf("%d", &n);
    random(a,n);
    printf("产生的随机数为：\n");
    output(a,n);
    printf("排序后：\n");
    sort(a, n);
    output(a,n);
    aver=average(a, n);
    printf("随机数的平均值为：%.2f\n", aver);
    count(a, n, aver, b);
    printf("等于平均值的数有%d 个\n", b[0]);
    printf("大于平均值的数有%d 个\n", b[1]);
    printf("小于平均值的数有%d 个\n", b[2]);
```

```
}

void random(int a[], int n)
{
    int i;
    srand(time(NULL));
    for(i=0; i<n; i++)
        a[i]=rand()%100;
}

void output(int a[], int n)
{
    int i;
    for(i=0; i<n; i++)
    {
        printf("%-3d", a[i]);
        if((i+1)%10==0)
            printf("\n");
    }
}

float average(int a[], int n)
{
    float s=0;
    int i;
    for(i=0; i<n; i++)
        s=s+a[i];
    return s/n;
}

void sort(int a[], int n)
{
    int i, j, t;
    for(i=0; i<n-1; i++)
    {
        for(j=0; j<n-1-i; j++)
        {
            if(a[j]<a[j+1])
            {
                t=a[j], a[j]=a[j+1], a[j+1]=t;
            }
        }
    }
}
```

```
void count(int a[],int n,float x,int b[])
{
    int i;
    for(i=0; i<n; i++)
    {
        if(a[i]==x)
            b[0]++;
        else if(a[i]>x)
            b[1]++;
        else
            b[2]++;
    }
}
```

程序运行结果如下。

请输入要产生的随机数的个数：
20
产生的随机数为：

93　34　77　54　80　53　17　79　98　12
93　76　39　9　41　94　53　45　59　20
排序后：
98　94　93　93　80　79　77　76　59　54
53　53　45　41　39　34　20　17　12　9
随机数的平均值为：56.30
等于平均值的数有 0 个
大于平均值的数有 9 个
小于平均值的数有 11 个

**例 8-12**　编写递归函数把一个字符串逆置(例如字符串"abcde"变成"edcba")。

·········································· 💡·解题思路 ··········································

　　**分析**：要将字符串逆置，可以将第一个元素和最后一个元素调换，再将剩下的字符串逆置，而剩下的字符串长度就在原来的长度上减 2，规模缩小，但方法和整个字符串倒置一致；如果字符串的串长≤1，则无须倒置直接返回。因此很容易写出递归函数。

·········································· ⚙程序代码 ··········································

```
#include "stdio.h"
#include "string.h"
#define N 100

void converstr(char str[],int start,int end)
/* 将字符串置，str 为字符串，start 和 end 为字符数组的开始和结束下标 */
{
```

```
    char ch;
    if(end-start<1)/*str 的串长≤1*/
        return;
    else/*str 的串长>1*/
    {
        ch=str[start];/*字符串的首尾元素调换*/
        str[start]=str[end];
        str[end]=ch;
        converstr(str,start+1,end-1);/*再将去掉首尾元素的字符串调换*/
    }
}


int main()
{
    char s[N];
    gets(s);
    converstr(s,0,strlen(s)-1);
    printf("字符串逆置后为：%s\n",s);
    return(0);
}
```

程序运行结果如下。

```
Hello
字符串逆置后为：olleH
```

# 8.10　本　章　小　结

　　本章的内容较多，需要深入地理解和掌握。本章主要讲述了函数的定义、调用、声明、参数、返回值；函数的嵌套调用和递归调用；数组（数组名、数组元素）作为函数参数的传递；变量的作用域；变量的存储方式和生存期；内部函数和外部函数。

　　函数的参数分为形参和实参两种，形参出现在函数定义中，实参出现在内部函数和外部函数调用中。函数调用时，把实参的值传送给形参。数组名作为函数参数时不进行值的传递而进行地址传递，形参和实参对应同一数组，因此形参数组的值发生变化之后，实参数组的值也发生变化。在 C 语言中，允许函数的嵌套调用和函数的递归调用。变量可以从三个方面进行说明，即变量的数据类型、变量的作用域和变量的存储类型。变量的作用域是变量在程序中的有效范围，分为局部变量和全局变量；变量的存储类型是指变量在内存中的存储方式，分为静态存储和动态存储，表示变量的生存期。

# 习 题 8

## 一、选择题

1. 使用数组名作为函数的实参时，传递给形参的是（　　）。

    A. 数组第一个元素的值            B. 数组的首地址

    C. 数组中全部元素的值            D. 数组元素的个数

2. 若使用局部一维数组名作函数实参，则以下正确的说法是（　　）。

    A. 实参数组名与形参数组名必须一致

    B. 实参数组类型与形参数组类型可以不匹配

    C. 在被调函数的参数列表中，必须给出形参数组的大小

    D. 必须在主调函数中说明此数组的大小

3. 以下关于 C 语言函数参数传递方式的叙述正确的是（　　）。

    A. 数据只能从实参单向传递给形参

    B. 数据可以在实参和形参之间双向传递

    C. 数据只能从形参单向传递给实参

    D. C 语言的函数参数既可以从实参单向传递给形参，也可以在实参和形参之间双
       向传递，可视情况选择使用

4. 以下关于 return 语句的叙述中正确的是（　　）。

    A. 一个自定义函数中必须有一条 return 语句

    B. 一个自定义函数中可以根据不同情况设置多条 return 语句

    C. 定义成 void 类型的函数中可以有带返回值的 return 语句

    D. 没有 return 语句的自定义函数在执行结束时不能返回到调用处

5. 若函数调用时的实参为变量时，以下关于函数形参和实参的叙述中正确的
是（　　）。

    A. 函数的形参和实参分别占用不同的存储单元

    B. 形参只是形式上的存在，不占用具体存储单元

    C. 同名的实参和形参占同一存储单元

    D. 函数的实参和其对应的形参共占同一存储单元

6. 在 C 语言中，只有在使用时才占用内存单元的变量，其存储类型是（　　）。

    A. auto 和 static            B. extern 和 register

    C. auto 和 register           D. static 和 register

7. 若各选项中所有变量已正确定义，函数 fun 中通过 return 语句返回一个函数值，
则下列选项中错误的程序是（　　）。

    A. main()                     B. float fun(int a, int b){…}

       {… x = fun(2, 10); …}           main()

```
             float fun(int a，int b){...}                {... x = fun(2，10)；...}
    C. float fun(int a，int b)；              D. main()
       main()                                   { float fun(int a，int b)；
       {... x = fun(2，10)；...}                 ...x = fun(2，10)；...}
       float fun(int a，int b){...}              float fun(int a，int b){...}
```

8. 有以下程序

```
#include "stdio.h"
int add(int a, int b)
{
    return a+b;
}
    int main()
{
    int k, a=5, b=10, (*f)()=add;
    ...
}
```

则以下函数调用语句错误的是(        )。

    A. k=f(a，b)；                  B. k=add(a，b)；

    C. k=(*f)(a，b)；           D. k=*f(a，b)；

9. 以下叙述中错误的是(        )。

    A. 将函数内的局部变量说明为 static 存储类是为了限制其他编译单元的引用

    B. 一个变量作用域的开始位置完全取决于变量定义语句的位置

    C. 全局变量可以在函数以外的任何部位进行定义

    D. auto 类型局部变量的"生存期"只限于本次函数调用，因此不能将局部变量的运算结果保存至下一次调用

10. 若有代数式 $\sqrt{\lceil n^x + e^x \rceil}$（其中 e 代表自然对数的底数，不是变量），则以下能够正确表示该代数式的 C 语言表达式是(        )。

    A. sqrt (fabs (pow(n，x)+exp(x)))

    B. sqrt (fabs (pow(n，x)+pow(x，e)))

    C. Sqrt (abs(n^x+e^x))

    D. sqrt (fabs (pow(x，n)+exp(x)))

## 二、填空题

1. 以下函数是求一个字符串的长度，请补充完整。

```
#include "stdio.h"
int strlen(char str[])
{
    int n=0;
```

```
        while(_____)
            n++;
        return n;
    }void main()
    {
        char str[80];
        gets(str);
        printf("%d",_____);
    }
```

2. 有 n(≤20)个整数,使其前面 m 个数顺序向后移动。例如 n=6,m=2,对于下面 6 个数:1、2、3、4、5、6,顺序向后移动将变为:3、4、5、6、1、2。

```
#include "stdio.h"
void move(int a[], int n)
{
    int i, k=a[0];
    for(i=1; i<n; i++)
        _____;
    a[n-1]=k;
}
void main()
{
    int number[20], n, m, i;
    printf("请输入数据个数(n):");
    scanf("%d", &n);
    printf("请输入向后移动个数(m)");
    scanf("%d", &m);
    for(i=0; i<n; i++) scanf("%d", &number[i]);
    for(i=1; i<=m; i++)
        _____;
    printf("移动后为:\n");
    for(i=0; i<n;i++) printf("%d ", number[i]);
}
```

3. 以下函数是用折半查找法在给定的有序数组 a 中查找指定的数 m,如果找到则返回指定数在数组中出现的位置,否则返回-1,数组 a 共有 n 个元素。

```
int search(int a[], int n, int m)
{
    int low, high, mid;
    low=0;
    _____;
    while(low<=high)
    {
        mid=(low+high)/2;
```

```
        if(m<a[mid])
            _____;
        else if(m>a[mid])
            _____;
        else
            return mid;
    }
    return -1;
}
```

4. 以下函数是求 x 的 y 次幂,请补充完整。

```
double fun(double x, int y)
{
    if(y==0)
        return 1;
    return _____;
}
```

## 三、阅读程序写结果

1. 下列程序的运行结果是_____。

```
#include "stdio.h"
intfun(int a)
{
    int b=0;
    static int c;
    b=b+1;
    c+=2;
    return a+b+c;
}
int main()
{
    int a=2, i;
    for(i=0; i<=2; i++)
        printf("%d", fun(a));
    return 0;
}
```

2. 下列程序的运行结果是_____。

```
#include "stdio.h"
void fun(int n)
{
    if(n==0) return;
    else
    {
```

```
        printf("%d", n%10);
        fun(n/=10);
    }
}
int main()
{
    fun(123);
    return 0;
}
```

3. 下列程序的运行结果是_____。

```
#include "stdio.h"
int add(int a, int b)
{
    return a+b-2;
}
int main()
{
    int i;
    for(i=0; i<4; i++)
        printf("%d", add(i, 2));
    return 0;
}
```

4. 下列程序的运行结果是_____。

```
#include "stdio.h"
int fun(int a[], int n)
{
    int i, s=0;
    for(i=0; i<n; i++)
    {
        s=s+a[i];
    }
    return s;
}
int main()
{
    int x[]={1,2,3,4,5}, y[]={6,7,8,9};
    printf("%d", fun(x, 5)+fun(y, 4));
    return 0;
}
```

5. 下列程序的运行结果是_____。

```
#include "stdio.h"
void fun(int n)
```

```
{
    if(n/2) fun(n/2);
    printf("%d", n%2);
}
int main()
{
    fun(10);
    return 0;
}
```

6. 下列程序的运行结果是_____。

```
#include "stdio.h"
#define M 3
#define N 4
void fun(int a[M][N], int b[N])
{
    int i, j;
    for(i=0; i<N; i++)
    {
        b[i]=a[0][i];
        for(j=0; j<M; j++)
            if(a[j][i]<b[i])
                b[i]=a[j][i];
    }
}
int main()
{
    int t[M][N]={{22,45,56,30},{19,33,45,38},{20,22,66,40}};
    int p[N], i;
    fun(t, p);
    for(i=0; i<N; i++)
        printf("%d ", p[i]);
    return0;
}
```

## 四、编写程序题

1. 编写一个函数,其功能是判定给定的整型数是否是素数,如果是则返回 1,否则返回 0。数据的输入输出在主函数中完成,若是素数,则输出 yes,否则输出 no。

2. 编写一个函数 delete_char(char str[], char ch),其功能是从字符串 str 中删除所有由 ch 指定的字符。在主函数中输入一个字符串和指定的字符,调用函数,然后输出结果。

3. 编写程序,将一个整数分解质因数,例如输入 90,打印出 90=2 * 3 * 3 * 5。

4. 编写程序,输出两个整数 a 和 b(1<a<b<1000),输出 a 和 b 之间的所有素数。

5. 编写程序,输入一个正整数,将其逆序输出,例如,输入 12345,输出 54321。

6. 编写一个函数,其功能是找出一维数组中最大元素所在位置(下标),假设数组中无相同元素。在主函数中输入 10 个整数,调用函数得到结果并输出。

7. 编写函数,计算 $1/1!+1/2!+1/3!+\cdots+1/n!$。在主函数中输入 n 的值,调用函数完成计算并输出计算结果,结果保留两位小数。

# 第9章

# 指　针

指针是 C 语言中的一个重要数据类型，也是 C 语言的一个重要特色。灵活使用指针可以方便处理各种数据结构（如数组、字符串、链表等），使得程序更简洁、更高效。

指针是 C 语言学习的重点和难点，学习时要正确理解地址、指针等基本概念，并且掌握指针与数组、指针与函数的关系及其应用。

## 9.1　指针概述

📖 学一学

计算机系统中运行的程序和数据都存储在内存中，一般把内存中的一字节称为一个存储单元。为正确地访问这些存储单元，计算机系统对内存中的每个存储单元进行编号。根据存储单元的编号就可以准确地访问该存储单元。存储单元的编号也叫作存储单元的地址，简称地址。

内存中每一个存储单元都有一个地址，根据地址可以找到该存储单元，并且可以存取该存储单元的数据。人们通常把这个地址称为存储单元的指针，简称指针。

存储单元的地址和存储单元的值是两个不同的概念。对于一个存储单元来说，存储单元的地址即为指针，存储单元中存放的数据才是该存储单元的值。

在 C 语言中，允许用一个变量来存放指针（地址），这种变量称为指针变量。一个指针变量的值就是某个内存单元的地址。

## 9.2　指针变量

存放指针（地址）的变量是指针变量，它用来指向另一个数据（如变量、数组、函数等），那么如何定义和使用指针变量呢？

## 9.2.1 指针变量的定义

📖 **学一学**

指针变量是用来存放内存地址的变量,因此与普通变量一样必须先定义后赋值,然后再使用。指针变量定义的一般形式为

类型标识符*    指针变量名;

例如:

```
float * fp;              //fp 是浮点型指针,指向浮点型变量
char * cp;               //cp 是字符型指针,指向字符型变量
int * p, i;              //p 是整型指针,指向整型变量,* 只对 p 起作用
```

🎓 **说明**

① 类型标识符是指针变量所指向的变量的数据类型,称为指针的基类型,即指针的指向类型。

② *是指针声明符,表示定义的变量是一个指针变量(一级指针变量),如上述的 fp、cp 以及 p。

③ 一个指针变量只能指向同类型的变量。

④ 对指针变量的理解需要弄清指针变量、指针变量的值、指针变量的地址三者之间的关系,如图 9-1 所示,其中 p 为指针变量,指针变量 p 的值为变量 i 的地址,即 0x00EFFC22,指针变量 p 的地址为 0x00EFFC24。

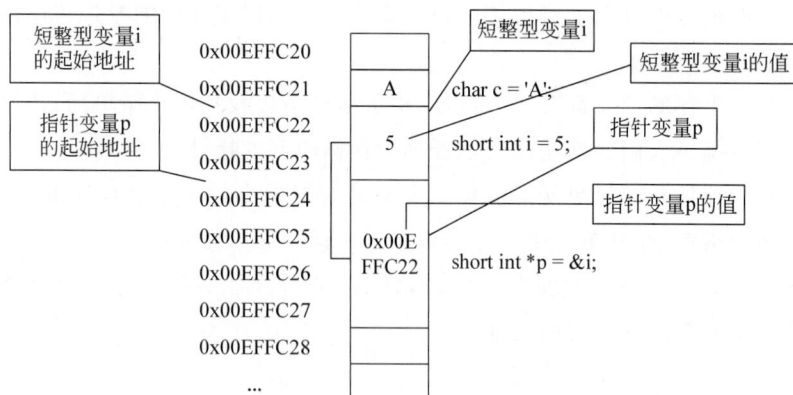

图 9-1　指针变量、指针变量的值、指针变量的起始地址图示

读者可以在调试模式下通过集成开发环境的"内存"窗口查看变量所占内存情况,Visual C++ 6.0 环境下打开"内存"窗口的方法为"查看"→"调试窗口"→"内存";Visual C++ 2010 Express 环境下打开"内存"窗口的方法为"调试"→"窗口"→"内存"→"内存 1"。读者还可以通过快捷键 Alt+6 打开"内存"窗口。

## 9.2.2　与指针运算相关的两个运算符

与指针运算相关的两个重要的运算符是取地址运算符 & 和取内容运算符 *,在实际应用中经常使用。

### 📖 学一学

#### 1. 取地址运算符 &

取地址运算符 & 是单目运算符,其功能是取运算对象的地址,如可以将变量、数组元素、结构体变量或其成员的地址作为运算结果返回;& 运算符不能作用于常数和表达式。例如,&i、&a[i]、&s.k 是合法的,&100、&(i+4)是不合法的。

#### 2. 取内容运算符 *

通过指针变量可以间接存取变量的值。C 语言中提供了取内容运算符 *(也称为间接访问运算符)。它作用于一个地址(例如指针变量)之前,表示取 * 号后指针变量所指向内存单元中的内容。例如:

```
int *p, x;          //定义 p 为基类型是整型的指针变量
p=&x;               //把 x 的地址赋给指针变量 p,即 p 指向 x
*p=5;               //给 p 指向的变量 x 赋值 5,即 x 的值更改为 5
```

图 9-2 形象地表示了指针变量 p 和整型变量 x 的关系。p 是指向整型变量的指针变量,而 * p 为 p 指向的内存单元的内容,即 * p 等同于 x,通过 p 间接访问了指针所指向的变量 x。

图 9-2　p、* p 和 x 之间的关系

### 🎓 说明

① 取内容运算符 * 与指针变量定义中的指针声明符 * 意义不同。

② 运算符 & 和 * 都是单目运算符,它们的优先级别相同,具有右结合性,& 与 * 互为逆运算。例如,& * p 表示先找出 p 所指向的内存单元,再取该内存单元的地址,即变量 x 的地址;而 * &x 表示先取出变量 x 的地址,再取出该地址对应内存单元的内容,即变量 x 的值 5。

### 📖 试一试

**例 9-1**　指针变量定义与存取示例。

-------- 💡解题思路 --------

**分析**:本例旨在演示指针变量的定义以及存取方法。先定义整型变量 x 和指针变量 p,并且给指针变量 p 赋初值指向整型变量 x,然后输出两个变量的值与地址,观察输出方式与输出结果,最后对比直接存取变量和间接存取变量的方法。

-------- 程序代码 --------

```
#include "stdio.h"
```

```
int main()
{
    int x=3, * p=&x;                           //定义指针变量 p,并且初始化指向 x

    printf("x 的值: %d,x 的地址: %#x\n", x, &x); //输出 x 的值及其地址
    printf("p 的值: %#x,p 的地址: %#x\n", p, &p); //输出 p 的值(十六进制输出)及其地址
    x=4;                                        //直接存 x
    printf("直接存取: x=%d\n", x);               //直接取 x
     * p=5;                                      //间接存 x
    printf("间接存取: x=%d\n", * p);             //间接取 x
    return 0;
}
```

程序运行结果如下。

x 的值: 3,x 的地址: 0x19ff2c
p 的值: 0x19ff2c,p 的地址: 0x19ff28
直接存取: x=4
间接存取: x=5

### 程序注解

① 程序运行结果中的地址根据实际运行情况会有不同。

② 未指向任何数据的指针在定义时可赋值为 NULL(♯define NULL 0),以免出错。指针还可以进行算术运算、关系运算等,我们将在 9.3.1 节进行介绍。

## 9.2.3 指针变量作为函数参数

### 学一学

函数的参数不仅可以是整型、浮点型、字符型数据,还可以是指针类型数据。指针变量作为函数参数是地址传递,是将指针变量的值(地址)传递给被调函数对应的形参变量,要求对应的形参变量是数据类型与实参相同的指针变量。

### 试一试

**例 9-2**  用函数实现两个整型数据的交换。

-------------------------- 解题思路 --------------------------

**分析**:由于要求在函数中实现数据的交换,因此必须建立实参与形参之间的联系。本例可以定义一个函数 swap,两个整型变量的指针作为函数参数,调用时将两个整型变量的地址(指针)作为实参传递给 swap 函数的形参指针变量,实参和形参均指向两个整型变量,在函数内通过指针的间接访问来实现两个整型变量的交换。

-------------------------- 程序代码 --------------------------

```
#include "stdio.h"
```

```
void swap(int * p, int * q)
{
    int t;
    t= * p;
    * p= * q;
    * q=t;
}
void main()
{
    int x, y;
    printf("请输入两个整数: ");
    scanf("%d%d", &x, &y);
    printf("交换前: x=%d,y=%d\n", x, y);
    swap(&x, &y);
    printf("交换后: x=%d,y=%d\n", x, y);
}
```

程序运行结果如下。

请输入两个整数: 4 5
交换前: x=4,y=5
交换后: x=5,y=4

🎓 **程序注解**

在函数调用时,实参 &x(变量 x 的地址)、&y(变量 y 的地址)分别传递给形参 p 和 q。p 的值为 &x,p 指向 x,q 的值为 &y,q 指向 y,如图 9-3 所示。

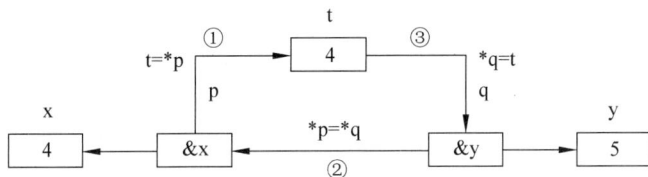

图 9-3　指针变量交换数据示意图

此时执行 swap 函数,通过三步操作使 * p 和 * q 的值互换,也就是采用间接访问的方式使 x 和 y 的值互换。

如果不用指针变量作为传递参数,而直接用普通变量作为传递参数,见以下程序,那么会不会实现数据的交换,为什么?

```
void swap(int p, int q)
{
    int t;
    t=p;   p=q;   q=t;
}
void main()
```

```
{
    int x, y;
    printf("请输入两个整数：\n");
    scanf("%d%d", &x, &y);
    printf("交换前: x=%d,y=%d\n", x, y);
    swap(x, y);
    printf("交换后: x=%d,y=%d\n", x, y);
}
```

📑 练一练

编写函数，计算给定的两个整数的和与积，要求不使用全局变量。

# 9.3  指针与数组

一个数组包含若干个元素，每个数组元素在内存中都占有存储单元，它们都有相应的地址。指针变量既然可以指向变量，当然也可以指向数组元素，即可以把某一数组元素的地址赋值给一个指针变量。那么，如何建立指针与数组的联系呢？建立联系后如何使用指针处理数组呢？

## 9.3.1  指针与一维数组

### 1. 数组元素的指针

📖 学一学

通过把一维数组的起始地址或某一数组元素的地址赋给一个与数组元素数据类型相同的指针变量，可以让指针变量指向数组首元素或某一数组元素。例如：

```
int a[10]={0, 1, 2, 3, 4, 5, 6, 7, 8, 9};     //定义 a 为包含 10 个整型数据的一维数组
int * p, * q;                                  //定义 p、q 为指向整型变量的指针变量
p=&a[0];                                       //指针变量 p 指向元素 a[0]
q=&a[7];                                       //指针变量 q 指向元素 a[7]
```

以上是使指针变量 p 指向数组元素 a[0]，q 指向数组元素 a[7]，如图 9-4 所示。

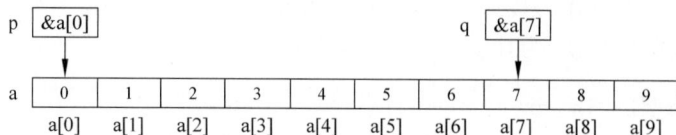

图 9-4  指向数组元素的指针

在 C 语言中，数组名代表数组中首元素的地址，因此下面两个语句是等价的。

```
p=&a[0];                                //p 的值是 a[0]元素的地址
p=a;                                     //p 的值是数组 a 首元素(即 a[0])的地址
```

在定义指针变量的同时可以对它初始化,例如:

```
int * p=&a[0];                          //或者 int * p=a;
```

## 2. 指针的运算

指针不仅可以进行取内容运算,还可以进行算术运算和关系运算。

📖 **学一学**

假定指针 p 和指针 q 均指向数组元素,且有语句 p= &a[4]; q= &a[7];,则指针 p 指向数组元素 a[4],指针 q 指向数组元素 a[7],此时可以对指针进行以下运算。

(1) p+n、p-n

p+n 指向同一数组中 p 所指元素后的第 n 个元素,p-n 指向同一数组中 p 所指元素前的第 n 个元素。例如:p+2 指向元素 a[6],p-3 指向元素 a[1],如图 9-5 所示。

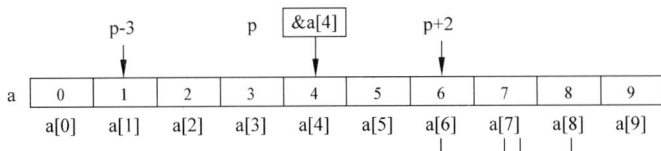

图 9-5　p+n、p-n 示意图

(2) p++、p--、++p、--p

p++等价于 p=p+1,指 p 向后移动一个位置(以指针基类型大小为 1 个单位),指向之前所指元素的后一个元素;p--等价于 p=p-1,指 p 向前移动一个位置,指向之前所指元素的前一个元素,如图 9-6 所示。

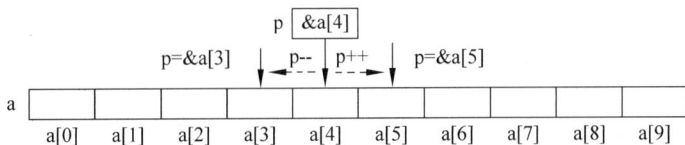

图 9-6　p++、p--示意图

注意对比 p++与++p 的区别,例如 q=p++;是指 p 先赋值给 q,然后 p 向后移动一个位置;q=++p;是指 p 先向后移动一个位置,然后赋值给 q。

(3) 减法运算

当两个指针均指向同一数组的元素时,指针之间可以进行减法运算。两指针相减所得之差是两个指针所指向的数组元素下标之差,也就是两个元素相差的元素的个数。例如:q-p 的值为 3,表示 p 和 q 之间相差 3 个元素。

(4) 关系运算

当两个指针均指向同一数组的元素时,指针之间还可以进行关系运算。例如:

- p＝q 表示 p 和 q 指向同一数组元素。
- p＞q 表示 p 所指元素在 q 所指元素之后。
- p＜q 表示 p 所指元素在 q 所指元素之前。

关系运算通常用于循环语句中,例如:

```
while(p<q)
{
    //对 * p 进行处理
    p++;
}
```

## 3. 数组元素的引用

### 📖 学一学

定义了指向数组首元素的指针后,对数组元素的引用主要有以下 4 种方法。

① 下标法:a[i]。

② 地址法: * (a＋i)。

③ 指针法: * (p＋i)。

④ p[i],这是因为指向数组元素的指针变量可以带下标。

### 📖 试一试

**例 9-3** 数组元素引用示例:有一个整型数组 a,它有 5 个元素,编写程序输出数组中的全部元素。

-------- 💡解题思路 --------

**分析**:本例主要演示数组元素的 4 种引用方式,参考程序如下。

-------- ⬡程序代码 --------

```
#include "stdio.h"
void main()
{
    int a[5]={0, 1, 2, 3, 4};
    int * p=a, i;

    printf("下标法\t 地址法\t 指针法\t 指针带下标\n");
    for(i=0; i<5; i++)
        printf("%d\t%d\t%d\t%d\n", a[i], * (a+i), * (p+i), p[i]);
}
```

程序运行结果如下。

| 下标法 | 地址法 | 指针法 | 指针带下标 |
| --- | --- | --- | --- |
| 0 | 0 | 0 | 0 |
| 1 | 1 | 1 | 1 |
| 2 | 2 | 2 | 2 |

```
3        3        3        3
4        4        4        4
```

### 4. 使用指针遍历数组

定义了指向数组首元素的指针后,利用指针的移动操作可以很容易地实现数组的遍历。

📖 **试一试**

**例 9-4** 使用指针遍历数组示例:有一个整型数组 a,它有 5 个元素,编写程序利用指针的移动操作输出数组中的全部元素。

⸳⸳⸳⸳⸳⸳⸳⸳⸳⸳⸳⸳⸳⸳⸳⸳⸳⸳⸳⸳ ☼ 解题思路 ⸳⸳⸳⸳⸳⸳⸳⸳⸳⸳⸳⸳⸳⸳⸳⸳⸳⸳⸳⸳

**分析**:指针的移动操作有前移(p++/++p)和后移(p--/--p)两种。一般使用后移操作,将指针从指向数组的第一个元素顺序后移到指向数组的最后一个元素,移动过程中对数组元素的引用可以使用 * p 间接访问。

⸻⸻⸻⸻⸻⸻⸻⸻⸻⸻ 🔷 程序代码 ⸻⸻⸻⸻⸻⸻⸻⸻⸻⸻

```c
#include "stdio.h"
void main()
{
    int a[5]={0, 1, 2, 3, 4};
    int * p=a;

    while(p<a+5)
    {
        printf("%d ", * p);
        p++;
    }
}
```

程序运行结果如下。

```
0 1 2 3 4
```

🎓 **程序注解**

循环体中的语句也可写作

```c
printf("%d ", * p++);
```

p 先参与取内容运算,然后再向后移动一个位置。

📖 **练一练**

编写程序,输入 5 个整数并保存在一个整型数组中,编写程序利用指针的移动操作计算并输出这 5 个整数的平均值。

### 5. 指向数组元素的指针作为函数参数

📖 **学一学**

8.4.2 节介绍过数组名作为函数的参数,由于数组名代表数组的首地址,因此数组名作为函数的参数时,主调函数与被调函数间传递的是数组的首地址。所以,数组名作为函数实参时,被调函数对应的形参可以是一个与数组元素类型相同的指针变量。

### 📖 试一试

**例 9-5** 从键盘输入 10 个整数并保存至一个一维数组中,编写函数找出最大值。

---------- 💡 解题思路 ----------

**分析**:设计一个函数 max,用于计算给定数组的最大值,此时将指向数组元素的指针变量作为函数形参。由于通过形参并不能获取数组中的元素个数,因此一般还需要将数组大小作为函数形参,函数返回给定数组最大值。max 函数可定义如下。

```
int max(int * p, int n)
{}
```

利用指针遍历数组的方法,其参考程序可编写如下。

---------- 📋 程序代码 ----------

```c
#include "stdio.h"
int max(int * p, int n)
{
    int * q=p, m= * p;
    while(q<p+n)
    {
        if( * q>m)
            m= * q;
        q++;
    }
    return m;
}
int main()
{
    int a[10], m, i;
    for(i=0; i<10; i++)
        scanf("%d", &a[i]);
    m=max(a, 10);
    printf("最大值为%d\n", m);
    return 0;
}
```

程序运行结果如下。

```
24  86  10  32  45  12  44  99  76  15
最大值为 99
```

### 🎓 程序注解

① 实参 a 是数组名,形参 p 是指针变量,通过函数调用将数组 a 的首地址(&a[0])传

递给指针变量 p,从而 p 指向数组元素 a[0],通过指针 p 可遍历访问数组 a 的任意一个元素。当指向数组元素的指针变量作为函数形参时,在对形参指针变量所指向的连续内存单元(实参数组 a)进行操作时,一般不直接使用形参指针变量,而是另外定义一个指针变量,例如本例中的指针变量 q。

② 对比例 8-5,当实参为数组时,形参可以是数组,也可以是指向数组元素的指针变量。除此之外,当实参为指针变量时,形参也可以是数组或指针变量。本例可以在 main 函数中定义一个指针变量 s 并初始化指向 a[0],函数调用时,传递 s 给形参 p。修改后的 main 函数如下。

```
int main()
{
    int a[10], m, i;
    int * s=a;              //定义指针变量 s,初始化指向 a[0]
    for(i=0; i<10; i++)
        scanf("%d", &a[i]);
    m=max(s, 10);           //指针变量 s 作为实参
    printf("最大值为%d\n", m);
    return 0;
}
```

用指向数组元素的指针和数组作为函数参数时,实参和形参的类型可以有以下几种对应关系,见表 9-1。

表 9-1  调用函数时实参与形参的对应关系

| 实参 | 形参 | 实参 | 形参 |
| --- | --- | --- | --- |
| 数组名 | 数组名 | 指针变量 | 数组名 |
| 数组名 | 指针变量 | 指针变量 | 指针变量 |

📖 练一练

从键盘输入 $n(n<20)$ 个整数并保存至一个一维数组 a 中,编写函数在数组 a 中查找指定数据 x,若找到返回 1,否则返回 0。要求函数原型为

```
int find(int * a, int x, int n);
```

# 9.3.2  指针与二维数组

## 1. 数组指针

📖 学一学

指针不仅可以指向一维数组的元素,还可以指向一个一维数组,指向一维数组的指针被称为数组指针。指向由 $m$ 个元素组成的一维数组的指针变量定义的一般形式为

类型说明符 (＊指针变量名)[长度 m];

其中"类型说明符"为指针所指向一维数组的数据类型。"＊"表示其后的变量是指针类型。"长度 m"表示指针所指向一维数组的长度。例如：

char(＊p)[4];

定义了一个指向由 4 个元素组成的一维字符数组的指针变量。

🎓 **说明**

由于二维数组可以看成由多个一维数组组成,因此指向一维数组的指针多用于指向二维数组的首行,上面定义的指针 p 可用于指向一个 3 行 4 列的二维字符数组(例如 char a[3][4])的首行(一维数组 a[0]),如图 9-7 所示。

又由于二维数组名 a 表示其首元素 a[0] 的起始地址,因此上述指针指向可以通过以下语句完成。

p=a;

### 2. 再看二维数组

设有二维数组 char a[3][4],其逻辑结构如图 9-8 所示。

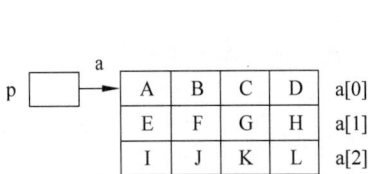

图 9-7　指向一维数组的指针

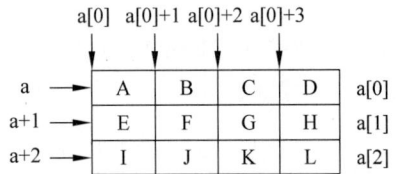

图 9-8　二维数组的逻辑结构

在学习了指针后,再查看二维数组 a。

① a+i 代表第 i 行地址 &a[i]。

二维数组可以看成是元素类型为一维数组的一维数组。a 代表数组的首元素的地址,而其首元素是由 4 个元素所组成的一维数组 a[0],因此 a 代表的是首元素(第 0 行) a[0] 的地址 &a[0],a+i 代表的是第 i 行 a[i] 的地址 &a[i]。第 i 行的地址(指针)也称为行指针,a+i 和 &a[i] 都为行指针。行指针是指向一维数组的指针。由于 a+i 代表第 i 行地址 &a[i],因此 ＊(a+i) 与 a[i] 是等价的。

② a[i] 代表第 i 行第 0 个元素的地址 &a[i][0]。

a[0]、a[1]、a[2] 既然是一维数组名,而 C 语言又规定了数组名代表数组首元素的地址,因此 a[0] 代表一维数组 a[0] 首元素 a[0][0] 的地址 &a[0][0],a[i] 代表一维数组a[i] 首元素的地址,即数组 a 第 i 行第 0 列元素 a[i][0] 的地址 &a[i][0]。第 i 行第 0 列元素的地址(指针)也称为列指针,a[i] 和 ＊(a+i) 都为列指针。

③ a[i]+j 和 ＊(a+i)+j 代表第 i 行第 j 列的地址 &a[i][j]。

a[i]+j 代表一维数组 a[i] 第 j 列元素的地址,即二维数组 a 第 i 行第 j 列元素的地址 &a[i][j]。由于 ＊(a+i) 与 a[i] 是等价的,因此 ＊(a+i)+j 也代表二维数组 a 第 i 行第 j

列元素的地址 &a[i][j]。由于 a[i]+j 和 *(a+i)+j 代表第 i 行第 j 列的地址 &a[i][j]，因此 a[i]+j、*(a+i)+j、&a[i][j] 三者是等价的。

④ *(a[i]+j)或(*(a+i)+j)代表 a[i][j]的值。

既然 a[i]+j 和 *(a+i)+j 都是 a[i][j]的地址，那么 *(a[i]+j)和 *(*(a+i)+j)都是 a[i][j]的值，因而 *(a[i]+j)、*(*(a+i)+j)、a[i][j]三者是等价的。

有关二维数组中各类地址及其含义如表 9-2 所示。

表 9-2　二维数组中各类地址及其含义

| 表达式及其等价写法 | 含　义 |
| --- | --- |
| a、&a[0] | 第 0 行的地址 |
| a+i、&a[i] | 第 i 行的地址 |
| *a、a[0]、&a[0][0] | 第 0 行第 0 列元素的地址 |
| *(a+i)、a[i]、&a[i][0] | 第 i 行第 0 列元素的地址 |
| *(a+i)+j、a[i]+j、&a[i][j] | 第 i 行第 j 列元素的地址 |
| *(*(a+i)+j)、*(a[i]+j)、a[i][j] | 第 i 行第 j 列元素 |

📖 试一试

**例 9-6**　理解二维数组、指向数组元素的指针、指向一维数组的指针的关系，分析以下程序的输出结果。

```
#include "stdio.h"
int main()
{
    char a[3][4], c='A';
    int i, j;
    char *p=&a[0][0];            //p 为字符型指针
    char(*q)[4]=a;               //q 为指向一维数组的指针
    for(i=0; i<3; i++)
        for(j=0; j<4; j++)
            a[i][j]=c++;
    *(p+12)='\0';                //此处为了集成环境下显示需要而添加
    return 0;
}
```

········💡 解题思路 ········

**分析**：在 return 0;语句处设置断点，调试模式下运行程序，打开内存查看窗口以及监视查看窗口。在内存查看窗口的地址栏中输入数组名然后回车，观察二维数组 a 在内存中的存储情况，如图 9-9 所示；在监视查看窗口输入表 9-2 中的表达式，观察每个表达式的值以及对应数据类型，可以与内存查看窗口对比分析，如图 9-10 所示。

p 为指向字符型数据的指针变量，p 指向字符'A'，p+2 指向'C'；q 为指向一维数组的

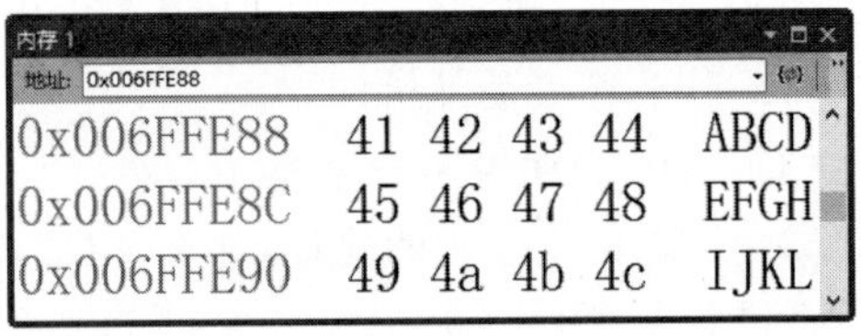

图 9-9　内存查看窗口

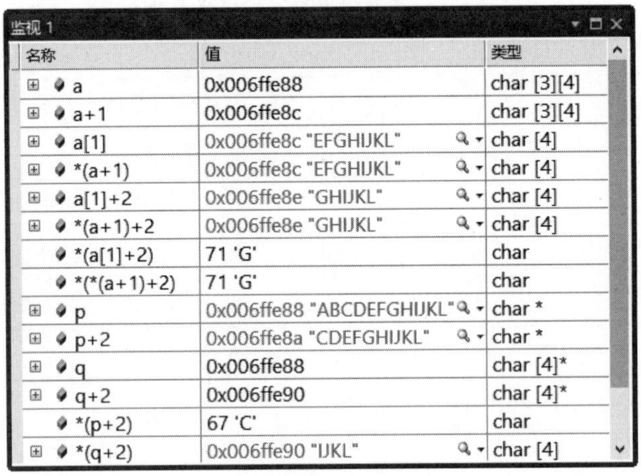

图 9-10　监视查看窗口

指针,q 指向二维数组 a 的首行(第 0 行)a[0],q+2 指向第 2 行 a[2]。

**例 9-7**　用指向一维数组的指针与字符型指针处理二维字符数组的输入与输出。

----💡 解题思路----

**分析**:定义一个二维字符数组,例如 char a[3][4];。由于二维数组在内存中占用一块连续的内存区域,因此可以定义一个字符型指针指向这块内存区域,如 char * p=&a[0][0];,然后指针顺序下移遍历整个内存区域,这是利用二维数组的存储结构;也可以利用二维数组的逻辑结构,定义一个指向一维数组的指针(行指针),指向二维数组 a 的首行 a[0],例如 char( * q)[4]=a;,则第 i 行第 j 列的元素为 * ( * (q+i)+j)。

----⬡ 程序代码----

```c
#include "stdio.h"
int main()
{
    char a[3][4];
    char * p=&a[0][0];
    char( * q)[4]=a;
    int i, j;

    printf("请输入数据:\n");                //字符型指针控制数据输入
    while(p<&a[0][0]+12)
```

```
    {
        scanf("%c", p);
        p++;
    }
    printf("输入的数据为：\n");                    //一维数组的指针控制数据的输出
    for(i=0; i<3; i++)
    {
        for(j=0; j<4; j++)
            printf("%c ", * ( * (q+i)+j));
        printf("\n");
    }
    return 0;
}
```

程序运行结果如下。

请输入数据：
ABCDEFGHIJKL
输入的数据为：
A B C D
E F G H
I J K L

🎓 **程序注解**

使用指向一维数组的指针处理二维字符数组的输出，也可以顺序下移行指针遍历每行，行内可以再设计一个循环遍历每列。

```
while(q<a+3)                               //行指针和字符型指针控制输出
{
    p= * q;
    while(p< * q+4)
        printf("%c ", * p++);
    printf("\n");
    q++;
}
```

### 3. 数组指针作为函数参数

在编写函数处理一维数组时，形参可以是数组，也可以是指向数组元素的指针变量，这个方法同样适用于二维数组。在编写函数处理二维数组时，形参可以是二维数组，也可以是指向一维数组（二维数组的行对应类型）的指针变量。

可以编写以数组指针作为函数参数的函数处理例 9-7 中二维数组的输出，参考代码如下。

```
#include "stdio.h"
```

```
void output(char(*p)[4], int n)
{
    char(*q)[4]=p;
    int i;
    while(q<p+3)                        //行指针控制输出
    {
        for(i=0; i<4; i++)
            printf("%c ", *(*q+i));
        printf("\n");
        q++;
    }
}
int main()
{
    char a[3][4];
    char *p=&a[0][0];
    char(*q)[4]=a;
    int i, j;
    printf("请输入数据: \n");            //字符型指针控制数据输入
    while(p<&a[0][0]+12)
    {
        scanf("%c", p);
        p++;
    }
    output(a, 3);
    return 0;
}
```

🎓 **程序注解**

数组指针作为函数形参处理二维数组时,不仅需要指定数组指针所指向的数组的元素个数,例如本例中的 4,还需指定二维数组的行数,控制数组指针向下移动的边界,例如本例中的 n。

### 9.3.3 指针数组

📖 **学一学**

数组元素值为指针的数组称为指针数组。指针数组的所有元素必须是指向相同数据类型的指针。指针数组定义的一般形式为

类型说明符 * 数组名[数组长度];

其中类型说明符为数组元素(指针)所指向的数据的类型。例如:

char * p[5];

表示 p 是一个指针数组,它有 5 个数组元素,存储的是字符型指针(字符型变量的地址)。

字符型指针数组常用来存储一组字符串,这时指针数组的每个元素被赋予一个字符串的首地址。例如:

```
char * p[5]={"Chinese", "English", "Mathematic", "History", "Science"};
```

定义了一个指针数组 p,p 中的每一元素分别指向一个字符串的首字符,在内存中的存储如图 9-11 所示。

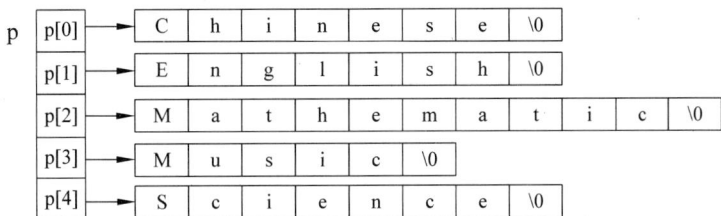

图 9-11　指针数组示意图

对比数组指针,若有二维数组 char a[5][11]={"Chinese","English","Mathematic","History","Science"};,则数组 a 在内存中的存储如图 9-12 所示,可以定义一个数组指针 char(＊q)[11]指向该二维数组的首行。

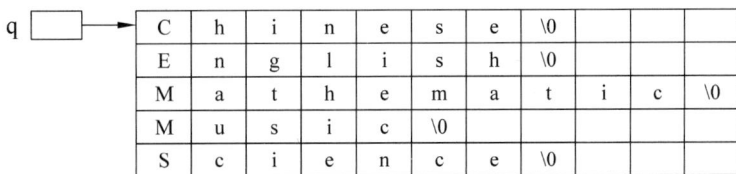

图 9-12　二维数组与数组指针示意图

## 试一试

**例 9-8**　若有下列定义:

```
char * p[5]={"Chinese", "English", "Mathematic", "History", "Science"};
char a[5][11]={"Chinese", "English", "Mathematic", "History", "Science"};
char(* q)[11]=a;
```

编写程序,输出指针数组 p 中的字符串并使用数组指针 q 输出二维数组 a 中的字符串。

-------------------- 解题思路 --------------------

**分析**:p[i]为一个字符串,q＋j 指向一个存储字符串的字符数组,都可进行整体输出。

-------------------- 程序代码 --------------------

```
#include "stdio.h"
int main()
{
```

```
char * p[5]={"Chinese", "English", "Mathematic", "History", "Science"};
char a[5][11]={"Chinese", "English", "Mathematic", "History", "Science"};
char( * q)[11]=a;
int i=0, j=0;

printf("指针数组输出字符串：\n");
while(i<5)
{
    printf("%s ", p[i++]);
}
printf("\n数组指针输出字符串：\n");
while(j<5)
{
    printf("%s ", * (q+j++));
}
return 0;
}
```

程序运行结果如下。

指针数组输出字符串:
Chinese English Mathematic History Science
数组指针输出字符串:
Chinese English Mathematic History Science

### 📖 练一练

编写程序，输入星期（数字），输出该星期的英文名。例如，输入 1，则输出 Monday。
要求用指针数组处理。

# 9.4　指针与字符串

在 C 语言中，字符串是以字符数组的形式进行存储的，且以'\0'作为字符串结束标志。
对字符串的访问可以以数组名作为一个整体进行操作，也可以逐个数组元素进行操作。
本节将介绍如何使用指针灵活操作字符串。

## 9.4.1　字符串引用方式

### 📖 学一学

在 C 程序中，若要引用一个字符串，可以有以下两种方式。

① 用字符数组存放字符串，通过数组名和下标逐一引用字符串中的每一个字符，或
者通过数组名进行整体引用，特别是在输入、输出时。

② 用字符型指针变量指向一个字符串,通过字符型指针变量引用字符串。

📖 **试一试**

**例 9-9** 字符串引用方式示例:输出一个字符串。

---------------------- 💡解题思路 ----------------------

**分析**:本例将采用字符数组和字符型指针变量两种方式来处理(输出)字符串,输出时既可以整体引用,也可以逐元素引用。

---------------------- 📋程序代码 ----------------------

```c
#include "stdio.h"

int main()
{
    char str[]="Hello World";        //定义字符数组并初始化,长度为 12
    char * p="Hello World";           //定义字符指针变量并初始化指向字符串常量
    int i=0;

    printf("字符数组整体引用: %s\n", str);
    printf("字符数组逐元素引用: ");
    while(str[i])
        putchar(str[i++]);
    printf("\n字符指针整体引用: %s\n", p);
    printf("字符指针逐元素引用: ");
    while( * p)
        putchar( * p++);
    return 0;
}
```

程序运行结果如下。

```
字符数组整体引用: Hello World
字符数组逐元素引用: Hello World
字符指针整体引用: Hello World
字符指针逐元素引用: Hello World
```

🎓 **程序注解**

① str 为字符数组,在定义时用字符串对其进行初始化,长度可以省略;p 为字符型指针变量,在定义时初始化指向字符串常量"Hello World"的首字符,由于字符串在内存中是以字符数组形式存储的,因此字符串常量可以被视为存储在一个匿名字符数组中,此时 p 即为指向数组元素的指针变量。两者占用的内存单元如图 9-13 所示。

② 在对字符串进行输入、输出时,对字符串既可以整体引用,也可以逐元素引用。由于 p 为指向数组元素的指针变量,可以带下标,因此也可通过 p[i]逐元素引用字符串。

③ 指针变量的值(指向)是可以更改的,而字符数组名代表一个固定的值(数组首地

| str | H | e | l | l | o | | w | o | r | l | d | \0 |
|---|---|---|---|---|---|---|---|---|---|---|---|---|

| p | → | H | e | l | l | o | | w | o | r | l | d | \0 |
|---|---|---|---|---|---|---|---|---|---|---|---|---|---|

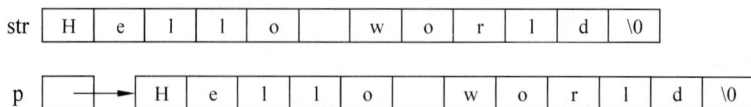

图 9-13　字符数组与字符型指针所占内存单元图示

址),不能更改,因此执行 str++、str=str+1 等操作是错误的。

④ 字符数组中各元素的值是可以更改的,但字符指针变量指向的字符串常量中的数据是不可更改的,因此执行 p[i]='\0'、*p='\0'等操作是错误的。若字符指针变量指向已定义字符数组(非匿名)首元素,则 p[i]='\0'、*p='\0'等操作是允许的。

## 9.4.2　使用字符指针处理字符串

对字符串的处理不仅可以使用字符数组,还可以使用字符指针,但指针处理效率更高,下面通过使用字符指针作为函数参数进行讲解。

使用字符指针作为函数参数,函数调用时参数间的数据传递是地址传递,在被调函数中可以改变字符串的内容,在主调函数中可以引用改变后的字符串。

**试一试**

**例 9-10**　自定义函数,实现字符串的复制操作。

········· ☆ 解题思路 ·········

**分析**:字符串的复制操作需要提供源字符串和目标地址。源字符串可以是字符串常量,也可以是字符数组,形参通过字符型指针变量描述;目标地址必须是一块连续的可操作的内存单元,可以是字符数组,也可以是动态申请的一块内存空间(详见 9.7 节),形参可通过字符型指针变量描述。函数可定义如下。

```
void copy(char * src, char * dest)
{}
```

实现时,可对 src 进行遍历,逐数据复制到 dest 中,参考代码如下。

········· ⬡ 程序代码 ·········

```
#include "stdio.h"
#include "string.h"
#define N 100
void copy(char * src, char * dest)
{
    while(* src)
    {
        * dest++=* src++;
    }
    * dest='\0';
}
```

```
int main()
{
    char s[N], d[N];
    printf("请输入一个字符串: \n");
    gets(s);
    printf("复制字符串%s至字符数组d中: \n", s);
    copy(s, d);
    printf("输出字符数组d: %s\n", d);
    return 0;
}
```

程序运行结果如下。

请输入一个字符串:
Welcome
复制字符串 Welcome 至字符数组 d 中:
输出字符数组 d: Welcome

🎓 **说明**

① 函数调用时,将字符数组 s 和 d 的地址传递给字符指针 src 和 dest,src 和 s 以及 dest 和 d 均对应同一块内存空间,copy 函数在 src 与 dest 间的复制操作其实是对 s 和 d 的复制操作。

② 复制操作完成后,还需要在目标地址数据的尾部加上一个字符串结束标记'\0'。

📖 **练一练**

输入一个字符串,将该字符串中从第 $m$ 个字符开始的全部字符复制成另一个字符串,$m$ 由用户输入(其值小于串长)。要求编写一个函数 mcopy(char * s, char * t, int m)来完成。

**例 9-11** 自定义函数,实现回文串的判定。

········· 💡 解题思路 ·········

**分析**:回文串判定函数可定义如下。

```
int palindrome(char * s)
{}
```

形参为一个字符型指针变量,表示要判定的字符串;返回值为整型,是回文返回 1,否则返回 0。实现时,定义两个字符型指针变量 p、q,分别指向字符串 s 的第一个元素和最后一个元素,p 从前向后,q 从后往前,比对 * p 和 * q 是否相等。若 * p!= * q,则字符串 s 不是回文串,结束程序,返回结果 0;否则 p 向后移动一个位置,q 往前移动一个位置,继续比对 * p 和 * q 的值是否相等,直至 p、q 相遇且错过(即 p>q),返回结果 1。

········· 程序代码 ·········

```
#include "stdio.h"
#include "string.h"
```

```
#define N 100
int palindrome(char * s)
{
    char * p=s, * q=s+strlen(s)-1;
    while(p<=q)
    {
        if( * p++!= * q--)
            return 0;
    }
    return 1;
}
int main()
{
    char s[N];
    printf("请输入一个字符串：\n");
    gets(s);
    if(palindrome(s))
        printf("字符串%s 是回文串\n", s);
    else
        printf("字符串%s 不是回文串\n", s);
    return 0;
}
```

程序运行结果如下。

请输入一个字符串：
madam
字符串 madam 是回文串

### 🎓 程序注解

本例题使用测字符串长度函数 strlen 来初始化 q 指向字符串 s 的最后一个元素，也可利用指针 q 遍历字符串 s，指向最后一个元素，参考程序如下。

```
char * p=s, * q=s;
while( * (q+1) !='\0')
    q++;
```

### 📖 练一练

自定义函数，实现字符串的逆置。

# 9.5　指针与函数

## 9.5.1　函数指针

程序在运行时，其所有代码包括函数都会加载到内存中。一个函数的代码占用一段连续的内存空间,函数名代表着该函数在内存中的起始地址。当调用函数时,系统会从这个起始地址开始执行该函数。

## 1. 函数指针的定义

### 📖 学一学

用来存放函数起始地址的指针变量称为指向函数的指针变量,简称函数指针。可以用函数指针调用这个函数,但需要先定义函数指针变量并指向该函数。

定义函数指针变量的格式与函数原型很相似,只是将函数原型中的函数名换成了"(*指针变量名)"。函数指针变量定义的一般形式为

类型说明符(*指针变量名)([形参列表]);

例如:

```
int(*fp)(int, int);
```

定义了一个指向函数的指针变量 fp,它可以指向一个返回值为整型数的函数,该函数有两个整型的参数。

### 🎓 说明

① 类型说明符表示被指向函数的返回值的类型。

② (*指针变量名)表示 * 后面的变量是定义的指针变量。

③ 最后的括号表示指针变量所指的是一个函数。

④ 在定义指向函数的指针变量时,必须说明指针变量所指函数的返回值类型,以及函数的形参个数和类型。

## 2. 函数指针的赋值

与普通指针变量一样,函数指针变量在使用前也必须先赋值,让其指向一个已定义好的函数。通常直接用函数名为函数指针变量赋值,即

函数指针变量=函数名;

## 3. 函数指针的使用

函数指针变量赋值后,即可通过该指针变量调用指定函数。通过函数指针变量调用函数的格式如下。

(*函数指针变量名)(实参列表);

### 📖 试一试

**例 9-12** 函数指针使用示例。编写程序用函数指针调用函数计算指定整型数组的最大值。

　　**分析**：首先定义函数 max 计算指定整型数组的最大值,然后定义函数指针变量 fp 并指向函数 max,最后通过函数指针变量 fp 调用函数 max。

```c
#include "stdio.h"
#define N 5
int max(int a[], int n)
{
    int i, max;
    max=a[0];
    for(i=1; i<n; i++)
        if(a[i]>max)
            max=a[i];
    return max;
}
int main()
{
    int a[N], i, m;
    int(* fp)(int[], int)=max;//定义函数指针 fp 并初始化指向函数 max
    printf("请输入%d 个整数: \n", N);
    for(i=0; i<N; i++)
        scanf("%d", &a[i]);
    m=( * fp)(a, N);
    printf("最大值为: %d\n", m);
    return 0;
}
```

程序运行结果如下。

请输入 5 个整数:
34 56 42 18 9
最大值为: 56

　　在 C 语言中,函数指针的主要应用是在函数间传递函数。当被调函数的形参是函数指针时,可以用不同的函数名或指向不同函数的函数指针变量作为实参去调用该函数,从而实现在不对主调函数进行任何修改的前提下调用不同的函数,完成不同的功能。

## 9.5.2　指针函数

### 📖 学一学

　　在 C 语言中,函数的返回值可以为整型、浮点型或字符型数据,同样函数的返回值也可以为指针类型,即返回一个地址。返回指针值的函数也被称为指针函数。

定义指针函数的一般形式为

类型说明符 * 函数名([形参列表])
{
    函数体
}

其中函数名前加 * 表明函数的返回值是一个指针,类型说明符为返回的指针值所指向的数据的数据类型。

📖 **试一试**

**例 9-13** 指针函数使用示例。编写指针函数返回指定整型数组中最大值元素的指针。

-------💡 解题思路--------

**分析**:本例要求编写函数返回指定整型数组中最大值元素的指针,在定义函数时,要确定以下几个问题。

① 函数名:可定义为 find。

② 函数类型:因为返回值为指定整型数组中最大值元素的指针,所以函数类型为 int * 。

③ 函数参数:整型数组 int a[]以及该数组大小 int n。

④ 函数体:遍历数组 a 查找最大值所处的位置(下标)k,返回 a+k 或 &a[k]。

最后编写 main 函数,调用函数 find,并且根据返回值输出最大值。

------- 🔷 程序代码 --------

```c
#include "stdio.h"
#define N 5
int * find(int a[], int n)
{
    int i, k;                    //k 为最大值所在位置(下标)
    k=0;
    for(i=1; i<n; i++)
        if(a[i]>a[k])
            k=i;
    return a+k;                  //或者 &[k]
}
int main()
{
    int a[N], i, * m;            //m 用于接收函数 find 的返回值
    printf("请输入%d 个整数: \n", N);
    for(i=0; i<N; i++)
        scanf("%d", &a[i]);
    m=find(a, N);
    printf("最大值为: %d\n", * m);
```

```
        return 0;
    }
```

程序运行结果如下。

请输入 5 个整数：
34　56　42　18　9
最大值为：56

### 程序注解

① 函数 int * find(int a[], int n)的功能是求形参数组 a 中最大值元素的地址,并且把最大值元素的地址返回。函数也可定义为

```
int * find(int * a, int n)
{
    int * p=a, * q=a;              //p 用于遍历,q 用于记录最大值地址
    while(p<a+n)
    {
        if( * p> * q)
            q=p;
        p++;
    }
    return q;
}
```

② 指针函数中返回的指针一般与同形参对应的实参地址有关联(如本例),注意返回的指针不能为指针函数中的动态变量的地址。此外,指针函数中返回的指针还可以是用户动态申请的内存地址,详见 9.7 节。

### 练一练

编写指针函数返回指定整型数组中给定的要查找元素的指针,若查找失败,函数返回空指针(NULL)。

### 试一试

**例 9-14**　输入一个字符串和一个字符,编写函数查找该字符在字符串中首次出现的位置,并且从该字符首次出现的位置开始输出字符串。

-----------------·◌·解题思路------------------

**分析**：定义函数 char * search(char * pstr,char c),在字符指针 pstr 所指字符串中查找字符 c。如果找到,则返回第一次找到的字符的地址;否则,返回空指针 NULL。

-------------------◌程序代码-------------------

```
# include "stdio.h"
# include "string.h"
```

```
char * search(char * pstr, char c)
{
    char * p=pstr;
    while( * p!='\0' && * p!=c)
        p++;
    return * p !='\0' ? p : NULL;
}


int main()
{
    char ch, str[80], * p=NULL;

    printf("请输入一个字符串\n");
    gets(str);
    printf("请输入要查找的字符\n");
    ch=getchar();
    if((p=search(str, ch)) !=NULL)
        puts(p);
    else
        printf("未找到\n");
    return 0;
}
```

程序运行结果如下。

```
请输入一个字符串
Welcome
请输入要查找的字符
c
come
```

在程序中容易将返回指针值的函数与指向函数的指针变量混淆的一个主要原因是，返回指针值的函数声明格式与指向函数的指针变量的定义格式非常相似。请注意区分下面的两种格式。

```
int * fn(int a[]);                  / * 函数声明 * /
int( * fp)(int a[]);                / * 定义函数指针变量 * /
```

第一行是声明 fn 函数，它是一个返回整型指针值的函数；而第二行是定义一个指针变量 fp，它是指向整型函数的指针。

## 9.5.3  指针数组作为 main() 函数的形参

### 📖 学一学

指针数组的一个重要应用是作为 main() 函数的形参。带形参的 main() 函数的一般形式如下。

```
int main(int argc, char * argv[])
{
}
```

其中形参 argc(argument count)为参数个数,所有参数以字符串的形式进行存储; argv(argument vector)是一个字符型指针数组,每一个元素按顺序分别指向各参数的第一个字符。

🎓 **说明**

① 由于 main()函数是被系统调用的,因此其实参是通过命令行的方式由系统提供的。命令行运行 C 程序需要将可执行文件名与各实参一起给出,其一般形式如下。

命令名(可执行文件名)  参数 1  参数 2  …  参数 $n$

命令名和各参数之间用空格分隔,其中 argc 表示的值是指命令名以及参数的个数,命令名和各参数以字符串的形式进行存储,argv[0]为命令名,命令名一般包括盘符、路径,若有参数,则 argv[1]~argv[n]对应表示各个参数。

命令行方式运行 C 程序的步骤为:右键"开始"菜单,选择"运行"菜单项,打开"运行"对话框。在输入框中输入 cmd,然后回车,打开"命令提示符"窗口。在"命令提示符"窗口中输入"cd 可执行文件路径",然后回车,将"命令提示符"窗口当前路径切换至可执行文件路径。根据可执行文件名输入命令行,即可运行程序,如图 9-14 所示。

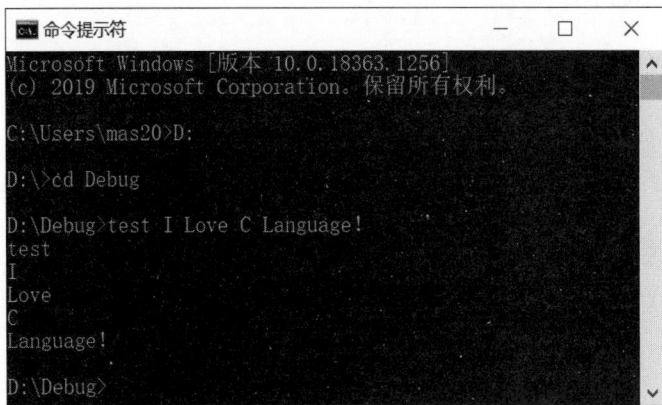

图 9-14  命令行运行 C 程序

注:不同系统打开命令提示符窗口的方式可能不同,用户也可以在资源管理器路径栏定位到可执行文件所在文件夹,然后输入 cmd,回车即可打开命令提示符窗口。

若可执行文件路径与"命令提示符"窗口当前路径不在同一盘符,需要执行"盘符冒号"先切换盘符,如图 9-14 中的"D:"。

② 在集成开发环境中,也可以在程序运行前提供参数。在 Visual C++ 2010 Express 环境下,右键项目名称,选择"属性"菜单项,在弹出的"属性页"窗口中展开"配置

属性"选项卡,选择"调试"项,在"命令参数"栏中输入参数。在 Visual C++ 6.0 环境下,选择"工程"→"设置"→"调试"→"程序变量"命令,输入参数,然后再运行程序,如图 9-15 所示。

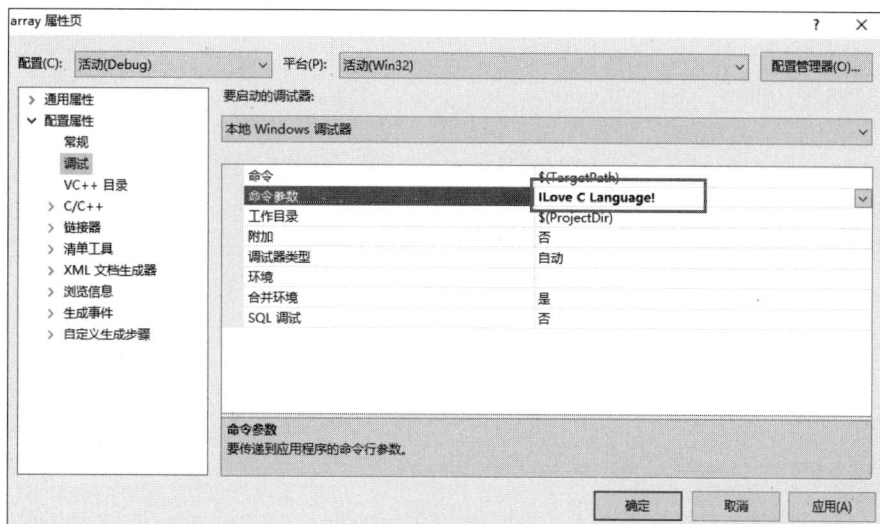

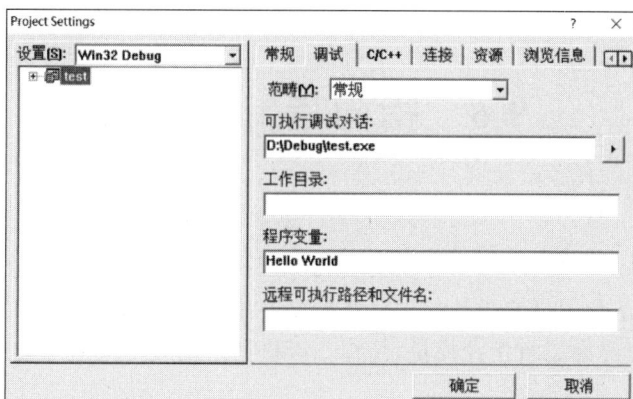

图 9-15　命令行参数配置界面(上图为 Visual C++ 2010 Express,
下图为 Visual C++ 6.0 Express)

📖 试一试

**例 9-15**　指针数组作为 main()函数的形参使用示例。编写程序输出所有命令行参数。

-------------------- 💡 解题思路 --------------------

**分析**:假设 main()函数的函数头为 int main(int argc, char * argv[]),命令行参数保存在指针数组 argv 中,参数个数 argc 即为数组 argv 的大小,遍历指针数组 argv 即可输出所有命令行参数。

```
#include "stdio.h"
int main(int argc, char * argv[])
{
    int i=0;
    while(i<argc)
    {
        printf("%s\n", argv[i]);
        i++;
    }
    return 0;
}
```

程序运行结果如下。

```
D:\visual studio 2010\Projects\test\Debug\test.exe
I
Love
C
Language!
```

# 9.6  指向指针的指针

## 📖 学一学

用指针变量(一级指针)可以存放变量、数组的地址,那么指针变量、指针数组的地址由谁存放呢?答案是用指向指针的指针变量存放指针变量的地址,这个指针变量称为指向指针的指针,也称为二级指针变量,简称二级指针。定义二级指针变量的一般形式为

类型说明符 **指针变量名;

其中,指针变量名前的第一个 * 先与变量名结合,说明该变量是一个指针,该指针所指向的数据的类型为"类型说明符 *",例如"char **p;"定义了一个二级指针 p,该指针所指向的数据的类型为 char *,即一个字符型指针,此时可以用一个字符型指针的地址为 p 赋值。

又如:

```
int x=3, * p, **pp;
p=&x;                //p 指向 x
pp=&p;               //pp 指向 p,注意,若 pp=&x,则是错误的
 * p=20;             //一级指针间接访问,等于 x
**pp=50;             //二级指针间接访问,即 * ( * pp),等于 * p,等于 x
```

这里定义了 3 个变量 x、p 和 pp 并且分别赋值。三者之间的关系如图 9-16 所示。二级指针 pp 指向了一级指针 p，一级指针 p 指向了整型变量 x。这样，x、* p 和**pp(**pp 相当于 * ( * pp))代表了同一内存单元，它们的值相同；p 和 * pp 代表同一内存单元，值是 &x；pp、&p 和 &&x 等价。

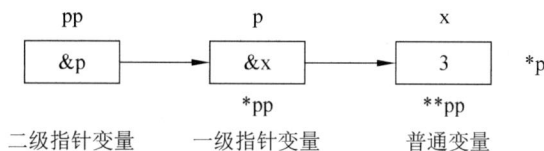

图 9-16  pp、p、x 之间的关系

📖 试一试

例 9-16    二级指针应用示例,使用二级指针输出给定指针数组中的多个字符串。指针数组定义如下。

```
char * week[ ]={"Monday", "Tuesday", "Wednesday", "Thursday",
    "Friday", "Saturday", "Sunday"};
```

-💡-解题思路-

分析：指针数组 week 中各元素数据类型为字符型指针(char  *),指针数组名 week 指向数组首元素 week[0],代表了 week[0] 的地址,即一个字符型指针的地址,因此可以定义一个二级指针 char  * *p 指向 week[0],然后通过二级指针 p 遍历指针数组 week。

⊘ 程序代码

```c
#include "stdio.h"
int main (void)
{
    char * week [ ]={ "Monday", "Tuesday", "Wednesday", "Thursday",
        "Friday" , "Saturday" , "Sunday" };
    char **ppw=week;                              //二级指针的初始化

    //* ppw、week[0]、&week[0][0]三者等价,地址形式输出三者
    printf("0X%p,0X%p,0X%p\n", week[0], &week[0][0], * ppw);
    while(ppw<week+7)
    {
        printf("%-5c %-10s\n", **ppw, * ppw);    //输出字符和字符串
        ppw++;
    }
    return 0;
}
```

程序运行结果如下。

0X00429058,0X00429058,0X00429058

```
M    Monday
T    Tuesday
W    Wednesday
T    Thursday
F    Friday
S    Saturday
S    Sunday
```

# 9.7  void 指针与动态内存分配

第 8 章介绍过 C 语言程序的全局变量、静态局部变量是在内存的静态存储区中分配内存,非静态局部变量(包括形参)在内存的动态存储区栈(stack)中分配内存。除此之外,在程序运行期间,还可以根据实际需要在堆(heap)中动态地申请和释放内存。

对内存的动态分配是通过系统提供的标准库函数实现的,主要有 malloc()、calloc()、free()、realloc()这 4 个函数,使用前需要包含头文件 stdlib.h。

### 1. malloc()函数

📖 学一学

函数原型为

```
void * malloc (unsigned int size);
```

函数功能:在内存的动态存储区分配一个长度为 size 字节的连续存储空间。如果申请成功,则将此存储空间的起始地址作为函数值返回;若内存空间不够大,申请不到 size 字节的存储空间,则函数返回空指针 NULL。

🎓 说明

① 形参 size 为无符号整数,用来指定要申请的空间的大小。例如,malloc(10)可申请一个长为 10 字节的存储空间。

② 函数的返回值为 void 型指针(这是通用指针的重要用途之一),因此在具体使用中要强制转换为需要的类型,赋给这一类型的指针变量。例如:

```
int * p,n=10;
p=(int * ) malloc (n * sizeof(int));        //动态申请 n 个整型大小的动态数组
```

上述语句将申请的 n * sizeof(int)字节的存储空间的起始地址赋给整型指针 p,p 也可以看成含有 $n$ 个元素的整型数组名。在调用 malloc 函数时,不要直接用数字,最好利用 sizeof 运算符计算存储空间的大小,这样程序具有较好的可移植性。

### 2. calloc()函数

📖 学一学

函数原型为

```
void * calloc (unsigned int n, unsigned int size);
```

函数功能:在内存的动态存储区中分配 $n$ 块长度为 size 字节的连续存储空间,并且在分配后把这 $n$ 块申请到的存储空间初始化为 0。如果申请成功,则返回值为该区域的起始地址。若内存空间不够大,申请不到所需的字节数,则函数的返回值为 NULL。

函数 calloc()和 malloc()的区别在于,calloc()一次就可以申请 $n$ 块区域并对整个区域初始化。例如,申请建立一个可以存放 10 个 double 型元素的动态数组,并且将起始地址赋给指针变量 ptr,可以通过下面语句实现。

```
double * ptr=(double * ) malloc (10 * sizeof(double));
```

或

```
double * ptr=(double * ) calloc (10, sizeof(double));
```

### 3. free()函数

📖 **学一学**

函数原型为

```
void free (void * ptr);
```

函数功能:将 ptr 指向的存储空间释放,归还给系统以便后续再分配。ptr 是指向待释放区域的起始地址,该释放区域是由函数 malloc()或 calloc()申请分配的。该函数无返回值。

例如:

```
free(ptr);          //释放 ptr 指向的内存区域
```

一般来说,指针 ptr 所指向的存储空间被释放后,还需要将指针 ptr 置为 NULL,即

```
ptr=NULL;
```

### 4. realloc()函数

📖 **学一学**

函数原型为

```
void * realloc(void * ptr, unsigned int size);
```

函数功能:改变已分配的存储空间的大小。

🎓 **说明**

① 将 ptr 指向的存储空间的大小改为 size 字节。ptr 指向的存储空间必须是用 malloc()或 calloc()函数分配的,size 与原来的存储空间相比可大可小。
② 该函数返回新分配的存储空间的起始地址。

## 5. 动态内存分配的应用

动态内存分配函数适用于所有数据类型,通常被用于数组、字符串、字符串数组、自定义类型以及复杂数据结构。特别要注意,动态内存分配和释放必须对应,否则会产生内存泄露。

### 试一试

**例 9-17**　建立动态数组,输入 $n$ 名学生成绩。另外编写一个函数计算平均成绩并输出,其中 $n$ 由用户输入。

---
-○- 解题思路

**分析**:因为学生数量未知,所以不能通过一维数组存储学生成绩。根据用户输入的 $n$ 值,可以动态申请大小为 $n * sizeof(int)$ 的连续内存区域存储学生成绩,定义一个整型指针 p 指向这块区域,然后以 p 为实参传递给平均成绩计算函数。此函数原型可定义为

```
float average(int * p, int n);
```

---
程序代码

```c
#include "stdio.h"
#include "stdlib.h"
float average(int * p, int n)
{
    int * q=p;
    float aver=0;
    while(q<p+n)
        aver+= * q++;
    return aver/n;
}
int main()
{
    int * p, n, i=0;
    float aver=0;

    printf("请输入要输入的学生人数: \n");
    scanf("%d", &n);
    p=(int * )malloc(sizeof(int) * n);
    printf("请输入学生成绩: \n");
    while(i<n)
        scanf("%d", p+i++);
    printf("%.2f\n", average(p, n));
    free(p);
    p=NULL;
    return 0;
}
```

程序运行结果如下。

请输入要输入的学生人数：
3
请输入学生成绩：
76  82  78
78.67

**程序注解**

① 要申请的内存空间大小一般通过 sizeof 运算符来计算。

② 动态申请的内存在使用完后必须要释放掉。

内存的动态分配主要应用于建立动态数据结构(如链表等)，在第 10 章的结构体部分还会看到对其的实际应用。

# 9.8  典 型 题 解

**试一试**

**例 9-18**  编写一个字符删除函数，能够在字符串中找到并删除指定的字符。要求函数原型为

```
void delete(char * str, char c);
```

其中 str 表示要删除字符的字符串，c 表示要删除的字符。

-------------------------- 解题思路 --------------------------

**分析**：定义两个字符指针变量 p 和 q，初始时均指向 str，p 用于遍历字符串 str，q 用于存储保留(非要删除)字符。p 遍历字符串 str 时，若 * p! ＝c，则执行 * q＝ * p，同时 q 向后移动一个位置，最后在字符串结尾处(即 * q)补字符串结束标记'\0'.

-------------------------- 程序代码 --------------------------

```c
#include "stdio.h"
void delete_c(char * str, char c)
{
    char * p=str, * q=str;

    while( * p !='\0')
    {
        if( * p !=c)
            * q++= * p;
        p++;
    }
    * q='\0';
```

```
    }
int main()
{
    char a[100], c;
    printf("请输入一个字符串：");
    scanf("%s", a);
    getchar();//此处用于接收回车键
    printf("请输入要删除的字符：");
    scanf("%c", &c);
    delete_c(a, c);
    printf("删除字符%c的字符串为：%s", c, a);
    return 0;
}
```

程序运行结果如下。

请输入一个字符串：Welcome
请输入要删除的字符：c
删除字符c的字符串为：Welome

**例 9-19**　有 6 个英文人名，要求编写排序函数 sort()实现对人名按字母顺序排序，编写输出函数 output()输出人名信息。

-------------------- 💡 解题思路 --------------------

分析：6 个英文人名可以用一个指针数组表示，数组中的每个指针元素表示一个字符串（指向一个字符串的首字符）。两个函数的函数原型可设计如下。

```
void sort(char * str[], int n);
void output(char * a[], int n);
```

-------------------- 📘 程序代码 --------------------

```
#include "stdio.h"
#include "string.h"
#define N 6
void sort(char * str[], int n)
{
    int i, j, k;
    char * p;
    for(i=0; i<n-1; i++)
    {
        k=i;
        for(j=i+1; j<n; j++)
            if(strcmp(str[j], str[k])<0)
                k=j;
        if(k !=i)
            p=str[i], str[i]=str[k], str[k]=p;
```

```
        }
    }
    void output(char * a[], int n)
    {
        int i;
        for(i=0; i<n; i++)
            printf("%-8s", a[i]);
    }
    int main()
    {
        char * a[]={"Tom", "Robert", "Hellen", "Kity", "Lily", "Joe"};
        int i;
        printf("排序前: ");
        output(a, N);
        sort(a, N);
        printf("\n排序后: ");
        output(a, N);
        return 0;
    }
```

程序运行结果如下。

```
排序前: Tom      Robert   Hellen   Kity     Lily     Joe
排序后: Hellen   Joe      Kity     Lily     Robert   Tom
```

### 程序注解

排序是通过更改指针数组中指针元素的指向来完成的。排序后,指针数组 a 中各元素的指向如图 9-17 所示。

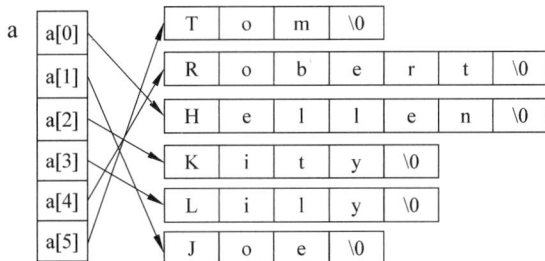

图 9-17　排序后指针数组各元素指向图

**例 9-20**　有 $n$ 个人围成一圈,顺序排号。从第一个人开始报数(从 1 到 3 报数),凡报到 3 的人退出圈子,问最后留下的是原来第几号的那位。

-------- 💡·解题思路 --------

**分析**:利用数组保存这 $n$ 个人的序号,利用指针指向数组并完成数组的初始化。设计两个计数器,k 作为报数计数器,m 作为退出人数计数器。从第一个人开始计数(由指

针加上数组下标来完成),计数器 k 到 3 后清 0,指针指向最后一个人后再偏移则指向第一个人。每退出一个人,则将该数组元素置 0,报数计数时只对非 0 元素计数。当计数器 m 到 $n-1$ 时说明只剩下一个人,算法结束,输出剩下人的编号。

---

🔷 程序代码

```c
#include "stdio.h"
#define N 50
void main()
{
    int i,k,m,n,num[N], * p;

    printf("请输入总的人数: \n");
    scanf("%d",&n);
    p=num;
    for(i=0;i<n;i++)
        * (p+i)=i+1;              //以 1 至 n 给每个人编号
    i=k=m=0;
    while(m<n-1)                  //退出人数比 n-1 少时,执行循环体
    {
        if( * (p+i)!=0) k++;
        if(k==3)
        {
            * (p+i)=0;            //将退出的人的编号置为 0
            k=0;
            m++;
        }
        i++;
        if(i==n)
            i=0;                  //报数到尾后,i 重置为 0
    }
    while( * p==0) p++;           // * p!=0 时 * p 即为最后留下的人的编号
    printf("最后留下人的编号:%d\n", * p);
}
```

程序运行结果如下。

请输入总的人数:
15
最后留下人的编号: 5

# 9.9  本 章 小 结

## 1. 指针的优点

指针是 C 语言中一个重要的组成部分,使用指针编程有以下优点。

- 提高程序的编译效率和执行速度。
- 通过指针可使主调函数和被调函数之间共享变量或数据结构,便于实现双向数据通信。
- 可以实现动态的存储分配。
- 便于表示各种数据结构,编写高质量的程序。

## 2. 与指针有关的各种说明

与指针有关的各种说明见表 9-3。

表 9-3　指针定义及含义

| 定　　义 | 含　　义 |
|---|---|
| int * p | p 为指向整型数据的指针变量 |
| int * p[n] | 定义指针数组 p,它由 $n$ 个指向整型数据的指针元素组成 |
| int (* p)[n] | p 是指针变量,用于指向由 $n$ 个元素构成的一维数组 |
| int f() | f 为返回整型值的函数 |
| int * p() | p 是返回值为整型指针的函数 |
| int (* p)() | p 是指向函数的指针,该函数返回值为整型 |
| int **p | p 是一个指针变量,它指向一个指向整型数据的指针变量 |

## 3. 指针运算小结

(1) 取地址运算符 &

它用于求变量的地址。

(2) 取内容运算符 *

它表示指针所指向的变量。

(3) 赋值运算

- 把变量地址赋予指针变量,如 p＝&i;。
- 同类型指针变量相互赋值,如 p1＝p2;。
- 把数组、字符串的首地址赋予指针变量,如 p＝a;。
- 把函数入口地址赋予指针变量,如 p＝max;。

(4) 加减运算

对指向数组元素、字符串字符的指针变量可以进行加减运算,如 p＋n、p－n、p＋＋、p－－等。对指向同一数组的元素的两个指针变量可以相减。

(5) 关系运算

指向同一数组的元素的两个指针变量之间可以进行比较运算。指向前面元素的指针变量小于指向后面元素的指针变量。指针可与 0 比较,p＝＝0 表示 p 为空指针,但最好用 p＝＝NULL 比较。

# 习　题　9

## 一、选择题

1. 以下关于地址和指针的叙述中正确的是(　　)。
   A. 可以取变量的地址赋值给同类型的指针变量
   B. 可以取常量的地址赋值给同类型的指针变量
   C. 可以取一个指针变量的地址赋给本指针变量,这样就使得指针变量指向自身
   D. 所有指针变量如果未赋初值,则自动赋空值 NULL

2. 若有定义语句 double a，* p＝&a;,以下叙述中错误的是(　　)。
   A. 定义语句中的 * 号是一个间址运算符
   B. 定义语句中的 * 号是一个说明符
   C. 定义语句中的 p 只能存放 double 类型变量的地址
   D. 定义语句中 * p＝&a 把变量 a 的地址作为初值赋给指针变量 p

3. 对于函数声明 void fun(float array[]， int * ptr);,以下叙述正确的是(　　)。
   A. 调用函数时,array 数组的元素和 ptr 都是按值传送
   B. 函数声明有语法错误,参数 array 缺少数组大小定义
   C. 调用函数时,array 数组中将存储从实参中复制来的元素值
   D. 函数参数 array、ptr 都是指针变量

4. 关于地址和指针,以下叙述正确的是(　　)。
   A. 可以通过强制类型转换让 char 型指针指向 double 型变量
   B. 函数指针 p 指向一个同类型的函数 f 时,必须写成 p＝&f;
   C. 指针 p 指向一个数组 f 时,必须写成 p＝&f;
   D. 一个指针变量 p 可以指向自身

5. 设有定义语句 int( * f)(int);,则以下叙述正确的是(　　)。
   A. f 是基类型为 int 的指针变量
   B. f 是指向函数的指针变量,该函数具有一个 int 类型的形参
   C. f 是指向 int 类型一维数组的指针变量
   D. f 是函数名,该函数的返回值是基类型为 int 类型的地址

6. 若有说明语句 int * ptr[10];,以下叙述正确的是(　　)。
   A. ptr 是一个具有 10 个指针元素的一维数组,每个元素都只能指向整型变量
   B. ptr 是指向整型变量的指针
   C. ptr 是一个指向具有 10 个整型元素的一维数组的指针
   D. ptr 是一个指向 10 个整型变量的函数指针

7. 有以下程序

```
#include "stdio.h"
```

```
int add(int a, int b)
{
    return a+b;
}
    int main()
{
    int k, a=5, b=10, (*f)()=add;
    ...
}
```

则以下函数调用语句错误的是(　　　)。

A. k＝f(a, b);　　　　　　　　　B. k＝add(a, b);

C. k＝(*f)(a, b);　　　　　　　D. k＝*f(a, b);

8. 若有定义语句 int a[10]＝{0,1,2,3,4,5,6,7,8,9}, *p=a;,以下选项中错误引用 a 数组元素的是(其中 0≤i<10)(　　　)。

A. *(*(a+i))　　　B. a[p－a]　　　C. p[i]　　　　　D. *(&a[i])

9. 有以下程序

```
#include "stdio.h"
void main()
{
    int *p,x=100;
    p=&x;
    x=*p+10;
    printf("%d\n",x);
}
```

程序运行后的输出结果是(　　　)。

A. 110　　　　　　B. 120　　　　　　C. 100　　　　　　D. 90

10. 有以下程序段

```
int *p1, *p2, a[10];
p1=a;
p2=&a[5];
```

则 p2－p1 的值为(　　　)。

A. 5　　　　　　　B. 10　　　　　　C. 12　　　　　　D. 无法确定

11. 有以下程序

```
#include "stdio.h"
void main()
{
    int m=1, n=2, *p=&m, *q=&n, *r;
    r=p; p=q; q=r;
    printf("%d,%d,%d,%d\n", m,n,*p,*q);
}
```

程序运行后的输出结果是(　　)。

　　A. 2, 1, 1, 2　　　　B. 1, 2, 1, 2　　　　C. 2, 1, 2, 1　　　　D. 1, 2, 2, 1

12. 有以下程序

```
#include "stdio.h"
void main()
{
    int a[10]={11,12,13,14,15,16,17,18,19,20}, * p=a, i=9;
    printf("%d,%d,%d\n", a[p-a], p[i], * (&a[i]));
}
```

程序运行后的输出结果是(　　)。

　　A. 11, 19, 19　　　B. 12, 20, 20　　　C. 11, 20, 20　　　D. 12, 19, 20

13. 有下列程序

```
#include "stdio.h"
void main()
{
    char v[4][10];
    int i;
    for(i=0; i<4; i++)
        scanf("%s", v[i]);
    printf("%c,%s,%s,%c", * * v, * (v+1),v[3]+3, * (v[2]+1));
}
```

程序执行时若输入 welcome you to beijing<回车>,则输出结果是(　　)。

　　A. w, you, jing, o　　　　　　　B. welcome, you, jing, to

　　C. w, you, beijing, u　　　　　　D. w, welcome, bei jing, u

14. 当调用函数时,若实参是一数组名,则向函数传递的是(　　)。

　　A. 数组的长度　　　　　　　　　B. 数组的首地址

　　C. 数组每个元素的地址　　　　　　D. 数组每个元素的值

## 二、填空题

1. 以下程序以每行 5 个数据的形式输出数组 a 的各个元素,请填空。

```
#include "stdio.h"
void main()
{
    int a[50], i, * p;
    for(p=a,i=0; i<50; i++)
        scanf("%d", _____);
    for(p=a,i=0; i<50; i++)
    {
        if(i%5==0) _____;
```

```
        printf("%3d", * (p+i));
    }
}
```

2. 以下程序实现将字符串逆置,请填空。

```
#include "stdio.h"
#include "string.h"
#define N 100
void main()
{
    char a[N], t, * p, * q;
    gets(a);
    p=a;
    q=_____;
    while(_____)
    {
        t= * p;_____; * q=t;
        p++;
        _____;
    }
    puts(a);
}
```

3. 以下函数 fun 的功能是统计形参 s 所指的字符串中数字字符出现的次数,并存放在形参 t 所指的变量中,最后在主函数中输出,请填空。

```
#include "stdio.h"
void fun(char * s, int * t)
{
    int i, n=0;
    for(i=0; _____; i++)
        if(s[i]>='0' && _____)
            n++;
    * t=n;
}
void main()
{
    char a[100];
    int n;
    gets(a);
    fun(_____);
    printf("%d\n", n);
}
```

4. 以下函数 fun 的功能是将形参 s 所指的字符串中所有字母字符顺序前移,其他字符顺序后移,处理后将新字符串的首地址作为函数值返回,请填空。

```c
#include "stdio.h"
#include "string.h"
#include "stdlib.h"
char * fun(char * s)
{
    int i, j=0, k=0, n;
    char * p, * t;
    n=strlen(s)+1;
    p=(char *)malloc(n*sizeof(char));
    t=_____;
    while(* s ! ='\0')
    {
        if(* s>='A'&&* s<='Z' || * s>='a'&&* s<='z')
            _____;
        else
            p[k++]= * s;
        s++;
    }
    for(i=0; i<k; i++)
        t[j+i]=_____;
    _____;
    free(p);
    p=NULL;
    return t;
}
void main()
{
    char a[80];
    gets(a);
    puts(fun(a));
}
```

## 三、阅读程序写结果

### 1. 有以下程序

```c
#include "stdio.h"
voidmain()
{
    int y=1, x, a[]={2,4,6,8,10}, * p;
    p=&a[1];
    for(x=0; x<3; x++)
```

```
        y=y+ * (p+x);
    printf("%d\n", y);
}
```

程序运行后的输出结果是_____。

2. 有以下程序

```
#include "stdio.h"
#include "string.h"
void main()
{
    char a[6]="01234", * b="++";
    printf("%d,%d,%d,%d\n", strlen(a), sizeof(a), strlen(b), sizeof(b));
}
```

程序运行后的输出结果是_____。

3. 有以下程序

```
#include "stdio.h"
void fun(char * a, char * b)
{
    char * s=a;
    while ( * s)
        s++;
    s--;
    while(s>=a) {
        * b= * s; s--; b++;
    }
    * b='\0';
}
void main()
{
    char s1[]="abc", s2[6];
    fun(s1, s2);
    puts(s2);
}
```

程序运行后的输出结果是_____。

4. 有以下程序

```
#include "stdio.h"
void main()
{
    int a[3][3]={0,1,2,3,4,5,6,7,8}, ( * p)[3], i;
    p=a;
    for(i=0;i<3;i++)
```

```
        {
            printf("%d ", ( * p)[i]);
            p++;
        }
    }
```

程序运行后的输出结果是_____。

5. 有以下程序

```
#include "stdio.h"
int fun(int * b, int n)
{
    int i, r=1;
    for(i=0; i<=n; i++)
        r=r * b[i];
    return r;
}
void main()
{
    int x, a[]={2,3,4,5,6,7,8,9};
    x=fun(a,3);
    printf("%d\n", x);
}
```

程序运行后的输出结果是_____。

6. 有以下程序

```
#include "stdio.h"
void main()
{
    int a[10]={0}, i=0, * p=a;
    while(p<a+9)
    {
        * p=++i;
        p+=2;
    }
    for(i=0; i<9;i++)
        printf("%d ",a[i]);
    printf("\n");
}
```

程序运行后的输出结果是_____。

7. 有以下程序

```
#include "stdio.h"
void main()
```

```
{
    int password;
    char * p, str[10]="wind";
    scanf("%d", &password);
    p=str;
    while ( * p)
    {
        printf("#%c", * p+password);
        p++;
    }
    printf("\n");
}
```

程序运行后,从键盘输入 1,则程序的输出结果是_____。

8. 有以下程序

```
#include "stdio.h"
#include "string.h"
void fun(char * t, char ch)
{
    while( * (t++) ! ='\0');
    while( * (t-1)<ch)
        * t--= * (t-1);
    * t--=ch;
}
void main()
{
    char s[]="97531", c;
    scanf("%c", &c);
    fun(s, c);
    puts(s);
}
```

程序运行时,从键盘输入 6,则程序的输出结果是_____。

## 四、编写程序题

1. 从键盘输入一个字符串,然后从第一个字母开始间隔地输出该字符串。如若输入 "computer",则输出"cmue"。要求输出操作通过函数 output()实现,其函数原型如下:

```
void output(char * str);
```

其中,str 是指向输入字符串首字符的指针。

2. 从键盘输入一个字符串,将字符串中指定位置的字符删除。要求删除字符的操作通过函数 delete()实现,其函数原型如下:

```
char delete(char * p, int n);
```

其中,p 是指向字符串首字符的指针,n 是指定的位置。若删除成功,则函数返回被删除字符,否则返回空值('\0')。

3. 从键盘输入两个字符串,将两个字符串连接成一个,不要使用 strcat()函数。要求连接操作通过函数 concat()函数实现,其函数原型如下:

```
void concat (char * s, char * t);
```

其中,s 和 t 是分别指向要连接的两个字符串首字符的指针,连接时,t 连接在 s 后。

4. 字符串排序。从键盘输入若干个字符串(如几个城市名、几本图书名等),每个字符串以换行符结束,对这些字符串进行升序排序后并输出,每个字符串占据一行。要求排序操作通过函数 sort()实现,其函数原型如下:

```
void sort(char * a[], int n);
```

其中,指针数组 a 指向输入的若干字符串,n 为输入的字符串的数目。

5. 从键盘输入两个字符串(主串和子串),计算子串在主串中出现的次数。要求计算操作通过函数 substring()函数实现,其函数原型如下:

```
int substring (char * s, char * t);
```

其中,s 和 t 是分别指向主串和子串首字符的指针,函数返回子串在主串中出现的次数。

6. 从键盘输入一个字符串,判断该字符串是否为回文。要求判断操作通过函数 palindrome()函数实现,其函数原型如下:

```
int palindrome (char * s);
```

其中,s 是指向要进行回文判断的字符串首字符的指针,是回文,函数返回 1,否则返回 0。

# 第**10**章

# 用户自定义数据类型

用户自定义的数据类型(即构造类型)有数组、结构体、共用体和枚举,使用这些自定义类型能极大地增强 C 语言对数据的表达和处理能力。本章将介绍 3 种自定义数据类型的定义和使用。

# 10.1  结  构  体

现实中的事物一般都具有多个属性,需要通过多个数据项描述。例如,一个学生的基本信息可以包括学号(no)、姓名(name)、年龄(age),以及语文(Chinese)、数学(Math)、英语(English)三门课程的成绩,这些数据项的数据类型不同,但又相互关联。如果每个数据项都定义为相互独立的简单变量,则难以反映出它们之间的内在联系;而且对于处理多个学生信息的情况,如果每个数据项都定义相应的数组,那么各个数据项将分散在不同的内存空间,在对学生信息进行查找、插入、删除、排序等操作时不易处理。一种思路是能不能将一个学生的多个数据项存放在一块连续的内存空间,如果可行,这时该如何描述一个学生的信息呢?

C 语言允许用户自己定义一种数据类型,即"结构体",它能把不同数据类型的数据组织在一起作为一个整体,类似于其他高级语言中的"记录"。

## 10.1.1  结构体类型的定义

📖 **学一学**

定义结构体类型的语法格式如下。

```
struct 结构体类型名
{
    类型标识符   成员 1;
    类型标识符   成员 2;
    …
    类型标识符   成员 n;
};
```

例如,存储上述学生信息的结构体类型可定义如下。

```
struct student
{
    int no;
    char name[10];
    int age;
    float Chinese;
    float Math;
    float English;
};
```

其中 struct 为关键字,定义了结构体类型 struct student,包含 6 个不同类型的成员。

🎓 **说明**

① 使用结构体类型时,"struct 结构体类型名"是一个整体,表示名字为"结构体类型名"的结构体类型。自定义的结构体类型和基本数据类型一样,都可以定义变量。

② 在定义结构体类型时,成员名可以与程序中的变量名相同,不同的结构体中也可以有相同的成员名。结构体类型的成员也称为"域"。

③ 结构体类型的成员可以是任意基本数据类型,也可以是数组,还可以是结构体类型,即支持结构体嵌套定义。例如,在 struct student 类型中增加一个生日类型成员。

```
struct date
{
    int year;
    int month;
    int day;
};
struct student
{
    int no;
    char name[10];
    int age;
    struct date birthday;
    float Chinese;
    float Math;
    float English;
};
```

📖 **练一练**

自定义结构体类型表示二维平面上的一个点,它由两个坐标组成。

## 10.1.2 结构体类型变量的定义

📖 **学一学**

结构体类型变量的定义方法有以下 3 种形式。

① 先定义类型后定义变量,例如:

```
struct student stud, studs[10], * pstud;
```

这种定义方式和定义基本数据类型变量的方法一致,上述语句利用 10.1.1 节中定义的 struct student 类型定义了一个结构体类型变量 stud、一个结构体类型数组 studs 和一个结构体类型指针 pstud。

② 定义结构体类型的同时定义变量,语法格式如下。

```
struct 结构体类型名 {
    成员列表;
} 结构体变量列表;
```

例如:

```
struct student {
    int no;
    ...
} student1, student2;
```

上述语句在定义 struct student 类型的同时定义了两个 struct student 类型的变量 student1 和 student2。

③ 匿名结构体类型,即不指定结构体类型名,直接定义结构体类型变量,语法格式如下。

```
struct {
    成员列表;
} 结构体变量列表;
```

例如:

```
struct {
    int no;
    ...
} s1, s2;
```

上述语句未指定结构体类型名,直接定义了两个结构体类型的变量 s1 和 s2。

🎓 **说明**

在使用结构体类型定义变量时,系统将为变量分配内存空间,变量所占内存大小并不是各成员所占内存简单求和。事实上,系统在为结构体类型变量分配内存时遵从"字节对齐"的原则。字节对齐是指依据成员中最长基本数据类型所占字节数,当某一成员所占字节数不足最长基本数据类型所占字节数的整数倍时,系统将会自动补齐。例如:

```
struct student
{
    int no;
    char name[10];
```

```
        int age;
    };
```

其中最长基本数据类型为 int, 占 4 字节, 成员 name 占 10 字节, 系统会自动补齐 2 字节, 凑足 12 字节, 因此 struct student 类型占用 20 字节。用户可以通过 sizeof 运算符输出结构体类型所占内存字节数, 例如:

```
printf("%d ", sizeof(struct student));
```

## 10.1.3 类型别名

定义结构体类型的变量时每次都必须带上关键字 struct, 这会使程序看起来不简洁。C 语言提供了 typedef 类型定义符, 给一个已经存在的类型取一个别名。

### 📖 学一学

typedef 定义的语法格式如下。

```
typedef 原类型名 新类型名;
```

其中, 原类型名中可以含有类型定义部分, 新类型名的首字母一般采用大写表示。例如:

```
typedef char DataType;        //为 char 定义别名, DataType 为字符类型
typedef char Name[20];        //为 char [20]定义别名, Name 为字符数组类型
typedef struct date Date;      //为 struct date 定义别名, Date 为结构体类型
typedef struct student         //在类型定义同时定义别名
{
    int no;
    ...
} Student, * PStudent;          //Student 为结构体类型, PStudent 为结构体指针类型
```

DataType、Name、Date、Student 和 PStudent 分别为 char、char [20]、struct date、struct student 和 struct student * 的类型别名, 以后它们可以直接作为相关变量的类型说明。例如:

```
DataType ch;              //定义一个字符变量 ch
Name name;                //定义长度为 20 的字符数组 name
Date date;                //定义结构体类型变量 date
Student stu;              //定义结构体类型变量 stu
PStudent p=&stu;          //定义结构体指针变量 p 并初始化指向结构体类型变量 stu
```

### 🎓 说明

typedef 只是为一种已经存在的类型定义一个别名而已, 并非定义一个新的数据类型。

## 10.1.4　结构体类型变量的成员访问

📖 **学一学**

结构体类型变量的成员访问一般有以下三种形式。

### 1. 结构体类型变量的成员访问

结构体类型变量通过成员访问运算符"."直接访问其成员,语法格式如下。

结构体类型变量名.成员名

例如:

```
struct student stud1;
scanf("%d %s", &stu1.no, stud1.name);
```

如果成员本身又是一个结构体类型,则要用若干个成员访问运算符"."逐级访问。例如 10.1.1 节中定义的含 struct date 类型成员的 struct student 类型,若须访问出生月份,访问方式如下。

```
struct student stud1;
stud1.date.month=11;
```

### 2. 结构体类型指针变量的成员访问

结构体类型指针变量一般通过成员访问运算符"->"间接访问其成员,语法格式如下。

结构体类型指针变量名->成员名

也可先通过指针变量获得所指向的结构体类型数据,然后再通过成员访问运算符"."访问其成员,语法格式如下。

(*结构体类型指针变量名).成员名

例如:

```
struct student stud1, * p=&stud1;
scanf("%d %s", &p->no, p->name);
printf("%d %s", (* p).no, (* p).name);
```

### 3. 结构体数组类型变量某一数据元素的成员访问

结构体数组类型变量一般先访问指定元素,然后再通过成员访问运算符"."访问指定元素的成员,语法格式如下。

结构体数组名[下标].成员名

例如：

```
struct student stud[3];
stud[1].no=191842216;
```

📖 **试一试**

**例 10-1**　利用 10.1.1 节中定义的结构体类型 struct student 输入一个学生的信息，保存到一个结构体变量中，然后输出。

------- ☆ **解题思路** -------

**分析**：结构体类型数据在输入、输出时不能进行整体输入和输出，须逐成员进行操作。

------- ⬡ **程序代码** -------

```c
#include "stdio.h"

typedef struct student
{
    int no;
    char name[10];
    int age;
    float Chinese;
    float Math;
    float English;
}Student;

void main()
{
    Student s;

    printf("请输入一名学生信息：\n");
    scanf("%d%s%d%f%f%f", &s.no, s.name, &s.age, &s.Chinese, &s.Math, &s.English);
    printf("该名学生的信息为：\n");
    printf("%8s%8s%8s%8s%8s%8s%8s\n", "学号", "姓名", "年龄", "语文", "数学", "英语");
    printf("%8d%8s%8d%8.2f%8.2f%8.2f\n", s.no, s.name, s.age, s.Chinese, s.Math, s.English);
}
```

程序运行结果如下。

请输入一名学生信息：
19184216 张朝阳 19 80 76 93
该名学生的信息为：

| 学号 | 姓名 | 年龄 | 语文 | 数学 | 英语 |
|------|------|------|------|------|------|
| 19184216 | 张朝阳 | 19 | 80.00 | 76.00 | 93.00 |

🎓 **程序注解**

在给结构体变量的成员进行数据输入时，一般使用 scanf 函数，由于 scanf 函数不能接收空格，所以空格可以作为字符串和数值型数据的分隔符。若使用 gets 函数接收字符串时，由于 gets 函数可以接收空格，所以此时空格不能作为字符串和数值型数据的分隔符，但可以使用回车符。

📖 **练一练**

在一个职工工资管理系统中，工资项目包括编号、姓名、基本工资、奖金、保险、实发工资。输入一个职工前五项信息，计算并输出其实发工资。其中实发工资＝基本工资＋奖金－保险。

# 10.1.5　结构体类型变量的初始化

📖 **学一学**

结构体类型变量与其他基本数据类型变量一样，也可以在定义时初始化。初始化时将初值放在一对大括号中，值与值之间用逗号隔开，初值顺序要与结构体的成员列表顺序一致。未被指定初值的数值型成员被系统初始化为 0，字符型成员被系统初始化为'\0'，指针型成员被系统初始化为 NULL。例如：

```
struct student stu1={191842216, "张三", 18, {2002, 11, 21}, 88.5, 96, 76.5};
```

也可以为结构体类型数组赋初值，所有的元素用一对大括号括起来，元素之间用逗号隔开，数组的每个元素也用一对大括号括起来，例如：

```
struct student stu1[10]={{191842216, "张三", 18, {2002, 11, 21}, 88.5, 96, 76.5},
                         {191842217, "李四", 19, {2001, 11, 21}, 86, 96.5,
                         70.5}, ...};
```

# 10.1.6　结构体与函数

📖 **学一学**

## 1. 结构体作为函数参数

结构体和指向结构体的指针都可以作为函数的参数。结构体作为函数参数与基本数据类型一样，都是值传递。当函数调用时，首先会为作为形参的结构体分配空间，然后将作为实参的结构体中的成员逐一复制到形参的每个成员中，以后实参和形参就没有任何联系。此时如果在被调函数中更改作为形参的结构体中任一成员的值，将不会对作为实参的结构体造成任何影响。如有必要，可以使用指向结构体的指针作为函数形参，当函数调用时,实参传递给形参的是指向结构体的指针(地址),此时实参和形参将同时指向主调函数中的一个结构体类型变量,从而在主调函数和被调函数的数据之间建立联系。

📖 试一试

**例 10-2**　设二维平面上的一个点,水平方向和竖直方向同时移动距离 d,试定义点类型并实现点的移动和输出操作。

------ 🔅解题思路 ------

**分析**：考虑到移动函数需要更改主调函数中实参的数据,因此使用指向结构体的指针作为函数参数,函数定义为 void move(Point * p);输出函数也使用指向结构体的指针作为函数参数,函数定义为 void output(Point * p)。具体解题步骤如下。

① 类型定义：定义结构体类型 struct point 并使用 typedef 命令为其指定别名 Point。

② 函数定义：定义函数 move 和函数 output。

③ 主函数实现：在主函数中初始化一个点,调用函数 move 移动一定距离 d 并输出移动后的点。

------ 🔷程序代码 ------

```c
#include "stdio.h"
typedef struct point{
    double x;
    double y;
}Point;
void move(Point * p, double d)
{
    if(p !=NULL)
    {
        p->x+=d;
        p->y+=d;
    }
}
void output(Point * p)
{
    printf("%.2lf %.2lf\n", p->x, p->y);
}
void main()
{
    Point point={12.3, 3.6};
    double d;
    printf("点的坐标为: ");
    output(&point);
    printf("请输入要移动的距离: ");
    scanf("%lf", &d);
```

```
        move(&point, d);
        printf("移动后的点的坐标为: ");
        output(&point);
}
```

程序运行结果如下。

```
点的坐标为: 12.30 3.60
请输入要移动的距离: 5
移动后的点的坐标为: 17.30 8.60
```

### 🎓 程序注解

如果结构体作为函数参数,函数调用时先为形参分配内存单元,然后将实参中的成员全部复制过来。这些操作不仅需要空间,而且还需要时间。实际应用中一般使用指向结构体的指针作为函数参数。

## 2. 结构体作为函数返回值

### 📖 学一学

结构体类型数据可以和基本数据类型数据一样,作为函数返回值返回。此时被调函数的函数返回值将逐成员赋值给主调函数中用于接收函数调用结果的变量。

### 📖 试一试

**例 10-3**　在例 10-2 的基础上定义函数 getPoint,其功能是根据提供的两个坐标构造二维平面上的一个点并作为函数值返回,试定义点类型并实现点的构造和输出操作。

········· 💡 解题思路 ·········

**分析**: 定义构造函数接收两个坐标作为函数参数,然后返回一个结构体作为函数返回值;定义输出函数以指向结构体的指针变量作为函数参数。具体解题步骤如下。

① 类型定义: 定义结构体类型 struct point 并使用 typedef 命令为其指定别名 Point。

② 函数定义: 定义点构造函数 getPoint 和点输出函数 output。

③ 主函数实现: 在主函数中调用 getPoint 构造一个点并用一个变量保存构造的点,然后调用函数 output 输出这个点。

········· 🗒 程序代码 ·········

```
#include "stdio.h"
typedef struct point{
    double x;
    double y;
}Point;

Point getPoint(double x, double y)
{
```

```
        Point result;
        result.x=x;
        result.y=y;
        return result;
    }

    void output(Point * p)
    {
        printf("%.2lf %.2lf\n", p->x, p->y);
    }

    int main()
    {
        double a=2, b=3;
        Point p=getPoint(a, b);
        output(&p);
        return 0;
    }
```

程序运行结果如下。

2.00 3.00

### 程序注解

函数 getPoint 返回一个结构体类型数据,在函数调用时,返回的 result 数据逐成员被赋值给接收变量 p,然后调用函数 output,传递结构体类型指针变量 p 进行数据的输出。

与使用指向结构体类型的指针作为函数的参数一样,当函数需要返回结构体类型的数据时,一般返回指向结构体类型的指针。此时需要在被调函数中借助于前面所讲解的动态内存分配函数为结构体类型数据申请空间,将空间地址(即指向结构体类型的指针)作为函数值返回,主调函数使用完后需要进行内存空间的释放操作。相应地,本例题程序可以调整如下,请读者自行分析。

```
    #include "stdio.h"
    #include "stdlib.h"

    typedef struct point{
        double x;
        double y;
    }Point;

    Point * getPoint(double x, double y)
    {
        Point * result=(Point *)malloc(sizeof(Point));
        result->x=x;
```

```
        result->y=y;
        return result;
}

void output(Point * p)
{
        printf("%.2lf %.2lf\n", p->x, p->y);
}

int main()
{
        double a=2, b=3;
        Point * p=getPoint(a, b);
        output(p);
        free(p);
        p=NULL;
        return 0;
}
```

# 10.2  共　用　体

共用体是另外一种与结构体类似的构造型数据类型。在共用体内也可以定义多个不同数据类型的成员，不同的是，共用体的所有成员共用同一块内存单元。虽然每个成员都可以被赋值，但只有最后一次被赋值的成员值被保存下来，前面赋值的成员值被后面赋值的成员值所覆盖。

## 10.2.1　共用体类型的定义

### 📖 学一学

定义共用体类型的语法格式如下。

```
union 共用体类型名
{
        类型标识符　成员 1;
        类型标识符　成员 2;
        …
        类型标识符　成员 n;
};
```

例如：

```
union data
```

```
{
    int i;
    char s[10];
};
```

其中 union 为关键字,定义了共用体类型 union data,包含两个成员 i 和 s。

🎓 **说明**

① 共用体 union data 类型的变量占 10 字节,为两成员所占空间的较大值。当对其成员 i 赋值时,只使用了前 4 个字节,当对其成员 s 赋值时,数据保存在 10 个字节中,如图 10-1 所示。

成员 i 占 4 字节

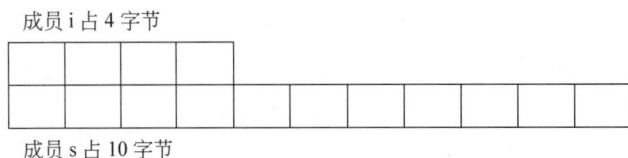

成员 s 占 10 字节

图 10-1　union data 类型变量内存分配示意图

② 共用体类型的成员也可以是结构体类型,例如:

```
union birthday
{
    char date_string[11];       //格式 2008-10-10
    struct {                    //匿名结构体,由年、月、日组成
        int year;               //年
        int month;              //月
        int day;                //日
    } date_struct;
};
```

## 10.2.2　共用体类型变量的定义和成员访问

📖 **学一学**

共用体类型变量的定义方法与结构体类型变量的定义方法类似,有以下 3 种形式。
① 定义共用体类型的同时定义变量,语法格式如下。

```
union 共用体类型名 {
    成员列表;
}共用体变量列表;
```

例如:

```
union data {
    int i;
```

```
        char s[10];
    } a, b;
```

② 先定义类型后定义变量,例如:

```
union data c, d;
```

③ 匿名共用体类型,即隐含共用体类型名,直接说明共用体变量,语法格式如下。

```
union {
    成员列表;
}共用体变量列表;
```

例如:

```
union {
    int i;
    char s[10];
} a, b;
```

🎓 **说明**

① 定义共用体类型变量时,系统为该变量分配内存空间,分配的空间大小是所有成员中占用空间最大的那个成员所占用空间的大小。

② C 语言中,只能引用共用体类型变量的成员,不能直接引用共用体变量。共用体类型变量在访问其成员时方法与结构体类型变量相同,使用.运算符。例如:

```
a.i=100;
printf("%d\n", a.i);
```

也可以通过指向共用体类型数据的指针变量间接访问,使用->运算符。例如:

```
union data * p=&a;
p->i=100;
```

③ 定义共用体类型的变量时,可以对其成员进行初始化。不过只能对一个成员初始化,初值放在一对大括号中。例如:

```
union data a={100};
```

④ 由于共用体中的成员共享同一块内存空间,某一时刻只有一个成员有效,即最后一次存入的成员。例如:

```
union data a;
a.i=6666;
a.s[0]=0x34;
a.s[1]=0x12;
printf("%x\n", a.i);
```

程序运行后将输出 1234,而不是 6666。

⑤ 共用体变量的地址和所有成员的地址是相同的。

## 10.2.3 共用体类型的应用

**例 10-4** 设计一个管理教师和学生信息的通用程序。教师信息有姓名、年龄、身份标志、教研室 4 项。学生信息有姓名、年龄、身份标志、班级 4 项,其中身份标志为 T 代表教师,为 S 代表学生;教研室为一字符串;班级为一整型数。编写程序输入两名人员信息,然后输出。

-----------☼ 解题思路-----------

**分析**:教师和学生信息各有 4 个信息项,可以使用结构体描述。前 3 个信息项类型一致,最后一个信息项类型不同,有时为字符串,有时为整型数,可以通过共用体描述。当身份标志为 T 时,则为字符串;当身份标志为 S 时,则为整型数。

具体解题步骤如下。

① 类型定义:定义结构体类型 People 描述教师和学生信息。

② 变量定义:定义一维数组 People people[2] 以及循环变量 i。

③ 输入:采用循环输入数据,先输入前 3 项,判断身份标志 flag 的值,继续输入最后一项。

④ 输出:循环输出数组中的数据。

-----------🖥 程序代码-----------

```c
#include "stdio.h"

typedef struct {
    char name[10];              //姓名
    int age;                    //年龄
    char flag;                  //身份标志,取值'S'或'T'
    union {
        char office[10];        //教研室名称
        int classNo;            //班级编号
    } dept;                     //共用体类型成员 dept,由 flag 控制其含义
} People;                       //结构体类型 People 描述教师和学生信息

void main()
{
    People people[2];
    int i;

    for(i=0; i<2; i++)
    {
        printf("请输入姓名、年龄、身份标志\n");
        scanf("%s %d %c", people[i].name, &people[i].age, &people[i].flag);
        if(people[i].flag=='T')
```

```
    {
        printf("请输入教研室名称\n");
        scanf("%s", people[i].dept.office);
    }
    else if(people[i].flag=='S')
    {
        printf("请输入班级编号\n");
        scanf("%d", &people[i].dept.classNo);
    }
}
printf("结构体数组中的数据为：\n");
printf("%10s%6s%6s%16s\n", "姓名", "年龄", "标志", "教研室/班级");
for(i=0; i<2; i++)
{
    if(people[i].flag=='T')
        printf("%10s%6d%6c%16s\n", people[i].name, people[i].age,
        people[i].flag, people[i].dept.office);
    else if(people[i].flag=='S')
        printf("%10s%6d%6c%16d\n", people[i].name, people[i].age,
        people[i].flag, people[i].dept.classNo);
}
}
```

程序运行结果如下。

```
请输入姓名、年龄、身份标志
张东 36 T
请输入教研室名称
数学
请输入姓名、年龄、身份标志
王晓伟 10 S
请输入班级编号
402
结构体数组中的数据为：
      姓名   年龄   标志      教研室/班级
      张东    36    T            数学
    王晓伟    10    S             402
```

# 10.3 枚 举

一个星期只有 7 天，一年只有 4 个季度，灯的状态只有开和关，等等。这些量只有几个枚举的值，可以用整型或字符型数据表示，但可读性较差。为提高这类数据的可读性，可以使用 C 语言的枚举类型描述。

## 10.3.1 枚举类型的定义

### 📖 学一学

定义枚举类型的语法格式如下。

enum 枚举类型名 {枚举元素列表};

例如:

enum WeekDay{Sun, Mon, Tue, Wed, Thu, Fri, Sat};

其中,enum 是关键字,定义了枚举类型 enum WeekDay,取值范围为 Sun、Mon、……、Sat。

### 🎓 说明

① 枚举元素是常量,不是变量,可以将枚举元素赋值给枚举变量,但不能在程序中再对枚举常量赋值。例如:

Sun=Mon;
Sun=1;

都是错误的。

② 每个枚举元素都对应一个整数,默认情况下,这些元素是从 0 开始的连续整数。在 enum WeekDay 类型中,Sun 对应 0,Mon 对应 1,其余以此类推。

枚举类型定义时,也可明确指定枚举元素对应的整数值。例如,若希望枚举元素从 1 开始,可以这样定义。

enum WeekDay{Sun=1, Mon, Tue, Wed, Thu, Fri, Sat};

那么,Sun 对应 1,Mon 对应 2,……,Sat 对应 7。也可以从中间某一个元素开始重新指定,例如:

enum WeekDay{Sun, Mon, Tue=5, Wed, Thu, Fri, Sat};

那么,Sun 对应 0,Mon 对应 1,Tue 对应 5,Wed 对应 6,其余以此类推。

### 📝 练一练

使用枚举类型定义指南针的 4 个基本方向和彩虹的 7 种颜色。

## 10.3.2 枚举类型变量的定义与赋值

枚举类型变量的定义方法与结构体类型类似。
① 定义枚举类型的同时定义变量,语法格式如下。

enum 枚举类型名 {枚举常量列表}枚举变量列表;

例如：

```
enum WeekDay{Sun, Mon, Tue, Wed, Thu, Fri, Sat}day1, day2;
```

② 先定义类型后定义变量，语法格式如下。

```
enum 枚举类型名 枚举变量列表;
```

例如：

```
enumWeekDay{Sun, Mon, Tue, Wed, Thu, Fri, Sat};
enum WeekDay day1, day2;
```

③ 匿名枚举类型，即隐含枚举类型名，直接说明枚举变量，语法格式如下。

```
enum {枚举元素列表}枚举变量列表;
```

例如：

```
enum {Sun, Mon, Tue, Wed, Thu, Fri, Sat}day1, day2;
```

🎓 **说明**

对枚举类型数据可以进行赋值运算、比较运算、算术运算、输出操作。例如：

```
enum WeekDay day1, day2;
day1=Sun;                 //赋值运算,不能用 Sun 对应的整数值直接赋值
if(day1<=Sat)             //比较(关系)运算
printf("%d", day1);       //输出,使用整型输出格式符
```

对枚举类型数据的运算和输出实际上是以其变量或常量所对应的整型数形式参与运算的。

## 10.3.3　枚举类型的应用

**例 10-5**　口袋中有红、黄、蓝、白、黑 5 个球，每次从口袋中摸出 3 个球，编写程序输出所有可能的取法。

💡 解题思路

**分析**：球有 5 种颜色，可以定义一个枚举类型 enum Color 描述球的颜色；从口袋中摸出 3 个球，可以定义一个包含 3 个元素的 enum Color 类型的一维数组保存取出球的颜色，每个球可能的颜色取值为 5 种颜色中的一种；采用三重循环对每个球可能的颜色取值进行遍历，在其值均不相同的情况下输出。

具体解题步骤如下。

① 类型定义：定义枚举类型 enum Color{Red，Yellow，Blue，White，Black}。

② 变量定义：定义一维数组 enum Color ball[3]以及循环变量 i、j、k。

③ 第一重循环：对 ball[0]的取值进行遍历。

④ 第二重循环：对 ball[1]的取值进行遍历，当 ball[0]！＝ball[1]时对 ball[2]的取值

进行遍历。

⑤ 第三重循环：对 ball[2] 的取值进行遍历，当 ball[0]！=ball[2] 并且 ball[1]！=ball[2] 时输出。

### 🔷 程序代码

```c
#include "stdio.h"
enum Color{Red, Yellow, Blue, White, Black};
int main()
{
    enum Color ball[3];
    int i, c=0;
    for(ball[0]=Red; ball[0]<=Black; ball[0]=(enum Color)(ball[0]+1))
        for(ball[1]=Red; ball[1]<Black; ball[1]=(enum Color)(ball[1]+1))
            if(ball[0]!=ball[1])
                for(ball[2]=Red; ball[2]<Black; ball[2]=(enum Color)(ball[2]+1))
                    if(ball[0]!=ball[2] && ball[1]!=ball[2])
                    {
                        printf("No%-2d: ",++c);
                        for(i=0; i<3; i++)
                            switch(ball[i])
                            {
                            case Red:
                                printf("Red\t"); break;
                            case Yellow:
                                printf("Yellow\t"); break;
                            case Blue:
                                printf("Blue\t"); break;
                            case White:
                                printf("White\t"); break;
                            case Black:
                                printf("Black\t"); break;
                            }
                        printf("\n");
                    }
    return 0;
}
```

程序运行结果如下。

```
No1 : Red      Yellow  Blue
No2 : Red      Yellow  White
...
No36: Black     White   Blue
```

由于枚举类型数据输出时输出的是其对应的整型数,因此为了使输出更加直观,程序使用一个 switch 语句输出每种颜色。也可定义一个由所有颜色组成的字符串数组(注意:数组元素顺序与枚举类型 enum Color 枚举元素顺序要一一对应)。

```
char * color[5]={"Red", "Yellow", "Blue", "White", "Black"};
```

输出时,输出 ball[i]对应的数组元素 color[ball[i]],例如:

```
printf("%-10s\t", color[ball[i]]);
```

# 10.4　单　链　表

多数情况下,程序所要处理的数据并不是单个的,而是由许多同类型的数据组成的,例如某班级 $n$ 名学生、某企业 $n$ 名员工的工资单以及在售的 $n$ 件商品等,此时通常采用结构体数组进行数据存储。由于 $n$ 的值是不确定的,经常在程序运行时才能确定,因此在进行程序设计时,一般会定义一个较大的数组用于存放数据。例如:

```
#define M 100
…
struct DataType a[M];
```

当数据量较少时不仅会造成空间的浪费,而且在进行数据的插入和删除操作时还会产生大量的数据移动操作,影响程序执行的效率。

要克服这些不足,需要引入更加灵活、高效的动态数据结构——单链表。

## 10.4.1　单链表的定义

📖 学一学

单链表由若干同类型结点串接而成。每个结点包含两个域,即数据域和指针域。数据域描述某一问题所需的实际数据,如描述学生成绩的数据,包括学号、姓名以及各科成绩。指针域指向下一个结点,下一个结点称为当前结点的后继结点,当前结点称为下一个结点的前驱结点,尾结点的指针域为空,表示链表结束,如图 10-2 所示。

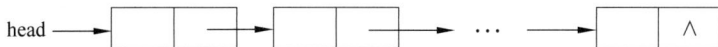

图 10-2　单链表

由于通过首结点借助于每一个结点的指针域就可以访问链表中的每一个结点,因此可以用指向首结点的指针 head 表示单链表。实际操作中,为方便进行数据结点的插入和删除,一般在首结点前加一个称为"头结点"的附加结点,其指针域指向首结点,如图 10-3所示。

图 10-3　带头结点的单链表

## 10.4.2　单链表结构的定义

### 📖 学一学

一个单链表包含零个或多个元素,每个元素构成一个结点,结点的定义如下。

```
typedef int DataType;

typedef struct node
{
    DataType data;          //每个元素数据信息
    struct node * next;     //存放后继结点的地址
}LNode, * LinkList;
```

### 🎓 说明

① 每个结点包含一个数据域 data,其中 DataType 可以是其他任意数据类型,根据实际应用进行定义;每个结点还包含一个指针域 next,用于存放当前结点的后继结点的地址。

② 借助于类型定义符为 struct node 指定别名 LNode,为 struct node * 指定别名 LinkList。

## 10.4.3　单链表的基本操作

单链表的基本操作包括创建单链表、结点的查找/插入/删除以及销毁单链表等。

### 1. 创建单链表

### 📖 学一学

创建单链表,首先创建一个空链表,即创建一个头结点,令其指针域为 NULL。代码如下。

```
LinkList H=(LinkList)malloc(sizeof(LNode));
if(H)              /* 确认创建头结点是否成功,若成功,置指针域为 NULL 代表空表 * /
    H->next=NULL;
```

然后读取指定的数据逐个创建结点,依据某一规则插入已存在单链表中。常用的规则有以下两种。

（1）头插法

每次待插入的结点(结点 p)作为首结点插在头结点后,如图 10-4 所示。

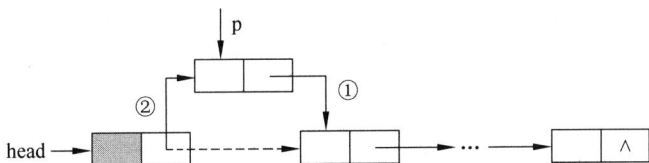

图 10-4　头插法创建单链表图示

头插法中将待插入结点插入链表中主要由以下两步操作来完成。

① 待插入结点的 next 域指向链表首结点：p->next＝head->next。

② 待插入结点作为新的首结点：head->next＝p。

假定指定的数据通过数组进行提供，头插法创建链表的参考代码如下。

```
LinkList CreateLinkListByHead(DataType a[], int n)
{
    LinkList head=NULL, p=NULL;
    int i=0;

    head=(LinkList)malloc(sizeof(LinkNode));
    head->next=NULL;

    for(i=0; i<n; i++)
    {
        p=(LinkList)malloc(sizeof(LinkNode));
        p->data=a[i];
        p->next=head->next;
        head->next=p;
    }
    return head;
}
```

（2）尾插法

每次插入的结点作为尾结点插在链表的尾部，如图 10-5 所示。尾插法需要引入一个指针变量 tail 始终指向表尾结点。每次插入数据后需要更新 tail 指针指向，即将当前插入结点作为新的表尾结点。

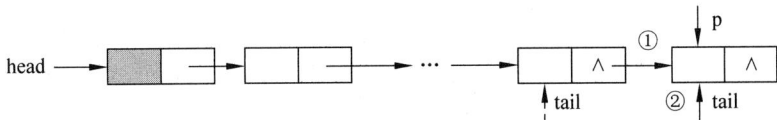

图 10-5　尾插法创建单链表图示

尾插法中将待插入结点插入链表中主要由以下两步操作来完成。

① 尾结点的 next 域指向待插入结点：tail->next＝p。

② 待插入结点作为新的尾结点：tail＝p。

假定指定的数据通过数组进行提供,尾插法创建链表的参考代码如下。

```
LinkList CreateLinkListByTail(DataType a[], int n)
{
    LinkList head=NULL, tail=NULL, p=NULL;
    int i=0;

    head=tail=(LinkList)malloc(sizeof(LinkNode));
    head->next=NULL;        //此处可加入 head 是否为空的判断

    for(i=0; i<n; i++)
    {
        p=(LinkList)malloc(sizeof(LinkNode));
        p->next=NULL;
        p->data=a[i];
        tail->next=p;
        tail=p;
    }
    return head;
}
```

🎓 **说明**

头插法生成的链表中结点顺序和指定数据顺序相反,尾插法生成的链表中结点顺序和指定数据顺序一致。

### 2. 单链表的遍历

📖 **学一学**

单链表的遍历可以从头结点的指针域开始,此时定义一个指针变量 p 指向头结点的指针域。当指针域为 NULL 时,代表空表,遍历结束;当指针域不为 NULL 时,其值为首结点指针,先访问当前结点数据,然后指针往后移动,指向后继结点继续访问,直至其值为空,访问到表尾,遍历结束,如图 10-6 所示。

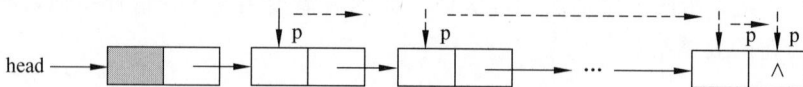

图 10-6　单链表的遍历图示

具体参考代码如下。

```
LinkList p=head->next;

while(p)
{
    //对当前结点数据 p->data 进行访问处理
```

```
        p=p->next;
    }
```

### 3. 在单链表中查找指定元素

📖 **学一学**

在单链表中查找指定元素可以借助于前述的遍历方法进行处理,只需要在遍历的过程中增加控制条件"p->data 是否等于要查找的元素 x",参考代码如下。

```
LinkList Locate_LinkList_Value(LinkList H, DataType x)
{
    LinkList p=H->next;

    while(p && p->data !=x)
    {
        p=p->next;
    }
    return p;
}
```

如果需要查找指定位置元素,则可设置一个计数器 j 控制位置变化,参考代码如下。

```
LinkList Locate_LinkList_Pos(LinkList H, int i)        //i 从 1 开始
{
    LinkList p=H;
    int j=0;

    while(p && j<i)
    {
        p=p->next;
        j++;
    }
    if(j!=i || !p)
    {
        printf("参数 i 出错或单链表不存在");
        return NULL;
    }
    return p;
}
```

### 4. 在单链表指定位置插入元素

📖 **学一学**

要在单链表第 $i$ 个位置插入元素,如图 10-7 所示。需要建立第 $i-1$ 个位置结点(结点 p)和当前元素对应结点(结点 q)之间的关系(p->next=q),以及当前元素对应结点与

原第 $i$ 个位置结点(结点 p->next)之间的关系(q->next＝p->next)。因此首先在单链表中查找第 $i-1$ 个位置结点 p,若找到,则根据当前元素创建结点 q,然后建立与前后结点之间的关系;若未找到,给出相应出错信息。具体参考代码如下。

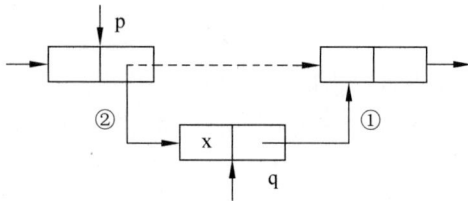

图 10-7　在链表中插入结点图示

```c
int Insert_LinkList(LinkList H, int i, DataType x)
{
    LinkList p, q;

    p=Locate_LinkList_Pos(H, i-1);        /* 找第 i-1 个结点地址 */
    if(!p)
    {
        printf("i 有误");
        return 0;
    }
    q=(LinkList)malloc(sizeof(LNode));
    if(!q)
    {
        printf("申请空间失败");
        return 0;
    }                                      /* 申请空间失败,不能插入 */
    q->data=x;
    q->next=p->next;
    p->next=q;                             /* 新结点插入在第 i-1 个结点的后面 */
    return 1;                              /* 插入成功,则返回 */
}
```

## 5. 在单链表中删除指定元素

### 📖 学一学

要在单链表中删除指定位置(第 $i$ 个)结点,如图 10-8 所示。需要建立其前驱结点(第 $i-1$ 个结点)与其后继结点(第 $i+1$ 个结点)之间的关系。操作时,首先要找到要删除结点的前驱结点(结点 p),用指针 q 保存要删除结点(结点 p->next),然后建立要删除结点前后两结点之间的关系(p->next＝q->next),最后释放要删除结点(free(q)),参考代码如下。

```c
int Del_LinkList(LinkList H, int i)
```

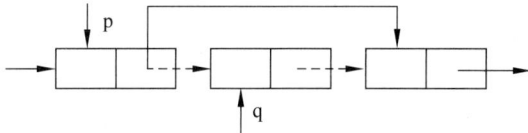

图 10-8　在链表中删除结点图示

```
{
    LinkList p, q;

    if(H==NULL || H->next==NULL)
    {
        printf("链表不存在或空表不能删除");
        return 0;
    }

    p=Locate_LinkList_Pos(H, i-1);          /* 找第 i-1 个结点地址 */
    if(p==NULL || p->next==NULL)
    {
        printf("参数 i 有误");              /* 第 i-1 个结点或第 i 个结点不存在 */
        return 0;
    }
    q=p->next;                              /* q 指向第 i 个结点 */
    p->next=q->next;                        /* 从链表中删除 */
    free(q);                                /* 释放结点 q */
    return 1;
}
```

## 6. 销毁单链表

### 📖 学一学

单链表被创建和使用完成后,由于其结点为动态分配的内存空间,因此必须要销毁以释放空间。销毁单链表时,需要将链表中的所有结点逐个删除和销毁,可以在单链表遍历算法的基础上作相应调整,参考代码如下。

```
void Destroy_LinkList(LinkList * H)
{
    LinkList p, q;
    if(H==NULL || * H==NULL)
    {
        return;
    }
    else
    {
        p= * H;
```

```
        while(p !=NULL)                  //指针 p 用于遍历链表
        {
            q=p;                         //指针 q 用于指向要释放结点
            p=p->next;
            free(q);
        }
    }
    * H=NULL;
}
```

# 10.5 典型题解

## 试一试

例 10-6  选举统计：在选举中，假设有 3 位候选人，有 10 个人参与投票（只能对一位候选人进行投票），用结构体数组统计各候选人的得票数。

------ 解题思路 ------

分析：可以为候选人定义一个结构体类型，成员包括候选人姓名、得票数。根据题目要求，本题首先定义一个结构体数组，用于存储候选人以及得票数，然后输入候选人姓名并初始化得票数为 0，最后通过循环接收 10 个人投票信息并进行计票，计票时需逐一对比候选人姓名与投票信息。

------ 程序代码 ------

```
#include "stdio.h"
#include "string.h"
#define N 20                //姓名最大长度
typedef struct
{
    char name[N];          //姓名
    int num;               //票数
}Candidate;
int main()
{
    Candidate candi[3];
    int i, j;
    char s[N];
    printf("请输入候选人姓名：");
    //输入 3 个候选人姓名
    for(i=0; i<3; i++)
    {
        scanf("%s", candi[i].name);
        candi[i].num=0;    //初始化得票数为 0
```

```
    }
    printf("请输入投票信息: ");
        //输入 10 个投票信息,并进行比较、计数
    for(i=1; i<=10; i++)
    {
        scanf("%s", s);        //输入投票信息
        for(j=0; j<3; j++)
        {
            if(strcmp(s, candi[j].name)==0)
                candi[j].num++;
        }
    }
    printf("投票结果: \n");
    for(i=0; i<3; i++)
        printf("%-8s%-4d\n", candi[i].name, candi[i].num);
    return 0;
}
```

程序运行结果如下。

请输入候选人姓名: 张三 李四 王五
请输入投票信息: 张三 李四 李四 王五 李四 张三 王五 张三 李四 王五
投票结果:
张三        3
李四        4
王五        3

**例 10-7**    对于例 10-6 中的投票结果,要求按照得票数从高到低的顺序进行输出,请设计一个函数,对投票结果进行排序。

------------------ ☀️-解题思路 ------------------

**分析**: 例 10-6 中的投票结果保存在结构体数组 candi 中,函数定义时可以用结构体数组作为函数形参,函数实现时可以采用选择法或冒泡法进行排序。

------------------ 📄程序代码 ------------------

```
...    //此处省略代码可参照例 10-6
void order(Candidate candi[], int n)
{
    Candidate t;
    int i, j;
    for(i=0; i<n-1; i++)                    //外层循环,0<=i<=n-2
    {
        for(j=0; j<n-i-1; j++)              //内层循环,0<=j<=n-i-2
        {
            if(candi[j].num<candi[j+1].num)
```

```
                t=candi[j], candi[j]=candi[j+1], candi[j+1]=t;
            }
        }
    }
    int main()
    {
        ...    //此处省略代码可参照例 10-6
        order(candi, 3);
        printf("投票结果: \n");
        for(i=0; i<3; i++)
            printf("%-8s%-4d\n", candi[i].name, candi[i].num);
        return 0;
    }
```

程序运行结果如下。

请输入候选人姓名: 张三 李四 王五
请输入投票信息: 张三 李四 李四 王五 李四 张三 王五 张三 李四 李四
投票结果:
李四      5
张三      3
土五      2

# 10.6  本 章 小 结

结构体和共用体是两种构造类型数据,是用户定义新数据类型的重要手段。结构体和共用体有很多的相似之处,它们都由成员组成。成员可以具有不同的数据类型。成员的表示方法相同,都可用 3 种方式进行变量说明。

在结构体中,各成员都占有自己的存储空间,它们是同时存在的。一个结构体变量的总长度等于所有成员长度之和。在共用体中,所有成员不能同时占用它的存储空间,它们不能同时存在。共用体变量的长度等于最长的成员的长度。

“.”是成员运算符,可用它引用成员项;成员还可用“->”运算符来引用指针表示法。

结构体变量可以作为函数参数,函数可返回指向结构体的指针变量,并可以使用指向结构体变量的指针,也可使用结构体数组。共用体变量也能作为函数参数,函数也能返回指向共用体的指针变量。

结构体和共用体定义允许嵌套,结构体中可用共用体作为成员,共用体中也可用结构体作为成员,形成结构体和共用体的嵌套。

链表是一种重要的数据结构,它便于实现动态的存储分配。本章只介绍单链表,其实还有双向链表、循环链表等。

“枚举”类型的变量取值不能超过定义的范围,它可以作为函数的参数。枚举类型是一种基本数据类型,而不是一种构造类型,因为它不能再分解为任何基本类型。

# 习 题 10

## 一、选择题

1. 设有以下程序段

```
struct book{
    float price;
    char language;
    char title[20];
}rec, * ptr;
ptr= &rec;
```

要求输入字符串给结构体变量 rec 的 title 成员,错误的输入语句是(    )。

    A. scanf("%s",ptr.title);
    B. scanf(" * %s", rec.title);
    C. scanf("%s",( * ptr).title);
    D. scanf("%s",ptr->title);

2. 设有定义

```
typedef struct data1{int x, y;}data2;
typedef struct {float x, y;}data3;
```

则以下不能作为类型名使用的是(    )。

    A. data1        B. data2        C. data3        D. struct data1

3. 若有定义

```
enum team{my, your=3, his, her=his+5};
```

则枚举元素 my, your, her 的值分别是(    )。

    A. 032        B. 134        C. 039        D. 035

4. 若有以下的说明和定义:

```
union test{
    char u1[5];
    int u2[2];
}ua;
```

则 sizeof(union test)的值是(    )

    A. 12        B. 16        C. 14        D. 8

5. 若有定义:

```
typedef int * T;
T a[20];
```

则以下与上述定义中 a 类型完全相同的是（　　）。

 A. int ＊a［20］;　　　　　　　　　　　B. int（＊a）［20］;

 C. int a［20］;　　　　　　　　　　　　D. int ＊＊a［20］;

6. 字符'0'的 ASCII 码的十进制数为 48，且数组的第 0 个元素在低位，则以下程序的输出结果是（　　）。

```
#include "stdio.h"
void main()
{
    union{
        int i[2];
        long k;
        char c[4];
    }r, * s=&r;
    s->i[0]=0x39;
    s->i[1]=0x38;
    printf("%c", s->c[0]);
}
```

 A. 39　　　　　　　B. 9　　　　　　　C. 38　　　　　　　D. 8

7. 假定已建立以下链表结构，且指针 p 和 q 已指向如图 10-9 所示的结点。

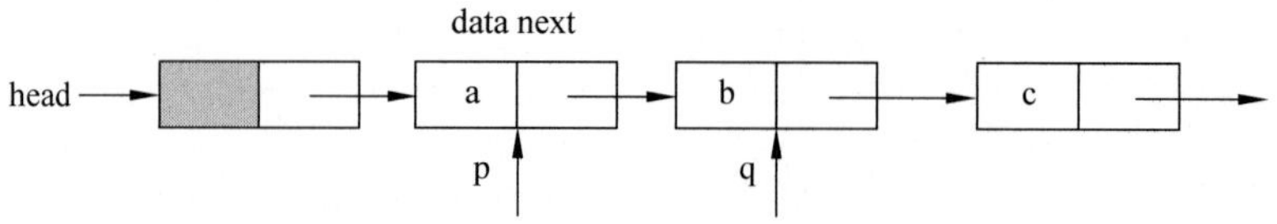

图 10-9　链表结构

则下列选项中可以将 q 所指结点从链表中删除并释放该节点的语句组是（　　）。

 A. p->next＝q->next; free(q);　　　　B. p＝q->next; free(q);

 C. p＝q; free(q);　　　　　　　　　　D.（＊p).next＝（＊q).next; free(p);

8. 程序中已构成如图 10-10 所示的不带头结点的单向链表结构，指针变量 s、p、q 均已正确定义，并用于指向链表结点，指针变量 s 总是作为指针指向链表的第一个结点。

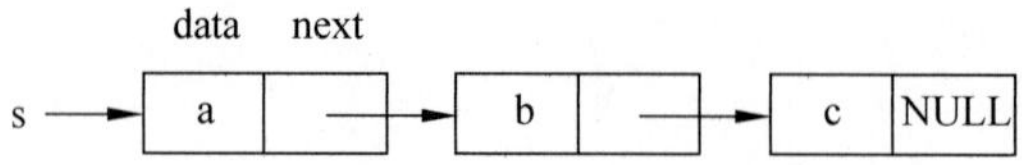

图 10-10　不带头结点的单向链表结构

若有以下程序段：

```
q=s;
s=s->next;
p=s;
while(p->next)
```

```
        p=p->next;
    p->next=q;
    q->next=NULL;
```

该程序段实现的功能是(      )。

A. 删除尾结点                    B. 尾结点成为首结点

C. 删除首结点                    D. 首结点成为尾结点

9. 设有定义 struct {char mark[12]；int num1；double num2；}t1，t2；,若变量均已正确赋初值,则下列语句中错误的是(      )。

A. t1＝t2；                      B. t2.num1＝t1.num1；

C. t2.mark＝t1.mark；            D. t2.num2＝t1.num2；

10. 有以下定义和语句：

```
struct workers{
    int num;
    char name[20];
    struct{
        int day;
        int month;
        int year;
    }s;
};
struct workers w, * pw;
pw=&w;
```

能给 w 中 year 成员赋 1980 的语句是(      )。

A. pw->year＝1980；              B. w.year＝1980；

C. w.s.year＝1980；              D. * pw.year＝1980；

## 二、填空题

1. 函数 fun 的功能是把分数最高的学生数据放在数组 b 中,注意,分数最高的学生可能不止一个,函数返回分数最高的学生人数,请在画线处填入正确的内容。

```
#include "stdio.h"
#define N 16
typedef struct{
    char num[10];            //学号
    int s;                   //分数
}STREC;
//参数 a 是存放学生数据的数组的首地址
//参数 b 用于存放分数最高的学生学号,n 用于接收学生人数
int fun(STREC * a, STREC * b, int n)
{
    int i, cnt=0, max=a[0].s;
```

```
        for(i=1; i<n; i++)
            if(_____)
                max=a[i].s;
        for(i=1; i<n; i++)
            if(a[i].s==max)
                _____;
        return _____;
    }
    void main()
    {
        STREC s[N]={"GA005",85,"GA003",76,"GA002",69,"GA004",85,"GA001",91,
        "GA007",72,"GA008",64,"GA006",87,"GA015",85,"GA013",91,"GA012",64,
        "GA014",91,"GA011",66,"GA017",64,"GA018",64,"GA016",72};
        STREC h[N];
        int i,n;
        n=fun(s,h,N);
        printf("The %d highest score:\n",n);
        for(i=0;i<n;i++)
            printf("%s%4d\n",h[i].num,h[i].s);
        printf("\n");
    }
```

2. 函数 fun 的功能是将某位学生的各科成绩(3 门)都乘以一个系数 a,请在画线处填入正确的内容。

```
#include "stdio.h"
typedef struct
{
    int num;
    char name[9];
    float score[3];
}STU;
void fun(_____ s, float a)
{
    int i=0;
    for(i=0; i<3; i++)
        s->_____ *=a;
}
```

3. 函数 fun 的功能是统计链表中结点的个数,其中 head 为指向第一个结点的指针(链表不带头结点),请在画线处填入正确的内容。

```
#include "stdio.h"
typedef struct node
{
    char data;
```

```
        struct node * next;
}LNode, * LinkList;
int fun(LinkList H)
{
    LinkList p=_____;
    int c=0;
    while(_____)
    {
        c++;
        p=_____;
    }
    return c;
}
```

## 三、阅读程序写结果

1. 有以下程序,程序的运行结果是_____。

```
#include "stdio.h"
void main()
{
    struct date {
        int year, month, day;
    }today;
    struct address {
        char name[30], street[40], city[20], state[2];
        unsigned long int zip;
    }add;
    printf("%d\n", sizeof(today));
    printf("%d\n", sizeof(add));
}
```

2. 有以下程序,程序的运行结果是_____。

```
#include "stdio.h"
struct stu {int num; char name[10]; int age; };
void fun (struct stu * p)
{
    printf("%s\n", (* p).name);
}
void main()
{
    struct stu students[3]={{201,"Jim",20}, {202,"Kate",19}, {203,"Hellen",18}};
    fun(students+1);
}
```

3. 有以下程序,程序的运行结果是_____。

```c
#include "stdio.h"
struct List
{
    int n;
    int a[20];
};
void f(struct List * p)
{
    int i, j, t;
    for(i=0; i<p->n-1; i++)
        for(j=i+1; j<p->n; j++)
            if(p->a[i]>p->a[j])
            {
                t=p->a[i]; p->a[i]=p->a[j]; p->a[j]=t;
            }
}
void main()
{
    int i;
    struct List list={5, {3, 1, 5, 4, 2}};
    f(&list);
    for(i=0; i<list.n; i++)
        printf("%d ", list.a[i]);
}
```

4. 有以下程序,程序的运行结果是_____。

```c
#include "stdio.h"
struct S
{
    int a;
    int b;
}data[2]={10, 100, 20, 200};
void main()
{
    struct S s=data[1];
    printf("%d ", ++(s.a));
}
```

5. 有以下程序,程序的运行结果是_____。

```c
#include "stdio.h"
typedef struct {
    char name[9];
```

```
    char gender;
    int score[3];
} STU;
void f(STU * a)
{
    STU b={"huang", 'f', {95, 96}}, * p=&b;
    * a= * p;
    a->gender='m';
    a->score[2]=a->score[0]+a->score[1];
    printf("%s, %c, %d, %d, %d, ", a->name, a->gender, a->score[0], a->score
[1], a->score[2]);
}
void main()
{
    STU c={"sun", 'm', {97, 98} }, * d=&c;
    f(d);
    printf("%s, %c, %d, %d, %d", c. name, c. gender, c. score[0], c. score[1], c.
score[2]);
}
```

6. 有以下程序，程序的运行结果是＿＿＿＿＿＿。

```
#include "stdio.h"
struct nc{
    int n;
    char c;
};
void f(int n, int c)
{
    int k;
    for(k=1; k<=n; k++)
        printf("%c", c+32);
    printf("\n");
}
void main()
{
    struct nc a={3, 'E'};
    f(a.n, a.c);
    printf("%d, %c", a.n, a.c);
}
```

## 四、编写程序题

1. 有 100 种商品的数据记录，每个记录包括商品编号、商品名、单价和数量。请用结构体数组实现每种商品总价的计算。

2. 现有 3 名候选人的名单,需要分别统计出他们的得票数,用键盘输入候选人的名字来模拟唱票过程,每次只能从 3 名候选人中选中 1 人。选票数为 N。

3. 有若干个学生的数据,每个学生的数据包括学号、姓名和 3 门课的成绩。请用结构体数组和结构体指针变量编程:输出平均成绩在 60 分以下的学生的学号及姓名。

4. 设有若干教师的数据,包含有教师编号、姓名、职称。若职称为讲师(Lecturer),则描述其所讲的课程;若职称为教授(Professor),则描述其所发表的论文数目。请编写程序,统计论文总数。

5. 设链表节点定义为"struct node {char ch; struct node * link;};",编写一个函数用于实现根据由参数 str 指定的字符串建立一个单链表,函数原型为:

```
struct node * create_list(char * str);
```

要求链表中字符的存放顺序是原字符串 str 的逆序。

6. 编写一个函数用于连接两个链表,函数原型为

```
struct list * con_list(struct list * h1,struct list * h2);
```

实现将链表 h2 链接在链表 h1 的尾部,其中 hl、h2 分别是两个链表的头指针。

# 第**11**章

# 位　运　算

　　位运算是指按二进制位进行的运算。C 语言提供了 6 种位操作运算符,这些运算符只能用于整型操作数,即只能用于带符号或无符号的 char、short、int 与 long 类型。

　　位运算在编写系统软件时有很大的作用,在计算机控制领域和嵌入式编程中也有很多应用。对于想在这些领域深入发展的读者来说,学习位运算和掌握位运算的应用是十分必要的。

## 11.1　位运算与位运算符

　　C 语言中的位运算是指以二进制位为运算对象的运算。位运算包括位逻辑运算和移位运算。位逻辑运算能够方便地设置或屏蔽内存中某个字节的一位或多位,也可以对两个数进行按位与、按位或运算等;移位运算可以将内存中的某个二进制数左移或右移几位。

　　C 语言中提供了 4 种位逻辑运算和 2 种移位运算,如表 11-1 所示。

表 11-1　位运算符及其含义

| 运算符 | 含　义 | 运算符 | 含　义 |
|:---:|:---:|:---:|:---:|
| & | 按位与 | ~ | 按位取反 |
| \| | 按位或 | << | 左移 |
| ^ | 按位异或 | >> | 右移 |

🎓 **说明**

　　① 位运算符中除按位取反运算符"~"以外,均为双目运算符,即要求运算符两侧各有一个操作数。

　　② 参加位运算的对象只能是整型或字符型的数据,不能为实型数据。

　　③ 参加位运算的对象在运算时是以该对象的补码形式参与运算的。

## 11.1.1 按位与运算

### 📖 学一学

按位与运算先把两个运算对象按位对齐,再进行按位与运算。如果两个对应位的值都为1,则该位的运算结果为1,否则为0。即

$$1 \& 1=1 \qquad 1 \& 0=0 \qquad 0 \& 1=0 \qquad 0 \& 0=0$$

例如 int a=13 & 7;,则 a 的值为 5,运算过程用二进制表示如下。

```
        00000000 00000000 00000000 00001101(13 的补码)
    &   00000000 00000000 00000000 00000111(7 的补码)
        00000000 00000000 00000000 00000101(5 的补码)
```

按位与运算有两个特点:和二进制位数 0 相与则该位被清零;和二进制位数 1 相与则该位保留原值不变。利用这两个特点,可以将一个数的某一位(或某几位)置为 0,也可以检验一个数的某一位(或某几位)是否是 1。

例如:

```
a=a & 3;
```

只保留 a 的右端 2 位二进制位数(3 的二进制为 0000 0011)。

又如:

```
a & 4
```

可以检验变量 a 的右端第 3 位是否为 1(4 的二进制为 0000 0100)。

### 🎓 说明

按位与运算的用途如下。

(1) 清零

若想对一个存储单元清零,即使其全部二进制位为 0,只要找一个二进制数,其中各位符合以下条件:对于原来的数中为 1 的位,新数中相应位为 0。然后使二者进行按位与运算,即可达到清零目的。

例如 43 & 148:

```
        00000000 00000000 00000000 00101011(43 的补码)
    &   00000000 00000000 00000000 10010100(148 的补码)
        00000000 00000000 00000000 00000000(0 的补码)
```

因此,满足条件的数不是唯一的,可以有多个。最简单的方法就是与 0 进行按位与运算。

(2) 取一个数中某些指定位

若有一个短整型数 a,想要取其中的低字节,只需要将 a 与低字节为 8 个 1 的数 b 进行按位与运算即可,例如:

$$00101100\ 10101101(a\ 的补码)$$
$$\&\ \underline{00000000\ 11111111(b\ 的补码)}$$
$$00000000\ 10101101(a\&b)$$

（3）保留指定位

若想保留一个整数 a 的指定位,只需将 a 与一个数 b 进行按位与运算,数 b 在该指定位取 1,例如将短整型数 a 对应二进制奇数位保留下来。

$$00101100\ 10101101(a\ 的补码)$$
$$\&\ \underline{01010101\ 01010101(b\ 的补码)}$$
$$00000100\ 00000101(a\&b)$$

## 11.1.2　按位或运算

### 📖 学一学

按位或运算先把两个运算对象按位对齐,再进行按位或运算。只要两个对应位的值有一个为 1,则该位的运算结果为 1,否则为 0。即

$$1\mid 1=1 \qquad 1\mid 0=1 \qquad 0\mid 1=1 \qquad 0\mid 0=0$$

例如 int a＝13|7;,则 a 的值为 15,运算过程用二进制表示如下。

$$00000000\ 00000000\ 00000000\ 00001101(13\ 的补码)$$
$$\mid\ \underline{00000000\ 00000000\ 00000000\ 00000111(7\ 的补码)}$$
$$00000000\ 00000000\ 00000000\ 00001111(15\ 的补码)$$

### 🎓 说明

由于 0 和 1 与 1 进行按位或运算时,结果都为 1,因此按位或运算常用来将一个数据的某些位置为 1。例如 a 是一短整型数,有表达式 a|0377,则 a 的低 8 位全置为 1,高 8 位保留原样(八进制数 0377 的二进制表示为 11111111)。

## 11.1.3　按位异或运算

### 📖 学一学

按位异或运算先把两个运算对象按位对齐,再进行按位异或运算。只要两个对应位的值不同,即一个为 1,一个为 0,则该位的运算结果为 1,否则为 0。即

$$1{}^\wedge 1=0 \qquad 1{}^\wedge 0=1 \qquad 0{}^\wedge 1=1 \qquad 0{}^\wedge 0=0$$

例如 int a＝13^7;,则 a 的值为 10,运算过程用二进制表示如下。

$$00000000\ 00000000\ 00000000\ 00001101(13\ 的补码)$$
$${}^\wedge\ \underline{00000000\ 00000000\ 00000000\ 00000111(7\ 的补码)}$$
$$00000000\ 00000000\ 00000000\ 00001010(10\ 的补码)$$

### 🎓 说明

按位异或运算的用途如下。

① 特定位与 1 进行异或实现翻转(即 1 变为 0,0 变为 1),特定位与 0 进行异或保留

原值。

由于 0 与 1 异或运算值为 1，1 与 1 异或运算值为 0，要使某些位翻转，就将与其进行^运算的数在这些位置为 1。其他位要保留原值，只需要将与其进行^运算的数在这些位置为 0，这是因为 0 与 0 异或运算值仍为 0，1 与 0 异或运算值仍为 1。例如：假设有 01111010，要想使其低 4 位翻转，高 4 位保留原值，可以将它与 00001111 进行异或运算，即

$$
\begin{array}{r}
0\,1\,1\,1\,1\,0\,1\,0\,(122\ 的补码)\\
\wedge\ 0\,0\,0\,0\,1\,1\,1\,1\,(15\ 的补码)\\
\hline
0\,1\,1\,1\,0\,1\,0\,1\,(117\ 的补码)
\end{array}
$$

② 不用临时变量，交换两个值。

例如 int a=3，b=4；，要将 a 和 b 的值互换，可以使用以下赋值语句实现。

```
a=a^b;
b=b^a;        //b=b^a=b^(a^b)=b^a^b=a^b^b=a^(b^b)=a^0=a
a=a^b;        // a=a^b=a^b^a=a^a^b=0^b=b(此时 a=a^b, b=a)
```

执行 b=b^a 时，由于 a=a^b，因此 b=b^a=b^(a^b)=b^a^b=a^b^b=a^(b^b)=a^0=a；执行 a=a^b时，由于此时 a=a^b，b=a(上一步计算结果)，因此 a=a^b=a^b^a=b^a^a=b^0=b。

## 11.1.4  按位取反运算

### 📖 学一学

按位或运算为单目运算，它将运算对象按位取反，即将 0 变为 1，将 1 变为 0。即

$$\sim 1=0 \qquad \sim 0=1$$

例如 int a=~ 7;，则 a 的值为 $-8$，计算过程如下。

$$
\begin{array}{r}
\sim\ 00000000\ 00000000\ 00000000\ 00000111\,(7\ 的补码)\\
\hline
11111111\ 11111111\ 11111111\ 11111000\,(-8\ 的补码)
\end{array}
$$

### 🎓 说明

按位取反运算的用途如下：要使一个整数 a 的最低一位为 0，可用 a=a & ~1。使用 ~1 的优点是具有较好的移植性，因为它对用 16 位或用 32 位来存放一个整数的情况都适用。

例如 a=a & ~1，先对 1 进行按位取反运算，然后再进行按位与运算。设 a=13,a=a & ~1 的运算过程用二进制表示如下。

$$
\begin{array}{r}
\sim\ 00000000\ 00000000\ 00000000\ 00000001\,(1\ 的补码)\\
\hline
11111111\ 11111111\ 11111111\ 11111110\,(\sim 1)\\
\&\ 00000000\ 00000000\ 000000000\ 0001101\,(13\ 的补码)\\
\hline
0000000\ 00000000\ 000000000\ 00001100\,(最低位置为 0)
\end{array}
$$

## 11.1.5　左移运算

📖 **学一学**

左移运算符<<的左边是运算对象,右边是整型表达式,表示左移的位数。一般形式为

运算对象 << 整型表达式

左移时,低位(右端)补 0,高位(左端)移出部分舍弃。例如:

```
char a=5, b;
b=a<<3;
```

运算过程用二进制表示如下。

$$<< 3 \qquad 0\ 0\ 0\ 0\ 0\ 1\ 0\ 1 (5\ 的补码)$$

$$\boxed{0\ 0\ 0}\ 0\ 0\ 1\ 0\ 1\ \boxed{0\ 0\ 0}(40\ 的补码)$$

高 3 位左移溢出　　　低 3 位补 0

🎓 **说明**

左移时,若高位(左端)移出的数值位部分均是二进制位数 0,则每左移 1 位,相当于乘以 2。因此,执行语句 b=a<<3;之后,b 的值为 40(即 5 * 2 * 2 * 2=40),可以利用左移这一特点代替乘法,左移运算比乘法运算快得多。若高位移出的数值位部分包含有二进制位数 1,则不能用左移代替乘法运算。对有符号整数,左移时符号位保持不变。

## 11.1.6　右移运算

📖 **学一学**

右移运算符>>的左边是运算对象,右边是整型表达式,表示右移的位数。一般形式为:

运算对象>>整型表达式

右移时,对于无符号数,高位(左端)补 0,低位(右端)移出部分舍弃。对于有符号的数,分两种情况。

① 如果原来符号位为 0(即正数),则高位(左端)也是补 0;

② 如果符号位原来为 1(即负数),则取决于所用的计算机系统。有的系统高位(左端)补 0,称为"逻辑右移",即简单右移;而有的系统高位(左端)补 1,称为"算术右移"。

例如:

短整型 a 的值用二进制表示为 1001　0111　1110　1101(符号位为 1)。

逻辑右移,a>>1 的结果是 0100　1011　1111　0110。

算术右移,a>>1 的结果是 1100　1011　1111　0110。

又如：

```
char a=40, b;
b=a>>3;
```

运算过程用二进制表示如下。

$$>>3\ 001\ 01000 \qquad (40\ 的补码)$$
$$\underline{000\ 00101\ 000}\ (5\ 的补码)$$

高位补 0　　　　低 3 位右移舍去

🎓 **说明**

右移时,若低位(右端)移出的部分均是二进制位数 0,每右移 1 位,相当于除以 2(整除)。因此,执行语句 b=a>>3;之后,b 的值为 5(即 40/2/2/2＝5,注意是整除)。可以利用右移这一特点代替除法,右移运算比除法运算快得多。但是对于负整数,若右移时高位(左端)补 1,则不能用右移代替除法运算。

## 11.1.7　位赋值运算符

位运算符与赋值运算符结合可以组成复合赋值运算符,如表 11-2 所示。

表 11-2　复合赋值位运算符及其含义

| 运算符 | 含　义 | 例　子 | 等同于 |
|:---:|:---:|:---:|:---:|
| &= | 按位与赋值 | a &=b | a=a & b |
| \|= | 按位或赋值 | a \|=b | a=a \| b |
| ^= | 按位异或赋值 | a^=b | a=a^b |
| <<= | 左移赋值 | a<<=b | a=a<<b |
| >>= | 右移赋值 | a>>b | a=a>>b |

在进行复合赋值位运算的过程中,首先将被赋值变量的当前值与复合赋值运算符右边的表达式按位进行位运算,最后将表达式的值赋予被赋值变量。

# 11.2　典　型　题　解

在进行二进制数据处理时,位运算非常有用。例如使用按位与运算符可以对获取的指定位数据或者对指定位进行"清零";使用按位或运算符可以将某些指定位置为 1;使用移位运算符可以对运算对象进行移位操作,加快运算速度等。

📖 **试一试**

**例 11-1**　取一整数 $a$ 从右端第 $m$ 位开始的右面 $n$ 位,如图 11-1 所示(设 $m=11$,

$n=4$）。

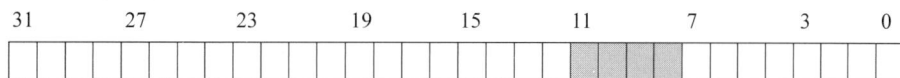

图 11-1  取整数 a 从右端第 11 位开始的右面 4 位

解题思路

**分析**：一个 int 型整数占 4 字节（32 位），从右端开始对每一位编号，最右端为第 0 位，而最左端为第 31 位。当 $m=11$，$n=4$ 时，带阴影的部分即为要取的位。可按以下步骤进行操作。

① 使阴影部分的 $n$ 位移动到最右端，即 a>>(m－n+1)，如图 11-2 所示。

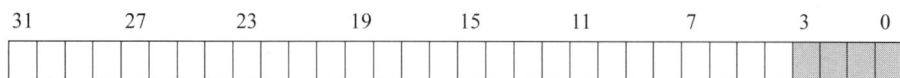

图 11-2  将图 11-1 中阴影部分的 4 位移到最右端

例如 $m=11$，$n=4$，a>>(11－4+1)即 a>>8。

② 设置一个数，使其低 $n$ 位全为 1，其余位全为 0，即 ～(～0<<n)。

例如 $n=4$。

$$
\begin{array}{ll}
0: & 0000 \quad 0000 \quad 0000 \quad 0000 \quad 0000 \quad 0000 \quad 0000 \quad 0000 \\
\sim 0: & 1111 \quad 1111 \quad 1111 \quad 1111 \quad 1111 \quad 1111 \quad 1111 \quad 1111 \\
\sim 0<<4: & 1111 \quad 1111 \quad 1111 \quad 1111 \quad 1111 \quad 1111 \quad 1111 \quad 0000 \\
\sim(\sim 0<<4): & 0000 \quad 0000 \quad 0000 \quad 0000 \quad 0000 \quad 0000 \quad 0000 \quad 1111
\end{array}
$$

③ 将①和②的结果进行按位与运算，就得到最后结果，即(a>>(m－n+1))&～(～0<<n)。

程序代码

```c
#include "stdio.h"
#include "stdlib.h"
void print(int num)
{
    char * buff=(char *)malloc(sizeof(int) * 8);
    int count=0;
    printf("%d的二进制为", num);
    do{
        buff[count++]=num & 1;
        num=num>>1;
    }while(count<sizeof(int) * 8);
    for(count--;count>=0; count--){
        printf("%c",buff[count]+'0');
        if(count%8==0)
```

```
                printf(" ");
        }
        free(buff);
}
void main()
{
        int a, m, n;
        printf("请输入一个十进制整数 a: ");
        scanf("%d", &a);
        print(a);
        printf("\n 请输入十进制整数 m 和 n: ");
        scanf("%d%d", &m, &n);
        printf("结果为: %d", (a>>(m-n+1))&~(~0<<n));
        print((a>>(m-n+1))&~(~0<<n));
}
```

程序运行结果如下。

请输入一个十进制整数 a: 12344321
12344321 的二进制为 00000000 10111100 01011100 00000001
请输入十进制整数 m 和 n: 11 4
结果为: 12, 12 的二进制为 00000000 00000000 00000000 00001100

**例 11-2** 对整数 a 实现循环右移 $n$ 位,即将 a 中原来右端的 $n$ 位移动到 a 的最左端,如图 11-3 所示。

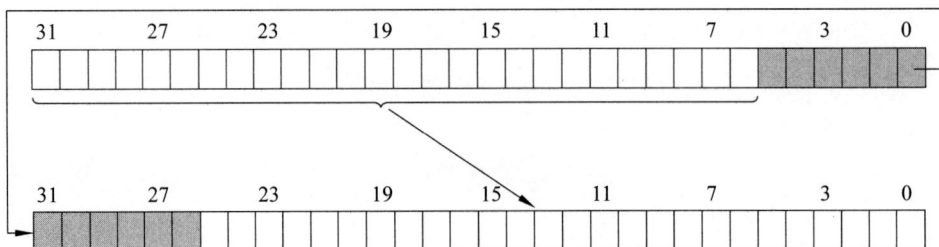

图 11-3　循环右移示意图

- ☼ 解题思路

**分析**:按以下步骤进行操作,可以完成循环右移 $n$ 位。

① 将整数 a 的右端 $n$ 位先放到另一整数 b 的左端 $n$ 位中,即 b = a << (32 - n)。
② 将 a 右移 $n$ 位,其左端 $n$ 位补 0,即 c = a >> n。
③ 将 c 与 b 进行按位或运算,完成循环右移 $n$ 位,即 c = c|b。

- 程序代码

```
#include "stdio.h"
#include "stdlib.h"
```

```
int print(int num)
{
    char * buff=(char *)malloc(sizeof(int) * 8);
    int count=0;
    printf("%d的二进制为", num);
    do{
        buff[count++]=num & 1;
        num=num>>1;
    }while(count<sizeof(int) * 8);
    for(count--;count>=0; count--){
        printf("%c",buff[count]+'0');
        if(count%8==0)
            printf(" ");
    }
    free(buff);
    return 0;
}

void main()
{
    int a, n;
    printf("请输入一个十进制整数 a: \n");
    scanf("%d", &a);
    print(a);
    printf("\n请输入十进制整数 n: \n");
    scanf("%d", &n);
    printf("结果为: %d\n", a<<(32-n) | a>>4);
    print(a<<(32-n) | a>>4);
}
```

程序运行结果如下。

请输入一个十进制整数 a:
12342323
12342323 的二进制为 00000000 10111100 01010100 00110011
请输入十进制整数 n:
4
结果为: 806077763
806077763 的二进制为 00110000 00001011 11000101 01000011

# 11.3  本 章 小 结

  C 语言中的位运算是对二进制数据按位进行的运算,主要有按位与、按位或、按位非、按位异或、按位移位等位运算。参与位运算的数据一般为整型或字符型数据。位运算在许多程序设计场合非常有用,而且还便于硬件实现。

# 习 题 11

## 一、选择题

1. 设 int b=8,则表达式(b>>2)/(b>>1)的值为(    ),表达式(b<<2)/(b<<1)的值为(    )。

    A. 0            B. 2            C. 4            D. 8

2. 设有整型变量 x,其值为 25,则表达式(x&20>>1)|(x>10|7&x^33)的值为(    )。

    A. 35          B. 41          C. 11          D. 3

3. 设有"int a=4,b;",则执行"b=a>>1"语句后 b 的结果是(    ),执行"b=a<<1"语句后 b 的结果是(    )。

    A. 2            B. 4            C. 8            D. 16

4. 若要通过位运算使整型变量 a 中的各位数字全部清零,以下选项正确的是(    )。

    A. a=a&0       B. a=a|0       C. a=a^0       D. a=!a

5. 有以下程序段

```
int m=33, n=66;
m=m^n;   n=n^m;   m=m^n;
```

执行上述语句后,m 和 n 的值分别是(    )。

    A. m=66,n=66                 B. m=33,n=66

    C. m=66,n=33                 D. m=33,n=33

6. 若变量已正确定义,则以下语句的输出结果是(    )。

```
s=32;
s^=32;
printf("%d", s);
```

    A. -1          B. 0          C. 1          D. 32

7. 下面选项中关于位运算的叙述正确的是(    )。

    A. 位运算的对象只能是整型或字符型数据

    B. 位运算符都需要两个操作数

    C. 左移运算的结果总是原操作数据 2 倍

    D. 右移运算时,高位总是补 0

8. 若有定义语句

```
int b=2;
```

则表达式(b<<2)/(3||b)的值是(    )。

A. 0          B. 2          C. 4          D. 8

9. 设有定义: int a＝64，b＝8；，则表达式(a&b)||(a&&b)和(a|b) && (a||b)的值分别为(　　)。

    A. 1 和 1        B. 1 和 0        C. 0 和 1        D. 0 和 0

10. 设有定义: char a，b；，则执行表达式 a＝3^2 和 b＝～(5|2|0xf0)后，a、b 的十进制值分别是(　　)。

    A. 5 和 10       B. 9 和 1        C. 6 和 3        D. 1 和 8

## 二、填空题

1. 设二进制数 a 是 00101101，若想通过异或运算 a^b 使 a 的高 4 位取反，低 4 位保持不变，则二进制数 b 应该为_____。

2. 设二进制数 a 是 00101101，若想通过与运算 a&b 取 a 的低 4 位，则二进制数 b 应该为_____；若想取通过位运算 a&b>>4 取 a 的高 4 位，则二进制数 b 应该为_____。

3. 设二进制数 a 是 00101101，若想通过或运算 a|b 使 a 的高 4 位保持不变，低 4 位全部置为 1，则二进制数 b 应该为_____。

## 三、阅读程序写结果

1. 有以下程序，程序的运行结果是_____。

```
#include "stdio.h"
void main()
{
    int a, b;
    a=077;
    b=a & 3;
    printf("%d\n", b);
    b &=7;
    printf("%d\n", b);
}
```

2. 有以下程序，程序的运行结果是_____。

```
#include "stdio.h"
void main()
{
    int a, b;
    a=077;
    b=a | 3;
    printf("%d\n", b);
    b |=7;
    printf("%d\n", b);
}
```

3. 有以下程序,程序的运行结果是_____。

```c
#include "stdio.h"
void main()
{
    int a, b;
    a=077;
    b=a^3;
    printf("%d\n", b);
    b^=7;
    printf("%d\n", b);
}
```

4. 有以下程序,程序的运行结果是_____。

```c
#include "stdio.h"
void main()
{
    char x=2, y=2, z;
    z=(y<<1)&(x>>1);
    printf("%d", z);
}
```

5. 有以下程序,程序的运行结果是_____。

```c
#include "stdio.h"
void main()
{
    int a=4, b;
    b=(a<<=2)+4;
    printf("a=%d, b=%d\n", a, b);
    b=(a>>=2)+4;
    printf("a=%d, b=%d\n", a, b);
}
```

6. 有以下程序,程序的运行结果是_____。

```c
#include "stdio.h"
void main()
{
    int c, d;
    c=(13>>1)|1;
    d=(13>1)||1;
    printf("%d,%d\n", c, d);
}
```

7. 有以下程序,程序的运行结果是_____。

```c
#include "stdio.h"
void main()
{
    int x=3,y=5, z1, z2;
    z1=y^x^y;
    z2=x^y^x;
    printf("%d, %d\n", z1, z2);
}
```

8. 有以下程序,程序的运行结果是_____。

```c
#include "stdio.h"
void main()
{
    char x=020, y=04;
    x>>=1;
    y<<=2;
    printf("%o\n", x^y);
}
```

## 四、编写程序题

1. 编写程序,取整数 a 从右端开始的 4～7 位。(注意:位号是从 0 开始的,右端开始是第 0 位,然后是第 1 位、第 2 位等)。

2. 从键盘上输入一个十进制正整数(小于 32767),统计该正整数所对应的二进制中 1 的个数。

3. 已知 unsigned short 型变量 a 占用 2 字节内存,请将 a 的高 8 位和低 8 位中的数据输出,分别用十进制和十六进制显示。

4. 输入一个八进制 unsigned short 型整数 a(大于 0 且小于 77777),将其二进制形式左边第 k 位数码取出,然后输出。例如,若 a=17325(二进制形式为 0001111011010101),k=6,则取出来的是 1,以八进制形式输出 1;若 k=8,则取出来的是 0,以八进制形式输出 0。

5. 输入一个八进制 unsigned short 型整数 a(大于 0 且小于 77777),将其二进制形式从左边第 k1 位到 k2 位之间的数码取出,然后将这些数码按原位置关系组成的二进制数以八进制形式输出。例如,若 a=17325(二进制形式为 0001111011010101),k1=6,k2=9则取出来的是 1101,以八进制形式输出为 15。

# 第12章

# 文　件

## 12.1　文　件　概　述

　　文件是指一组相关数据的有序集合。它通常是被存放在外部存储设备中的信息,在使用时才调入内存中来。使用文件实际上就是对文件进行输入和输出操作。文件的输入操作是指从存放在外设中的文件读出信息到内存中,也称文件的读操作;文件的输出操作是指将内存中的数据输出到文件中,也称文件的写操作。

　　我们可以从不同的角度对文件进行分类:

* 按存储介质可分为普通文件和设备文件。普通文件指存储介质文件、如磁盘、磁带;设备文件指非存储介质,如键盘、打印机、显示器。
* 按文件的逻辑结构可分为流式文件和记录文件。流式文件指由一个个字符(字节)数据顺序组成的文件,如视频流;记录文件指由具有一定结构的记录组成的文件,如 Word 文件、PDF 文件。
* 按数据的组织形式可分为文本文件和二进制文件。文本文件即 ASCII 文件,每个字节存放一个字符的 ASCII 码。例如,文本文件中数 1357 的存储形式为 ASCII 码:00110001 00110011 00110101 00110111,共占用 4 字节;二进制文件指数据按其在内存中的存储形式原样存储,即按二进制的编码方式来存放。例如,二进制文件中数 1357 的存储形式为 010101001101,只占两字节(在整型数占两字节的系统中)。

　　二进制文件虽然可在屏幕上显示,但其内容无法读懂。C 系统在处理这些文件时,并不区分类型,都看成字符流,按字节进行处理。输入输出字符流的开始和结束只由程序控制而不受物理符号(如回车符)的控制。因此我们也把这种文件称为"流式文件"。

　　在操作系统中,把外部设备作为一种文件进行管理,对其进行的输入、输出等同于对磁盘文件的读和写。通常把显示器定义为标准输出文件,一般情况下在屏幕上显示有关信息就是向标准输出文件输出数据,如前面经常使用的 printf、putchar 函数就是这类输出。键盘通常被指定为标准的输入文件,从键盘上输入就意味着从标准输入文件上输入数据,如 scanf、getchar 函数就属于这类输入。

# 12.2　文件指针

在 C 语言中用一个指针变量指向一个文件,这个指针称为文件指针。通过文件指针可对它所指向的文件进行各种操作。

📖 **学一学**

定义文件类型指针的一般形式为

```
FILE *指针变量名;
```

🎓 **说明**

FILE 应为大写,它实际上是由系统定义的一个结构,该结构中含有文件名、文件状态和文件当前位置等信息。在编写源程序时不必关心 FILE 结构的细节。

📖 **试一试**

**例 12-1** 定义一个文件类型指针示例。

```
FILE *fp;
```

🎓 **说明**

fp 是指向 FILE 结构的指针变量,通过 fp 即可找到存放某个文件信息的结构变量,然后按结构变量提供的信息找到该文件,实施对文件的操作。我们习惯上把 fp 称为指向一个文件的指针。

# 12.3　文件的打开与关闭

在对文件进行读写操作之前要先打开文件,操作完后要关闭文件。打开文件时,C 语言为该文件分配一个文件信息区,其中包含该文件的基本信息,并用文件指针指向该文件,以便进行相关操作。关闭文件是指断开指针与文件之间的联系,即禁止再对该文件进行操作。

在 C 语言中,文件操作都是由库函数完成的。本节将介绍主要的文件操作函数。

## 12.3.1　文件打开函数 fopen

📖 **学一学**

fopen 函数用来打开一个文件。调用 fopen 函数成功后,返回一个文件指针(FILE *),其调用的一般形式为

```
文件指针名=fopen(文件名,文件打开方式);
```

## 说明

"文件指针名"必须是被说明为 FILE 类型的指针变量;"文件名"是被打开文件的文件名,可以是字符串常量、字符指针或字符数组;"文件打开方式"是指对文件进行哪种类型的操作(读、写、添加)。

打开文件的方式有多种,使用的符号及其表示的意义如表 12-1 所示。

表 12-1 文件打开方式

| 文件打开方式 | 表示的意义 |
|---|---|
| "r" | 以只读方式打开文件,只允许读取,不允许写入。该文件必须存在 |
| "r+" | 以读/写方式打开文件,允许读取和写入。该文件必须存在 |
| "rt" | 只读打开一个文本文件,只允许读数据 |
| "rt+" | 读/写打开一个文本文件,允许读取和写入 |
| "wt" | 只写打开或建立一个文本文件,只允许写数据 |
| "wt+" | 读/写打开或建立一个文本文件,允许读取和写入 |
| "at" | 追加打开一个文本文件,并在文件末尾写数据 |
| "at+" | 读/写打开一个文本文件,允许读,或在文件末追加数据 |
| "rb" | 只读打开一个二进制文件,只允许读数据 |
| "rb+" | 以读/写方式打开文件,允许读取和写入 |
| "wb" | 只写打开或建立一个二进制文件,只允许写数据 |
| "wb+" | 读/写打开或建立一个二进制文件,允许读取和写入 |
| "ab" | 追加打开一个二进制文件,并在文件末尾写数据 |
| "ab+" | 读/写打开一个二进制文件,允许读,或在文件末追加数据 |

## 试一试

**例 12-2** 文件打开示例一:以只读方式打开文件 exp.txt。

```
FILE * fp;
fp=fopen("exp.txt", "r");
```

## 说明

在当前目录下打开文件 exp.txt,只允许进行读操作,并使 fp 指向该文件。

**例 12-3** 文件打开示例二:以只读方式打开 D 盘根目录下的二进制文件 exp。

```
FILE * fp;
fp=fopen("d:\\exp","rb");
```

## 说明

打开 d 驱动器磁盘的根目录下的文件 exp,这是一个二进制文件,只允许按二进制方式进行读操作。两个反斜线\\中的第一个表示转义字符,第二个表示根目录。

① 文件打开方式由 r、w、a、t、b、+ 六个字符拼成,各字符的含义如表 12-2 所示。

**表 12-2　文件打开方式中各字符含义**

| 字　符 | 含　　义 | 字　符 | 含　　义 |
|---|---|---|---|
| r(read) | 读 | t(text) | 文本文件,可省略不写 |
| w(write) | 写 | b(binary) | 二进制文件 |
| a(append) | 追加 | ＋ | 可读写 |

② 如果没有"b"字符,文件以文本方式打开。

③ 凡用"r"打开一个文件,该文件必须已经存在,且只能从该文件读出。

④ 凡用"w"打开一个文件,只能向该文件写入。若打开的文件已经存在,则将该文件删去,重建一个新文件;若打开的文件不存在,则以指定的文件名建立该文件。

⑤ 若要向一个已存在的文件追加新的信息,只能用"a"方式打开文件。但此时该文件必须是存在的,否则将会出错。

⑥ 在打开一个文件时,如果出错,fopen 将返回一个空指针值 NULL。在程序中可以用这一信息来判别是否完成打开文件的操作,并进行相应的处理。

```
if((fp=fopen("D:\\exp.txt","rb")==NULL)
{
    printf("打开文件失败! \n");
    getchar();
    exit(1);
}
```

这段程序的意义是,如果返回的指针为空,表示不能打开 C 盘根目录下的 exp.txt 文件,则给出提示信息"打开文件失败! \n"。下一行 getchar 的功能是从键盘输入一个字符,但不在屏幕上显示。在这里,该行的作用是等待,只有当用户从键盘敲任意键时,程序才继续执行,因此用户可利用这个等待时间阅读出错提示。敲键后执行 exit(1)退出程序。

⑦ 把一个文本文件读入内存时,要将 ASCII 码转换成二进制码,而把文件以文本方式写入磁盘时,也要把二进制码转换成 ASCII 码,因此文本文件的读写要花费较多的转换时间。对二进制文件的读写不存在这种转换。

⑧ 在操作系统中,为统一对各种硬件的操作,简化接口,不同的硬件设备也都被看成一个文件。对这些文件的操作,等同于对磁盘文件的操作。

## 12.3.2　文件关闭函数 fclose

**学一学**

在执行完文件的操作后,要进行关闭文件的操作,以避免文件的数据丢失等错误。

*fclose* 函数调用的一般形式为

*fclose(文件指针);*

### 📖 试一试

**例 12-4** 文件关闭示例：关闭文件类型指针 fp 指向的文件。

*fclose(fp);*

### 🎓 说明

如果文件关闭成功,则 fclose 函数返回 0,否则返回非零值。

# 12.4　文件的读写

在 C 语言中,读写文件比较灵活,既可以每次读写一个字符,也可以每次读写一个字符串,甚至是任意字节的数据(数据块)。常用的文件读写函数如表 12-3 所示。

表 12-3　常用的文件读写函数

| 函数功能 | 函　　数 | 函数功能 | 函　　数 |
|---|---|---|---|
| 字符读写 | fgetc 和 fputc | 数据块读写 | freed 和 fwrite |
| 字符串读写 | fgets 和 fputs | 格式化读写 | fscanf 和 fprinf |

使用以上函数时都要求包含头文件 stdio.h,下面分别予以介绍。

## 12.4.1　字符读写函数 fgetc 和 fputc

字符读写函数每次可从文件读出或向文件写入一个字符(字节)。

### 1. 写字符函数 fputc

#### 📖 学一学

fputc 函数的功能是把一个字符写入指定的文件中,函数调用的形式为

*fputc(字符量,文件指针);*

#### 🎓 说明

(1) 待写入的字符可以是字符常量或变量,如 fputc('a',fp);,其意义是把字符 a 写入 fp 所指向的文件中。fputc 函数有一个返回值,如写入成功则返回写入的字符,否则返回一个 EOF(其值为 −1),可用此判断写入是否成功。

(2) 写入的文件可以用写、读写、追加方式打开,用写或读写方式打开一个已存在的文件时将清除原有的文件内容,写入字符从文件头开始。如需保留原有文件内容,并把写

入的字符放在文件末尾,就必须以追加方式打开文件。不管以何种方式打开,被写入的文件若不存在则创建该文件。

(3)每写入一个字符,文件内部位置指针向后移动一字节。

📖 试一试

**例 12-5** 从键盘输入一些字符,逐个把它们送到磁盘上去,直到用户输入一个 ♯ 为止。

------ 💡 解题思路 ------

**分析**:文件操作的一般步骤为:打开文件、读写文件、关闭文件,具体步骤如下。

① 变量定义:定义文件类型指针 fp、字符变量 ch。

② 文件打开:调用函数 fopen 创建并打开文件,并用指针 fp 指向文件。本题文件为文本文件,文件打开方式可以为"w"(写)或"w+"(读写)。

③ 读写文件:设计循环使用函数 putc 将从键盘输入的字符逐个写入文件。

④ 文件关闭:调用函数 fclose 关闭 fp 指向的文件。

------ 🔗 程序代码 ------

```c
#include<stdio.h>
#include<stdlib.h>
int main()
{
    FILE * fp;
    char ch,filename[10];
    printf("请输入待写入的文件名: ");
    scanf("%s",filename);
    getchar(); //跳过回车键
    if((fp=fopen(filename,"w"))==NULL)
    {
        printf("无法打开此文件\n");
        exit(0);
    }
    printf("请输入一个字符串(以♯结束): \n");
    ch=getchar();
    while(ch != '♯')
    {
        fputc(ch,fp);
        ch=getchar();
    }
    printf("文件写入成功\n");
    fclose(fp);
    return 0;
}
```

程序运行结果如下。

请输入待写入的文件名：D:\file.txt
请输入一个字符串(以#结束)：
This is my first program!
Hello World!#
文件写入成功

🎓 **程序注解**

本例程序的功能是将键盘输入的字符写入文件中。程序中"fp = fopen(filename, "w")"以"w"方式打开文件。通过 while 循环判断当前字符是否为♯来判断字符是否写完。

### 2. 读字符函数 fgetc

📖 **学一学**

fgetc 函数的功能是从文件指针变量所指向的文件中读取一个字符，读取的字符可赋给字符变量，如果执行 fgetc 函数时遇到文件结束或出错，则返回 EOF。函数调用的形式为

字符变量=fgetc(文件指针);

例如：

ch=fgetc(fp);

从打开的文件 fp 中读取一个字符并送入 ch 中。读取的字符可以不向字符变量赋值，如 fgetc(fp);，当读取到文件末尾或读取失败时返回 EOF(其值为−1)。

🎓 **说明**

① 在 fgetc 函数调用中，读取的文件必须是以读或读写方式打开的。

② 在文件内部有一个位置指针，用来指向当前读写到的位置，也就是读写到第几个字节。在文件打开时，该指针总是指向文件的第一个字节。每次调用 fgetc 函数后，该指针会向后移动一字节，所以可以连续多次使用 fgetc 读取多个字符。但是这个文件内部的位置指针与 C 语言中的指针不是一回事。位置指针只是一个标志，表示文件读写到的位置，也就是读写到第几个字节，它不表示地址。文件每读写一次，位置指针就会移动一次，它不需要你在程序中定义和赋值，而是由系统自动设置，对用户是隐藏的。

📖 **试一试**

**例 12-6** 逐字符读取例 12-5 中 D:\\file.txt 文件的内容，并在屏幕上显示。

💡 **解题思路**

**分析**：文件操作的一般步骤为：打开文件、读写文件、关闭文件，具体步骤如下。

① 变量定义：定义文件类型指针 fp、字符变量 ch。

② 文件打开：调用函数 fopen 打开文件，并用指针 fp 指向文件。本题文件为文本文件，文件打开方式可以为"r"或"rt"。

③ 读写文件：设计循环，使用函数 fgetc 逐字符读取文件并赋值给字符 ch，然后输出。

④ 文件关闭：调用函数 fclose 关闭 fp 指向的文件。

⊘ 程序代码

```
#include "stdio.h"
#include "stdlib.h"
int main()
{
    FILE * fp;
    char ch;
    //如果文件不存在,给出提示并退出
    if((fp=fopen("D:\\file.txt","rt"))==NULL)
    {
        printf("无法打开文件,请按任意键退出!");
        getchar();
        exit(1);
    }
    printf("文件打开成功,内容如下：\n");
    //每次读取一个字节,直到读取完毕
    while((ch=fgetc(fp))!=EOF)
    {
        putchar(ch);
    }
    putchar('\n');                 //输出换行符
    fclose(fp);
    return 0;
}
```

程序运行结果如下。

文件打开成功,内容如下:
This is my first program!
Hello World!

🎓 程序注解

本例程序的功能是从文件中逐个读取字符，在屏幕上显示，直到读取完毕。程序 while 循环的条件为"(ch＝fgetc(fp)) !＝EOF"，函数 fgetc 每次从位置指针所在的位置读取一个字符，并保存到变量 ch，位置指针向后移动一个字节。当位置指针移动到文件末尾时，函数 fgetc 就无法读取字符了，于是返回 EOF，表示文件读取结束了。

## 12.4.2　字符串读写函数 fgets 和 fputs

### 1. 读字符串函数 fgets

📖 学一学

fgets 函数的功能是从指定的文件中读取一个字符串并保存到字符数组中，函数调用

的形式为

```
fgets(字符数组名,n,文件指针);
```

🎓 **说明**

① n 是一个正整数,表示从文件中读出的字符串不超过 n−1 个字符。在读入的最后一个字符后加上字符串结束标志'\0'。例如 fgets(str,n,fp);的意义是从 fp 所指的文件中读出 n−1 个字符送入字符数组 str 中。

② fgets 函数返回值:读取成功时返回字符数组首地址;读取失败时返回 NULL;如果开始读取时文件内部指针已经指向文件末尾,那么将读取不到任何字符,也返回 NULL。

📖 **试一试**

**例 12-7**   逐行读取例 12-6 中 D:\\file.txt 文件的内容,并在显示器上显示。

━━━━━━━━━━━━━ 💡 解题思路 ━━━━━━━━━━━━━

**分析**:本题与例 12-6 不同的是,可以循环调用 fgets 函数逐行读取文件内容,直至函数返回 NULL,表示文件读取结束。

━━━━━━━━━━━━━ 💻 程序代码 ━━━━━━━━━━━━━

```c
#include "stdio.h"
#include "stdlib.h"
#define NUM 50
int main()
{
    FILE * fp;
    char str[NUM];
    if((fp=fopen("D:\\file.txt","rt"))==NULL)
    {
        puts("无法打开指定文件!");
        exit(0);
    }
    printf("文件打开成功,内容如下:\n");
    while(fgets(str, NUM, fp) !=NULL)
    {
        printf("%s", str);
    }
    fclose(fp);
    return 0;
}
```

程序运行结果如下。

文件打开成功,内容如下:
This is my first program!
    Hello World!

#### 程序注解

① fgets(str,NUM,fp);中 NUM 是要求得到的字符个数,但实际上只读取 NUM−1 个字符,然后在最后加一个'\0'字符,这样得到的字符串共有 NUM 个字符,把它们放到字符数组 str 中。

② fgets 函数遇到换行时,会将换行符一并读取到当前字符数组中。如果在读完 NUM−1 个字符之前遇到文件结束符 EOF,读入即结束。

③ 执行 fgets 成功,返回 str 数组首地址,如果一开始就遇到文件尾或读数据出错,则返回 NULL。

### 2. 写字符串函数 fputs

#### 📖 学一学

fputs 函数的功能是向指定的文件写入一个字符串,其调用形式为

fputs(字符串, 文件指针);

#### 🎓 说明

参数中字符串可以是字符串常量,也可以是字符数组名或指针变量。例如 fputs("abcd", fp);,其意义是把字符串"abcd"写入 fp 所指向的文件中。

#### 📖 试一试

**例 12-8**  读取并显示例 12-7 中的 D:\\file.txt 文件,然后向文件中追加一个字符串。

········· 💡 解题思路 ·········

**分析**:本题要求读写文件,且为追加,所以文件打开方式为"a＋"。当读取文件结束后,文件位置指针已经到达文件末尾,此时可以调用 fputs 函数向文件追加一个字符串。

········· 🔖 程序代码 ·········

```c
#include "stdio.h"
#include "stdlib.h"
#include "string.h"
#define NUM 50
int main()
{
    FILE * fp;
    char str[102]={0}, strTemp[100];
    if((fp=fopen("D:\\file.txt", "a+"))==NULL)
    {
        puts("无法打开指定文件!");
        exit(0);
    }
    printf("文件打开成功,内容如下: \n");
    while(fgets(str, NUM, fp) !=NULL)
```

```
    {
        printf("%s", str);
    }
    printf("\n请输入一行字符串: ");
    gets(strTemp);
    fputs("\n", fp);                    //写入换行符
    fputs(strTemp, fp);                 //写入新字符串
    printf("成功写入文件");
    fclose(fp);
    return 0;
}
```

程序运行结果如下。

文件打开成功,内容如下:
This is my first program!
Hello World!
请输入一行字符串: Welcome
成功写入文件

🎓 **程序注解**

要在文件末尾附加字符串,则以追加读写文本文件的方式"a+"打开文件,用 fputs 函数把字符串写入文件。

## 12.4.3 格式化读写函数 fscanf 和 fprintf

📖 **学一学**

fscanf 和 fprintf 函数与前面使用的 scanf 和 printf 函数的功能相似,都是格式化读写函数。两者的区别在于 fscanf 和 fprintf 函数的读写对象不是键盘和显示器,而是磁盘文件。

fscanf 函数的功能是按照指定的格式从文件中读取数据存入到指定的变量中,其调用形式为

```
fscanf(文件指针, 格式字符串, 变量地址表列);
```

函数返回实际读取数据的个数,若该函数读到了文件结束标记,则返回值为 EOF。例如:

```
int a, b;
fscanf(fp, "%d%d", &a, &b);
```

从 fp 指向的文件中读取两个整数保存在 a、b 中。

fprintf 函数的功能是按照指定的格式将数据写入到文件中,其调用形式为

```
fprintf(文件指针, 格式字符串, 数据表列);
```

函数调用成功,返回值为所写入的字节数;否则,返回值为 EOF。例如:

```
int a=4, b=3;
fprintf(fp, "%d%d", a, b);
```

从将 a、b 的值写入到 fp 指向的文件中。

📖 **试一试**

**例 12-9** 从键盘输入一个学生的姓名、学号、年龄,写入文本文件 stu.txt 中,再从 stu.txt 文件读取这些资料,显示在显示器上。

-------- 💡解题思路 --------

**分析**:本题要在文本文件中读写多个不同类型的数据,用格式化读写函数 fscanf、fprintf 比较合适。

-------- ⬡程序代码 --------

```c
#include "stdio.h"
#include "stdlib.h"
typedef struct stu
{
    char name[10];
    unsigned no,age;
}STU;
int main(void)
{
    STU s;
    FILE * fp;

    if((fp=fopen("D:\\stu.txt", "w+"))==NULL)
    {
        puts("无法创建指定文件! \n");
        exit(1);
    }
    printf("请输入学生姓名、学号、年龄: \n");
    scanf("%s%d%d", s.name, &s.no, &s.age);
    fprintf(fp,"%s\t%d\t%d\n",s.name,s.no,s.age);
    printf("学生信息已成功写入文件\n");
    fclose(fp);
    if((fp=fopen("D:\\stu.txt","r"))==NULL)
    {
        printf("无法打开指定文件! \n");
        exit(1);
    }
    fscanf(fp,"%s%d%d",s.name,&s.no,&s.age);
    printf("读取文件成功,学生信息如下: \n");
```

```
        printf("%s\t%d\t%d\n",s.name,s.no,s.age);
        fclose(fp);
        return 0;
    }
```

程序运行结果如下。

请输入学生姓名、学号、年龄：
李晓明 18402136 21
学生信息已成功写入文件
读取文件成功，学生信息如下：
李晓明　18402136　　　21

🎓 **程序注解**

本题使用格式化文件读写函数处理不同类型的数据，特别适用于处理结构体类型数据，如本例中一个学生的姓名、学号、年龄。

## 12.4.4　数据块读写函数 fread 和 fwrite

C 语言还提供了用于整块数据的读写函数，用来对二进制文件进行读写操作，可读写一组数据，如一个数组、一个结构体变量等。

📖 **学一学**

读数据块函数调用的一般形式为

```
fread(buffer, size, count, fp);
```

写数据块函数调用的一般形式为

```
fwrite(buffer, size, count, fp);
```

🎓 **说明**

buffer 是一个指针，在 fread 函数中，它表示存放输入数据的首地址，在 fwrite 函数中，它表示存放输出数据的首地址；size 表示数据块的字节数；count 表示要读写的数据块个数；fp 表示文件指针。如 fread(fa,4,5,fp);其意义是从 fp 所指的文件中，每次读 4 字节(一个实数)送入实型数组 fa 中，连续读 5 次，即读 5 个实数到 fa 中。

📖 **试一试**

**例 12-10**　有三个学生数据，要求将其写入一个文件中，再读出这些数据显示在屏幕上。

---------------------------------💡 解题思路---------------------------------

**分析**：本题要在文件中读写多个结构体类型的数据，除了可以使用格式化读写函数 fscanf、fprintf 外，还可以使用数据块读写函数 fread、fwrite 整块进行处理。

```
#include<stdio.h>
struct Student
{
    int id;
    char name[20];
};
int main()
{
    FILE * fpRead, * fpWrite;
    struct Student stu[3]={{1, "zhangsan"}, {2, "lisi"}, {3, "wangwu"}};
    //以二进制形式打开文件,用于写入
    fpWrite=fopen("D:\\stu_bin.txt", "wb+");
    if(NULL !=fpWrite)
    {
        int count=fwrite(stu, sizeof(struct Student), 3, fpWrite);
        printf("%d 个学生数据成功写入文件!\n", count);
        fclose(fpWrite);            //关闭文件指针,否则无法读取文件
        //以二进制形式打开文件,用于读取
        fpRead=fopen("D:\\stu_bin.txt", "rb");
        if(NULL !=fpRead)
        {
            struct Student buf[3];
            struct Student * tmp=buf;
            int i=0;
            while(!feof(fpRead))
            {
                fread(tmp, sizeof(struct Student), 1, fpRead);
                tmp++;
            }
            printf("文件内容如下:\n");
            for(; i<count; i++)
            {
                printf("%d\t%s\n", buf[i].id, buf[i].name);
            }
            fclose(fpRead);
        }
    }
    return 0;
}
```

程序运行结果如下。

3 个学生数据成功写入文件!
文件内容如下:

```
1        zhangsan
2        lisi
3        wangwu
```

🎓 **程序注解**

函数中首先定义了一个结构体数组 stu,并对其进行初始化;然后用读写方式创建一个二进制文件 stu_bin.txt,将 stu 中的数据写入文件中;接着以只读方式打开二进制文件 stu_bin.txt,读出文件中的内容并显示出来。

# 12.5　文件的定位

前面介绍的对文件的读写方式都是顺序读写,即读写文件只能从头开始,顺序读写各个数据。但在实际问题中常要求只读写文件中某一指定的部分。为解决这个问题,可移动文件内部的位置指针到需要读写的位置,再进行读写,这种读写称为随机读写。实现随机读写的关键是按要求移动位置指针,这称为文件的定位。

## 12.5.1　文件位置指针及其定位

移动文件内部位置指针的函数主要有两个,即 rewind 和 fseek 函数。

📖 **学一学**

rewind 函数的功能是把文件内部的位置指针移到文件开头,其调用形式为

```
rewind(文件指针);
```

fseek 函数的功能是移动文件内部位置指针到某一位置,其调用形式为

```
fseek(文件指针,位移量,起始点);
```

🎓 **说明**

文件指针指向需要移动文件位置指针的文件;位移量表示移动的字节数,要求位移量是 long 型数据,以便在文件长度大于 64KB 时不会出错。当用常量表示位移量时,要求加后缀 L;起始点表示从何处开始计算位移量,规定的起始点有三种:文件开头,当前位置和文件末尾。其表示方法如表 12-4 所示。

表 12-4　起始点取值

| 起始点 | 表示符号 | 数字表示 |
|---|---|---|
| 文件开头 | SEEK_SET | 0 |
| 当前位置 | SEEK_CUR | 1 |
| 文件末尾 | SEEK_END | 2 |

例如 fseek(fp,100L,0);,其意义是把位置指针移到离文件开头 100 字节处。

fseek 函数一般用于二进制文件。在文本文件中由于要进行转换,所以往往计算的位置会出现错误。

## 12.5.2　文件的随机读写

在移动位置指针之后,即可用前面介绍的任一种读写函数进行读写。由于一般是读写一个数据块,因此常用 fread 和 fwrite 函数。

**试一试**

**例 12-11**　利用例 12-10 中建立的文件 stu_bin.txt,读取该文件的第二条学生数据。

········**解题思路**········

**分析**:本题要求读取第二条学生数据,在调用 fread 函数读取学生数据前,需要调用 fseek 函数将文件位置指针定位至第二条数据处,可以通过"fseek(fp, sizeof(struct Student), SEEK_SET);"语句来实现。

········**程序代码**········

```c
#include<stdio.h>
struct Student
{
    int id;
    char name[20];
};
int main()
{
    FILE * fp;
    struct Student temp;
    fp=fopen("D:\\stu_bin.txt", "r");
    if(NULL !=fp)
    {
        fseek(fp, sizeof(struct Student), SEEK_SET);
        fread(&temp, sizeof(struct Student), 1, fp);
        printf("第二位学生信息如下: \n");
        printf("%d\t%s\n", temp.id, temp.name);
        fclose(fp);
    }
    return 0;
}
```

程序运行结果如下。

第二位学生信息如下:
2        lisi

本题在文件打开后直接调用 fseek 函数移动文件位置指针至从文件开头起 sizeof (struct Student)字节处,有时若在调用 fseek 函数时,文件位置指针不在文件开头位置,此时还需调用 rewind 函数把文件位置指针复位到文件开头。

# 12.6 文件读写的出错检测

📖 **学一学**

C 语言中常用的文件检测函数有 ferror 函数,其调用格式为

ferror(文件指针);

🎓 **说明**

ferror 函数检查文件在用各种输入输出函数进行读写时是否出错。如果 ferror 返回值为 0 表示未出错,否则表示出错。

# 12.7 典型题解

📖 **试一试**

**例 12-12** 从键盘上输入一行字符串,保存至文件"D:\统计.txt"中,然后读取文件内容,并统计文件中大写字母、小写字母、数字、空格、换行以及其他字符的数目,最后将统计结果附加在文件末尾。

-------💡解题思路-------

**分析**:本题将字符串写入文件可以使用 fputs 函数,从文件读取数据可以使用 fgetc 函数,由于需要附加统计结果,所以文件打开方式为"a+",可以使用 fprintf 函数将统计结果附加在文件末尾。

-------⬡程序代码-------

```
#include "stdio.h"
#include "stdlib.h"
void main()
{
    char path[]="D:\\统计.txt", str[100], tmp[100];
    FILE * fp;                          //文件指针
    fp=fopen(path, "w");                //打开文件,若不存在,则创建
    if(fp==NULL){
        printf("文件打开失败! \n");
        return;
```

```
    } else {
        gets(str);                          //接收一行字符并保存在 str 中
        fputs(str, fp);                     //将 str 中数据写入文件
        fclose(fp);                         //关闭文件
        fp=NULL;
    }
    fp=fopen(path, "a+");                   //打开文件
    if(fp==NULL){
        printf("文件打开失败！\n");
        return;
    } else {
        char ch;
        int countBig=0;                     //统计大写字母的个数
        int countSmall=0;                   //统计小写字母的个数
        int contNum=0;                      //统计数字的个数
        int countEnter=0;                   //统计换行的个数
        int countSpace=0;                   //统计空格的个数
        int countOther=0;                   //统计其他字符的个数
        while((ch=fgetc(fp)) !=EOF)         //获取一个字符,没有结束就继续
        {
            if(ch>='A'&&ch<='Z')            //判断是否大写字母
                countBig++;
            else if(ch>='a'&&ch<='z')       //判断是否小写字母
                countSmall++;
            else if(ch>='0'&&ch<='9')       //判断是否数字
                contNum++;
            else if(ch=='\n')               //判断是否换行
                countEnter++;
            else if(ch==' ')                //判断是否空格
                countSpace++;
            else                            //其他字符
                countOther++;
        }

        fprintf(fp, "\n大写字母:%d, 小写字母:%d, 数字:%d, 换行:%d, 空格:%d,
    其他:% d \ n", countBig, countSmall, contNum, countEnter, countSpace,
countOther);
        fclose(fp);
    }
}
```

程序运行结果如下。

请输入一行字符
My name is leo, I am 20 years old, I have learned C language 4 months.

字符串已成功写入文件

文件中的数据如下。

My name is leo, I am 20 years old, I have learned C language 4 months.
大写字母:4,  小写字母:45,  数字:3,  换行:0,  空格:15,  其他:3

## 12.8  本 章 小 结

本章主要介绍了文件的打开、关闭、读、写、定位等各种操作。

# 习  题  12

## 一、选择题

1. 以下叙述中正确的是(　　)。
    A. 当对文件的读(写)操作完成之后,必须将它关闭,否则可能导致数据丢失
    B. 打开一个已存在的文件并进行了写操作后,原有文件中的全部数据必定被覆盖
    C. 在一个程序中当对文件进行了写操作后,必须先关闭该文件然后再打开,才能读到第 1 个数据
    D. C 语言中的文件是流式文件,因此只能顺序存取数据

2. 以下关于 fclose(fp)函数的叙述正确的是(　　)。
    A. 当程序中对文件的所有写操作完成之后,必须调用 fclose(fp)函数关闭文件
    B. 当程序中对文件的所有写操作完成之后,不一定要调用 fclose(fp)函数关闭文件
    C. 只有对文件进行输入操作之后,才需要调用 fclose(fp)函数关闭文件
    D. 只有对文件进行输出操作之后,才能调用 fclose(fp)函数关闭文件

3. 以下叙述正确的是(　　)。
    A. EOF 只能作为文本文件的结束标志,其值为－1
    B. EOF 可以作为所有文件的结束标志
    C. EOF 只能作为二进制文件的结束标志
    D. 任何文件都不能用 EOF 作为文件的结束标志

4. 以下叙述正确的是(　　)。
    A. 在 C 语言中调用 fopen 函数就可把程序中要读、写的文件与磁盘上实际的数据文件联系起来
    B. fopen 函数的调用形式为：fopen(文件名)
    C. fopen 函数的返回值为 NULL 时,则成功打开指定的文件
    D. fopen 函数的返回值必须赋给一个任意类型的指针变量

5. 读取二进制文件的函数调用形式为：

```
fread(buffer, size, count, fp);
```

其中 buffer 代表的是(　　)。

  A. 一个内存块的首地址,代表读入数据存放的地址

  B. 一个整型变量,代表待读取的数据的字节数

  C. 一个文件指针,指向待读取的文件

  D. 一个内存块的字节数

6. 标准库函数 fgets(s, n, f)的功能是(　　)。

  A. 从文件 f 中读取长度不超过 n−1 的字符串存入指针 s 所指的内存

  B. 从文件 f 中读取长度为 n 的字符串存入指针 s 所指的内存

  C. 从文件 f 中读取 n 个字符串存入指针 s 所指的内存

  D. 从文件 f 中读取 n−1 个字符串存入指针 s 所指的内存

7. 下列关于 C 语言文件的叙述中正确的是(　　)。

  A. 文件由一系列数据依次排列组成,只能构成二进制文件

  B. 文件由结构序列组成,可以构成二进制文件或文本文件

  C. 文件由数据序列组成,可以构成二进制文件或文本文件

  D. 文件由字符序列组成,其类型只能是文本文件

8. 若文件指针 fp 已正确指向文件,ch 为字符型变量,以下不能把字符输出到文件中的语句是(　　)。

  A. fgetc(fp, ch);        B. fputc(ch, fp);

  C. fprintf(fp, "%c",ch);    D. fwrite(&ch, sizeof(ch), 1, fp);

9. 若以"a+"方式打开一个已存在的文件,以下叙述正确的是(　　)。

  A. 文件打开时,原有文件内容不被删除,可以进行添加和读操作

  B. 文件打开时,原有文件内容不被删除,位置指针移到文件开头,可以进行重写和读操作

  C. 文件打开时,原有文件内容不被删除,位置指针移到文件中间,可以进行重写和读操作

  D. 文件打开时,原有文件内容被删除,只可进行写操作

10. 有以下文件打开语句:

```
fp=fopen("person.dat",_____;
```

要求文本文件 person.dat 可以进行信息查找和信息的补充录入,若文件不存在还可以建立同名新文件,则下划线处应填入的是(　　)。

  A. "a+"    B. "w"    C. "w+"    D. "wb"

11. 设文件指针 fp 已定义,执行语句 fp＝fopen("file", "w");后,以下针对文本文件 file 操作叙述的选项中正确的是(　　)。

  A. 只能写不能读      B. 写操作结束后可以从头开始读

  C. 可以在原有内容后追加写   D. 可以随意读和写

12. 设 fp 为指向某二进制文件的指针，且已读到此文件末尾，则函数 feof(fp) 的返回值为（    ）。

      A. 0                    B. '\0'              C. 非 0 值           D. NULL

13. 有以下程序段

```
FILE * fp;
if((fp=fopen("test.txt", "w"))==NULL)
{
    printf("不能打开文件! ");
    exit(0);
}
else
    printf("成功打开文件! ");
```

若指定文件 test.txt 不存在，且无其他异常，则以下叙述错误的是.

      A. 输出"不能打开文件!"              B. 输出"成功打开文件!"

      C. 系统将按指定文件名新建文件       D. 系统将为写操作建立文本文件

14. C 语言中标准库函数 fputs(str,fp) 的功能是（    ）。

      A. 从 str 指向的文件中读一个字符串存入 fp 指向的内存

      B. 把 str 所指的字符串输出到 fp 所指的文件中

      C. 从 fp 指向的文件中读一个字符串存入 str 指向的内存

      D. 把 fp 指向的内存中的一个字符串输出到 str 指向的文件

## 二、填空题

1. 函数 filecopy 的功能是，将 fin 所指文件中的内容输出到 fout 所指文件中，但函数不完整，请补充完整。

```
void filecopy(FILE * fin,FILE * fout)
{
    char ch;
    ch=getc(fin);
    while(_____)
    {
        putc(ch, _____);
        ch=getc(fin);
    }
}
```

2. 以下程序依次把从终端输入的字符存放到 f 文件中，用 ♯ 作为结束输入的标志，请补充完整。

```
#include "stdio.h"
void main()
{
```

```
    FILE * fp;
    char ch;
    fp=_____ ("fname", "w");
    while((ch=getchar()) !='#') fputc(_____;
    fclose(fp);
}
```

## 三、阅读程序写结果

1. 有以下程序,程序的运行结果是_____。

```
#include "stdio.h"
void main()
{
    int i;
    FILE * fp;
    for (i=0; i<3; i++)
    {
        fp=fopen("res.txt", "w");
        fputc('K'+i, fp);
        fclose(fp);
    }
}
```

2. 有以下程序,程序的运行结果是_____。

```
void main()
{
    FILE * fp;
    int a[10]={1,2,3}, i, n;
    fp=fopen("d1.dat", "w");
    for(i=0; i<3; i++)
        fprintf(fp, "%d", a[i]);
    fprintf(fp, "\n");
    fclose(fp);
    fp=fopen("d1.dat", "r");
    fscanf(fp, "%d", &n);
    fclose(fp);
    printf("%d\n", n);
}
```

3. 有以下程序,程序的运行结果是_____。

```
#include "stdio.h"
void main()
{
    FILE * fp;
```

```
    int i, a[6]={1,2,3,4,5,6}, k;
    fp=fopen("data.dat", "w+");
    fprintf(fp, "%d\n", a[0]);
    for(i=1; i<6; i++)
    {
        rewind(fp);
        fprintf(fp, "%d\n", a[i]);
    }
    rewind(fp);
    fscanf(fp, "%d", &k);
    fclose(fp);
    printf("%d\n", k);
}
```

## 四、编写程序题

1. 从键盘输入一个字符串,将其中的小写字母 i 全部转换成大写字母 I,然后输出到一个磁盘文件 change 中保存,输入的字符串以!结束。

2. 将两个磁盘文件 T1 和 T2 中的信息合并输出到一个新文件 T3 中。

3. 有 5 个学生,每个学生有 3 门课程的成绩,从键盘输入学生数据(包括学号、姓名、3 门课程成绩),计算出平均成绩,将原有数据和计算出的平均分数存放在磁盘文件 stud 中。

4. 在磁盘文件 teachers 内存放教职工的数据,每个教职工的数据包括教职工姓名、工号、性别、年龄、住址、工资、健康状况、文化程度。试将教职工名、工资的信息单独抽出来另建一个简明的教职工工资文件。

5. 从键盘输入若干行字符(每行长度不等),输入后把它们存储到一磁盘文件中。再从该文件中读取这些数据,将其中小写字母转换成大写字母后在显示器上输出。

# C 语言运算符的优先级

| 优先级 | 运 算 符 | 含 义 | 结合方向 |
|---|---|---|---|
| 1 | ()<br>[]<br>-><br>. | 圆括号<br>下标运算符<br>指向结构体成员运算符<br>结构体成员运算符 | 自左至右 |
| 2 | !<br>~<br>++<br>——<br>—<br>(类型)<br>*<br>&<br>sizeof | 逻辑非运算符<br>按位取反运算符<br>自增运算符<br>自减运算符<br>负号运算符<br>类型转换运算符<br>指针运算符<br>地址运算符<br>长度运算符 | 自右至左 |
| 3 | *<br>/<br>% | 乘法运算符<br>除法运算符<br>求余运算符 | 自左至右 |
| 4 | +<br>— | 加法运算符<br>减法运算符 | 自左至右 |
| 5 | <<<br>>> | 左移运算符<br>右移运算符 | 自左至右 |
| 6 | <、<=、>、>= | 关系运算符 | 自左至右 |
| 7 | ==<br>!= | 等于运算符<br>不等于运算符 | 自左至右 |
| 8 | & | 按位与运算符 | 自左至右 |
| 9 | ^ | 按位异或运算符 | 自左至右 |
| 10 | \| | 按位或运算符 | 自左至右 |
| 11 | && | 逻辑与运算符 | 自左至右 |
| 12 | \|\| | 逻辑或运算符 | 自左至右 |
| 13 | ? : | 条件运算符 | 自右至左 |
| 14 | =、+=、—=、*=、/=、%=、&=、^=、\|=、<br><<=、>>= | 赋值运算符 | 自右至左 |
| 15 | , | 逗号运算符 | 自左至右 |

# 附录 B

# C 语言的保留字与关键字

| | | | | |
|---|---|---|---|---|
| auto | break | case | char | const |
| continue | default | do | double | else |
| enum | extern | float | for | goto |
| if | int | long | register | return |
| short | signed | sizeof | static | struct |
| switch | typedef | union | unsigned | void |
| volatile | while | | | |

# 附录 C

# C 语言常用库函数

库函数并不是 C 语言的一部分，它是由编译系统根据一般用户的需要进行编制并提供给用户使用的一组程序。每一种 C 编译系统都提供了一批库函数，不同的编译系统所提供的库函数的数目、函数名以及函数功能不完全相同。ANSI C 标准提出了一批建议提供的标准库函数，它包括目前多数 C 编译系统所提供的库函数，本附录列出 ANSI C 建议的常用库函数。

## 1. 数学函数

数学函数的原型包含在头文件 math.h 中。

| 名　称 | 函数原型与功能 | 返回值与说明 |
|---|---|---|
| abs | int abs(int x)；<br>求整数 $x$ 的绝对值 | 计算结果 |
| acos | double acos(double x)；<br>计算 $\cos^{-1}(x)$ 的值 | 结果在 −1 到 1 之间 |
| asin | double asin(double x)；<br>计算 $\sin^{-1}(x)$ 的值 | 结果在 −1 到 1 之间 |
| atan | double atan(double x)；<br>计算 $\tan^{-1}(x)$ 的值 | 计算结果 |
| atan2 | double atan(double x,double y)；<br>计算 $\tan{-1}(x/y)$ 的值 | 计算结果<br>$y$ 不等于 0 |
| cos | double cos(double x)；<br>计算 $\cos(x)$ 的值 | 计算结果<br>单位为弧度 |
| exp | double exp(double x)；<br>求 $e^x$ 的值 | 计算结果 |
| fabs | double fabs(double x)；<br>求 $x$ 的绝对值 | 计算结果 |
| floor | double floor(double x)；<br>求不大于 $x$ 的最大整数 | 计算结果 |

| 名　称 | 函数原型与功能 | 返回值与说明 |
|---|---|---|
| fmod | double fmod(double x,double y);<br>求整除 $x/y$ 的余数 | 返回余数的双精度数<br>$y$ 不等于 0 |
| log | double log(double x);<br>求 $\log e^x$，即 $\ln x$ | 计算结果 |
| log10 | double log10(double x);<br>求 $\log_{10} x$ | 计算结果 |
| pow | double pow(double x,double y);<br>求 $x^y$ 的值 | 计算结果 |
| rand | int rand(void);<br>产生－90 到 32767 之间的随机整数 | 随机整数 |
| sin | double sin(double x);<br>计算 $\sin(x)$ 的值 | 计算结果<br>$x$ 单位为弧度 |
| sqrt | double sqrt(double x);<br>计算 $\sqrt{x}$ | 计算结果<br>$x$ 大于等于 0 |
| tan | double tan(double x);<br>计算 $\tan(x)$ | 计算结果<br>$x$ 单位为弧度 |

## 2. 字符函数

字符函数的原型包含在头文件 ctype.h 中。

| 名　称 | 函数原型与功能 | 返回值与说明 |
|---|---|---|
| isalnum | int isalnum(int ch);<br>检查 ch 是否为字母或数字 | 是则返回 1,否则返回 0 |
| isalpha | int isalpha(int ch);<br>检查 ch 是否为字母 | 是则返回 1,否则返回 0 |
| iscntrl | int iscntrl(int ch);<br>检查 ch 是否为控制字符 | 是则返回 1,否则返回 0<br>ASCII 值为 0～31 |
| isdigit | int isdigit(int ch);<br>检查 ch 是否为数字(0～9) | 是则返回 1,否则返回 0 |
| isgraph | int isgraph(int ch);<br>检查 ch 是否为可打印字符,含空格 | 是则返回 1,否则返回 0<br>ASCII 值为 33～126 |
| islower | int islower(int ch);<br>检查 ch 是否为小写字母 | 是则返回 1,否则返回 0 |
| isprint | int isprint(int ch);<br>检查 ch 是否为可打印字符,不含空格 | 是则返回 1,否则返回 0<br>ASCII 值为 32～126 |

| 名 称 | 函数原型与功能 | 返回值与说明 |
|---|---|---|
| isspace | int isspace(int ch);<br>检查 ch 是否为空格、制表符或换行符等 | 是则返回 1,否则返回 0<br>ASCII 值为 9~13 和 32 |
| isupper | int isupper(int ch);<br>检查 ch 是否为大写字母 | 是则返回 1,否则返回 0 |
| isxdigit | int isxdigit(int ch);<br>检查 ch 是否为一个十六进制数字字符 | 是则返回 1,否则返回 0 |
| tolower | int tolower(int ch);<br>将 ch 转换为对应的小写字母 | 返回 ch 对应的小写字母 |
| toupper | int toupper(int ch);<br>将 ch 转换为对应的大写字母 | 返回 ch 对应的大写字母 |

## 3. 字符串函数

字符串函数的原型包含在头文件 string.h 中。

| 名 称 | 函数原型与功能 | 返回值与说明 |
|---|---|---|
| strcat | char * strcat(char * str1,char * str2);<br>将字符串 str2 连接到 str1 后面,取消 str1 后面的串结束符'\0' | 返回 str1 |
| strchr | char * strchr(char * s,char c);<br>在串 s 中查找字符 c 的第一个匹配之处 | 返回指向该位置的指针;否则返回空指针 |
| strcmp | int strcmp(char * str1,char * str2);<br>比较两个字符串 str1 和 str2 | str1<str2,返回负数<br>str1>str2,返回正数<br>str1=str2,返回 0 |
| strcpy | char * strcpy(char * str1,char * str2);<br>将字符串 str2 复制到 str1 中 | 返回 str1 |
| strlen | unsigned int strlen(char * str1);<br>统计字符串 str1 中的字符个数(不含'\0') | 返回字符个数 |
| strrev | char * strrev(char * str1);<br>串倒转 | 将字符串 str1 中的字符逆序存放 |
| strstr | int strstr(char * str1,char * str2);<br>在串 str1 中查找 str2 的第一次出现位置 | 返回该位置的指针,否则返回空指针 |
| strlwr | char strlwr(char * str1);<br>将串 str1 中的大写字母转换为小写字母 | 返回串 str1 |
| strupr | char strupr (char * str1);<br>将串 str1 中的小写字母转换为大写字母 | 返回串 str1 |

## 4. 输入输出函数

输入输出函数原型包含在头文件 stdio.h 中。

| 名　称 | 函数原型与功能 | 返回值与说明 |
|---|---|---|
| clearerr | void clearer(FILE * fp);<br>清除文件指针错误 | |
| close | int close(int handle);<br>关闭文件 | 成功则返回 0,否则返回−1 |
| fclose | int fclose(FILE * fp);<br>关闭 fp 所指的文件,释放文件缓冲区 | 成功则返回 0,否则返回非 0 |
| feof | int feof(FILE * fp);<br>检查文件是否结束 | 是则返回非 0,否则返回 0 |
| ferror | int ferror(FILE * fp);<br>测试文件 fp 是否有错 | 是则返回非 0,否则返回 0 |
| fgetc | int fgetc(FILE * fp);<br>从 fp 所指定的文件中读取下一个字符 | 成功则返回文件中下一个字符,若读入出错,则返回 EOF |
| fgets | char * fgets(char * buf,int n,FILE * fp);<br>从 fp 所指向的文件读取一个长度为 $n-1$ 的字符串,存入起始地址为 buf 的空间 | 成功则返回 buf 所指的字符串,若出错或文件结束时返回 NULL |
| fopen | FILE * fopen(char * filename,char * mode);<br>以 mode 指定的方式打开文件 filename | 成功则返回文件指针,否则返回空指针 |
| fprintf | int fprintf(FILE * fp,char * format,args,…);<br>把 args 的值以 format 指定的格式输出 fp 所指定的文件中 | 返回输出的字符数,出错则返回 EOF |
| fputc | int fputc(char ch,FILE * fp);<br>将字符 c 写入 fp 所指向的文件中 | 成功则返回所写入的字符,否则返回 EOF |
| fputs | int fputs(char * str,FILE * fp);<br>将 str 所指向的字符串写入 fp 所指向的文件中 | 成功则返回 0,否则返回非 0 |
| fscanf | int fscanf(FILE * fp,char format,args,…);<br>从 fp 所指向的文件中以 format 给定格式输入 args 所指向的内存单元中 | 已输入的数据个数 |
| fread | int fread(char * ptr,unsigned size,unsigned n,FILE * fp);<br>从 fp 所指向的文件中读取长度为 size 的 $n$ 个数据项,存放在 ptr 所指向的内存中 | 返回所读的数据项个数,如遇文件结束或出错返回 0 |
| fseek | int fseek(FILE * fp,long offset,int base);<br>将 fp 文件指针移动到以 base 为基准和以 offset 为位移量的位置 | 成功则返回当前位置,否则返回−1 |

C 语言程序设计

| 名　称 | 函数原型与功能 | 返回值与说明 |
|---|---|---|
| ftell | long ftell(FILE * fp)；<br>返回文件指针 fp 当前位置,偏移量是以文件开始算起的字符数 | 出错时返回－1L |
| fwrite | int fwrite(char * ptr,unsigned size,unsigned n,FILE * fp)；<br>将 ptr 指向的 n * size 字节输出到 fp 所指向的文件中 | 成功则返回确切的数据项数,出错时返回计数值 |
| getc | int getc(FILE * fp)；<br>从 fp 所指向的文件中读入一个字符 | 成功则返回所读入的字符,否则返回 EOF |
| getchar | int getchar(void)；<br>从标准输入设备上读取一个字符 | 成功则返回读入的字符,否则返回－1 |
| gets | char gets(char * str)；<br>从标准输入设备读取字符串存入 s 中 | 成功返回 s,否则返回 NULL |
| printf | int printf(char * format,args,…)；<br>按 format 指向的格式字符串所规定的格式,将输出表列 args 的值输出到标准输出设备 | 成功则输出字符的个数,否则返回负数 |
| putc | int putc(int ch,FILE * fp)；<br>将字符 ch 输出到 fp 所指向的文件中 | 返回输出的字符 ch,若出错则返回 NULL |
| putchar | int putchar(char ch)；<br>将字符 ch 输出到标准输出设备 | 成功则返回输出的字符 ch,若出错则返回 EOF |
| puts | int puts(char * str)；<br>将 str 指向的字符串输出到标准输出设备,将'\0'转换为回车换行符 | 成功则返回换行符,否则返回 EOF |
| rewind | void rewind(FILE * fp)；<br>将文件指针 fp 重新置文件开始位置 | 成功则返回 0,否则返回－1 |
| scanf | int scanf(char * format,args,…)；<br>从标准输入设备按 format 指向的格式字符串所规定的格式,输入数据到 args 所指向的单元 | 成功则返回读入并赋值的单元数,否则返回 0 |

## 5. 动态存储分配函数

动态存储分配函数的原型包含在 stdlib.h(ANSI 标准)或 malloc.h(其他 C 编译系统)中。

| 名　称 | 函数原型与功能 | 返回值与说明 |
|---|---|---|
| calloc | void * calloc(unsigned n,unsigned size)；<br>分配 n 个数据项的内存连续空间,每个数据项的大小为 size | 成功则返回所分配内存单元的起始地址,否则返回 0 |

| 名　称 | 函数原型与功能 | 返回值与说明 |
|---|---|---|
| free | void free(void * p); <br> 释放 p 所指的内存单元 | |
| malloc | void * malloc(unsigned size); <br> 分配 size 字节的存储空间 | 成功则返回所分配内存单元的起始地址,否则返回 0 |
| realloc | void * realloc(void * p,unsigned size); <br> 将 p 所指向的已分配的内存单元大小改为 size,size 可以比原来分配的空间大或小 | 成功则返回指向该内存单元的指针 |

# 标准 ASCII 码

| 字符 | $b_7b_6...b_1$ | 十进制 | 字符 | $b_7b_6...b_1$ | 十进制 | 字符 | $b_7b_6...b_1$ | 十进制 | 字符 | $b_7b_6...b_1$ | 十进制 |
|------|------|------|------|------|------|------|------|------|------|------|------|
| NUL | 0000000 | 0 | DLE | 0010000 | 16 | SP | 0100000 | 32 | 0 | 0110000 | 48 |
| SOH | 0000001 | 1 | DC1 | 0010001 | 17 | ! | 0100001 | 33 | 1 | 0110001 | 49 |
| STX | 0000010 | 2 | DC2 | 0010010 | 18 | " | 0100010 | 34 | 2 | 0110010 | 50 |
| ETX | 0000011 | 3 | DC3 | 0010011 | 19 | # | 0100011 | 35 | 3 | 0110011 | 51 |
| EOT | 0000100 | 4 | DC4 | 0010100 | 20 | $ | 0100100 | 36 | 4 | 0110100 | 52 |
| ENQ | 0000101 | 5 | NAK | 0010101 | 21 | % | 0100101 | 37 | 5 | 0110101 | 53 |
| ACK | 0000110 | 6 | SYN | 0010110 | 22 | & | 0100110 | 38 | 6 | 0110110 | 54 |
| BEL | 0000111 | 7 | ETB | 0010111 | 23 | ' | 0100111 | 39 | 7 | 0110111 | 55 |
| BS | 0001000 | 8 | CAN | 0011000 | 24 | ( | 0101000 | 40 | 8 | 0111000 | 56 |
| HT | 0001001 | 9 | EM | 0011001 | 25 | ) | 0101001 | 41 | 9 | 0111001 | 57 |
| LF | 0001010 | 10 | SUB | 0011010 | 26 | * | 0101010 | 42 | : | 0111010 | 58 |
| VT | 0001011 | 11 | ESC | 0011011 | 27 | + | 0101011 | 43 | ; | 0111011 | 59 |
| FF | 0001100 | 12 | FS | 0011100 | 28 | , | 0101100 | 44 | < | 0111100 | 60 |
| CR | 0001101 | 13 | GS | 0011101 | 29 | – | 0101101 | 45 | = | 0111101 | 61 |
| SO | 0001110 | 14 | RS | 0011110 | 30 | . | 0101110 | 46 | > | 0111110 | 62 |
| SI | 0001111 | 15 | US | 0011111 | 31 | / | 0101111 | 47 | ? | 0111111 | 63 |

| 字符 | $b_7b_6{\ldots}b_1$ | 十进制 | 字符 | $b_7b_6{\ldots}b_1$ | 十进制 | 字符 | $b_7b_6{\ldots}b_1$ | 十进制 | 字符 | $b_7b_6{\ldots}b_1$ | 十进制 |
|---|---|---|---|---|---|---|---|---|---|---|---|
| @ | 1000000 | 64 | P | 1010000 | 80 | ` | 1100000 | 96 | p | 1110000 | 112 |
| A | 1000001 | 65 | Q | 1010001 | 81 | a | 1100001 | 97 | q | 1110001 | 113 |
| B | 1000010 | 66 | R | 1010010 | 82 | b | 1100010 | 98 | r | 1110010 | 114 |
| C | 1000011 | 67 | S | 1010011 | 83 | c | 1100011 | 99 | s | 1110011 | 115 |
| D | 1000100 | 68 | T | 1010100 | 84 | d | 1100100 | 100 | t | 1110100 | 116 |
| E | 1000101 | 69 | U | 1010101 | 85 | e | 1100101 | 101 | u | 1110101 | 117 |
| F | 1000110 | 70 | V | 1010110 | 86 | f | 1100110 | 102 | v | 1110110 | 118 |
| G | 1000111 | 71 | W | 1010111 | 87 | g | 1100111 | 103 | w | 1110111 | 119 |
| H | 1001000 | 72 | X | 1011000 | 88 | h | 1101000 | 104 | x | 1111000 | 120 |
| I | 1001001 | 73 | Y | 1011001 | 89 | i | 1101001 | 105 | y | 1111001 | 121 |
| J | 1001010 | 74 | Z | 1011010 | 90 | j | 1101010 | 106 | z | 1111010 | 122 |
| K | 1001011 | 75 | [ | 1011011 | 91 | k | 1101011 | 107 | { | 1111011 | 123 |
| L | 1001100 | 76 | \ | 1011100 | 92 | l | 1101100 | 108 | | | 1111100 | 124 |
| M | 1001101 | 77 | ] | 1011101 | 93 | m | 1101101 | 109 | } | 1111101 | 125 |
| N | 1001110 | 78 | ^ | 1011110 | 94 | n | 1101110 | 110 | ~ | 1111110 | 126 |
| O | 1001111 | 79 | _ | 1011111 | 95 | o | 1101111 | 111 | DEL | 1111111 | 127 |

# 参 考 文 献

[1] 谭浩强. C 程序设计[M]. 5 版. 北京：清华大学出版社,2017.

[2] 胡宏智. C 语言程序设计[M]. 北京：中国水利水电出版社,2010.

[3] 陈学进,王小林. C 语言程序设计[M]. 2 版. 北京：人民邮电出版社,2016.

[4] 乌云高娃,等. C 语言程序设计[M]. 北京：高等教育出版社,2015.

[5] 张继生,王杰. C 语言程序设计[M]. 4 版. 北京：清华大学出版社,2019.

[6] 黄迎久,等. C 语言程序设计[M]. 北京：清华大学出版社,2019.

[7] 韦娜,等. C 语言程序设计[M]. 2 版. 北京：清华大学出版社,2019.

[8] 侯占军,赵晓霞. C 语言程序设计[M]. 北京：清华大学出版社,2019.

[9] 未来教育教学与研究中心. 全国计算机等级考试上机考试题库系列. 二级 C[M]. 成都：电子科技大学出版社,2018.

[10] 谭浩强. C 程序设计学习辅导[M]. 5 版. 北京：清华大学出版社,2017.

# 图 书 资 源 支 持

感谢您一直以来对清华版图书的支持和爱护。为了配合本书的使用，本书提供配套的资源，有需求的读者请扫描下方的"书圈"微信公众号二维码，在图书专区下载，也可以拨打电话或发送电子邮件咨询。

如果您在使用本书的过程中遇到了什么问题，或者有相关图书出版计划，也请您发邮件告诉我们，以便我们更好地为您服务。

**我们的联系方式：**

地　　址：北京市海淀区双清路学研大厦 A 座 714

邮　　编：100084

电　　话：010-83470236　　010-83470237

客服邮箱：2301891038@qq.com

QQ：2301891038（请写明您的单位和姓名）

- - - - - - - - - - - - - - - - - - - - - - - - - - - - - - - - - - - - - - -

**资源下载：关注公众号"书圈"下载配套资源。**

资源下载、样书申请　　　　　　　图书案例

书　圈　　　　　　清华计算机学堂　　　　观看课程直播